Ingenieur-Mathematik in Beispielen 1

Lineare Algebra - Nichtlineare Algebra
Spezielle transzendente Funktionen
Komplexe Zahlen

220 vollständig durchgerechnete Beispiele
mit 145 Bildern

von
Dr. Helmut Wörle,
Hans-Joachim Rumpf
und
Dr. Joachim Erven
Professoren an der Fachhochschule München

5., verbesserte Auflage

R. Oldenbourg Verlag München Wien 1994

Die Deutsche Bibliothek – CIP-Einheitsaufnahme

Ingenieur-Mathematik in Beispielen. – München ; Wien :
Oldenbourg.

1. Lineare Algebra; Nichtlineare Algebra; Spezielle
transzendente Funktionen; Komplexe Zahlen / von Helmut
Wörle ... – 5., verb. Aufl. – 1994
ISBN 3-486-22988-5

NE: Wörle, Helmut

Gesamtherstellung: R. Oldenbourg Graphische Betriebe GmbH, München

ISBN 3-486-22988-5

INHALT

VORWORT ZUR FÜNFTEN AUFLAGE

Jedes technische Studium bedingt eine mathematische Ausbildung, die, auf guten mathematischen Grundlagen aufbauend, in praxisbezogener Darstellung die einschlägigen Rechenverfahren und ihre Anwendungen berücksichtigt. Damit sind dann auch im späteren Berufsleben die Voraussetzungen für die Bearbeitung vieler anstehender Probleme gegeben.

Im Hinblick auf die in den Vorlesungen nur begrenzt zur Verfügung stehende Zeit für eine ausführliche Behandlung von Übungsaufgaben ist die zusätzliche Bearbeitung von weiteren Beispielen im Selbststudium unbedingt erforderlich. Dazu bieten die vier Bände der "Ingenieur-Mathematik in Beispielen", von denen hiermit der erste Band in fünfter Auflage vorliegt, eine gute Hilfestellung, wie uns immer wieder freundlicherweise bestätigt wird. Sie entlasten durch die vollständige Wiedergabe des Lösungsweges nicht nur von zeitraubender Rechenarbeit, sondern leiten auch zur korrekten Durchführung ähnlicher Aufgaben an und gewährleisten außerdem eine gute Vorbereitung auf die abzulegenden Prüfungen.

In Band II werden die Stoffgebiete Analytische Geometrie und Differentialrechnung, in Band III Integralrechnung mit Fourierschen Reihen sowie Kurven-, Flächen- und Raumintegrale, in Band IV gewöhnliche Differentialgleichungen einschließlich von Lösungsverfahren unter Verwendung von Laplace-Transformierten behandelt; eine Erweiterung um die Kapitel Wahrscheinlichkeitsrechnung und Statistik ist in Vorbereitung. Das ebenfalls im R. Oldenbourg-Verlag erscheinende "Taschenbuch der Mathematik" enthält alle theoretischen Grundlagen und Formeln für sämtliche Bände.

H. Wörle, H. Rumpf, J. Erven

1. LINEARE ALGEBRA

1.1 Vektoren

1. Ein Vektor $\vec{A} = \vec{A}_x + \vec{A}_y + \vec{A}_z$ sei durch seine skalaren Komponenten $A_x = 6$ cm, $A_y = -4$ cm und $A_z = 5$ cm bezüglich eines dimensionierten kartesischen X, Y, Z-Koordinatensystems festgelegt.

Es sind der Betrag $|\vec{A}|$ dieses Vektors, sein Einheitsvektor $\vec{A}^0$ und die Winkel α, β, γ zu bestimmen, die er mit den positiven Richtungssinnen von X-, Y- und Z-Achse bildet.

Aus der Formel $|\vec{A}| = \sqrt{A_x^2 + A_y^2 + A_z^2}$ folgt unmittelbar

$|\vec{A}| = \sqrt{36 + 16 + 25}$ cm $= \sqrt{77}$ cm $\approx 8{,}775$ cm. Damit ergibt sich

$$\vec{A}^0 = \frac{\vec{A}}{|\vec{A}|} = \frac{1}{\sqrt{77}}(6\vec{i} - 4\vec{j} + 5\vec{k}) \approx (0{,}684\,\vec{i} - 0{,}456\,\vec{j} + 0{,}570\,\vec{k})$$

mit $\vec{i}$, $\vec{j}$, $\vec{k}$ als Einheitsvektoren in den positiven Richtungssinnen von X-, Y-, Z-Achse.

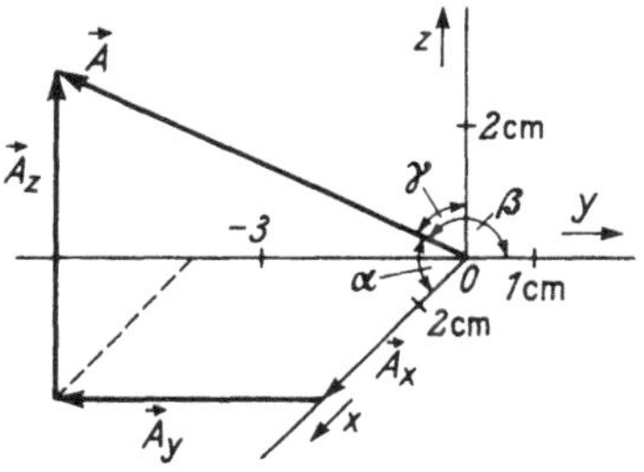

Aus den Richtungskosinussen

$$\cos\alpha = \frac{A_x}{|\vec{A}|} \approx 0{,}684,$$

$$\cos\beta = \frac{A_y}{|\vec{A}|} \approx -0{,}456,$$

$$\cos\gamma = \frac{A_z}{|\vec{A}|} \approx 0{,}570$$ findet man der

Reihe nach die gesuchten Winkel zu $\alpha \approx 46{,}84^0$, $\beta \approx 117{,}13^0$, $\gamma \approx 55{,}25^0$.

---

2. Gegeben sind zwei Vektoren $\vec{A}$ und $\vec{B}$ durch ihre Komponentendarstellungen *) $\vec{A} = 4\vec{i} + 5\vec{j} + 3\vec{k}$ und $\vec{B} = 6\vec{i} + 3\vec{j} - \vec{k}$. Welchen Winkel γ schließen der Summenvektor $\vec{C} = \vec{A} + \vec{B}$ und der Differenzvektor $\vec{D} = \vec{A} - \vec{B}$ miteinander ein?

---

*) Wenn nicht anders vermerkt, beziehen sich Komponenten- und Koordinatenangaben stets auf ein kartesisches Koordinatensystem, d.h. ein Rechtssystem mit orthogonalen Achsen und gleichen Längeneinheiten auf diesen. Räumliche Darstellungen sind als schiefe Parallelprojektion mit einem Verkürzungsverhältnis X : Y : Z = 0,5 : 1 : 1 und einem Verzerrungswinkel von 45° (Kavalierperspektive) ausgeführt.

Durch Addition entsprechender vektorieller Komponenten von $\vec{A}$ und $\vec{B}$ erhält man den Summenvektor $\vec{C} = (\vec{A}_x + \vec{B}_x) + (\vec{A}_y + \vec{B}_y) + (\vec{A}_z + \vec{B}_z) = 10\vec{i} + 8\vec{j} + 2\vec{k}$, durch Subtraktion den Differenzvektor $\vec{D} = -2\vec{i} + 2\vec{j} + 4\vec{k}$.

Der gesuchte Winkel kann unter Verwendung des Skalarproduktes $\vec{C}\,\vec{D} = C_x \cdot D_x + C_y \cdot D_y + C_z \cdot D_z = |\vec{C}| \cdot |\vec{D}| \cdot \cos\gamma$

aus $$\cos\gamma = \frac{C_x \cdot D_x + C_y \cdot D_y + C_z \cdot D_z}{\sqrt{C_x^2 + C_y^2 + C_z^2} \cdot \sqrt{D_x^2 + D_y^2 + D_z^2}}$$

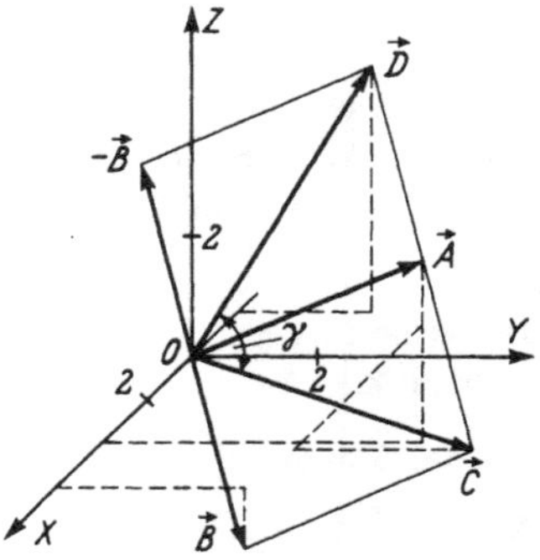

gefunden werden. Man erhält für die gegebenen Zahlenwerte

$$\cos\gamma = \frac{-20 + 16 + 8}{\sqrt{168} \cdot \sqrt{24}} \approx 0{,}0630$$

und daraus $\gamma \approx 86{,}39^\circ$.

---

3. Die vier Kräfte $\vec{F}_1 = \begin{pmatrix} 3 \\ -2 \\ 3 \end{pmatrix}$ N, $\vec{F}_2 = \begin{pmatrix} 2 \\ 4 \\ -5 \end{pmatrix}$ N, $\vec{F}_3 = \begin{pmatrix} -6 \\ 2 \\ 4 \end{pmatrix}$ N und $\vec{F}_4 = \begin{pmatrix} -4 \\ -3 \\ 1 \end{pmatrix}$ N sollen durch ihre Resultierende $\vec{F}$ ersetzt werden. Welche Winkel α_1, α_2, α_3 und α_4 schließt diese mit den Einzelkräften ein?

In Spaltenschreibweise läßt sich die Resultierende $\vec{F}$ in der Form

$$\vec{F} = \sum_{\nu=1}^{4} \vec{F}_\nu = \begin{pmatrix} 3 & +2 & -6 & -4 \\ -2 & +4 & +2 & -3 \\ 3 & -5 & +4 & +1 \end{pmatrix} \text{N} = \begin{pmatrix} -5 \\ 1 \\ 3 \end{pmatrix} \text{N}$$ angeben.

Mit $|\vec{F}_1| = \sqrt{22}$ N, $|\vec{F}_2| = \sqrt{45}$ N, $|\vec{F}_3| = \sqrt{56}$ N, $|\vec{F}_4| = \sqrt{26}$ N und $|\vec{F}| = \sqrt{35}$ N berechnet sich über

$$\cos\alpha_1 = \begin{pmatrix} 3 \\ -2 \\ 3 \end{pmatrix} \cdot \begin{pmatrix} -5 \\ 1 \\ 3 \end{pmatrix} \frac{1}{\sqrt{22 \cdot 35}} = \frac{-15 \;\; -2 \;\; +9}{\sqrt{770}} \approx -0{,}2883$$

der Winkel $\alpha_1 \approx 106{,}76^\circ$

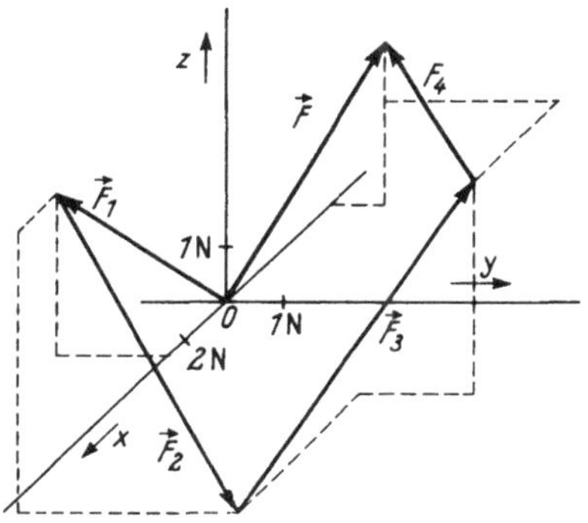

In gleicher Weise findet man über $\cos\alpha_2 \approx -0,5292$, $\cos\alpha_3 \approx 0,9939$ und $\cos\alpha_4 \approx -0,6630$ die Winkel $\alpha_2 \approx 121,95^\circ$, $\alpha_3 \approx 6,35^\circ$ und $\alpha_4 \approx 131,53^\circ$.

---

4. Welche Arbeit W ist erforderlich, um einen Körper K durch die Kraft $\vec{F} = \begin{pmatrix} 5 \\ 3 \\ 7 \end{pmatrix}$ N längs des geradlinigen Weges $\vec{s} = \begin{pmatrix} -8 \\ 17 \\ 4 \end{pmatrix}$ m zu bewegen?

Es gilt $W = \vec{F}\,\vec{s}$, woraus für die gegebenen Größen

$$W = \begin{pmatrix} 5 \\ 3 \\ 7 \end{pmatrix} \cdot \begin{pmatrix} -8 \\ 17 \\ 4 \end{pmatrix} \text{ Nm} =$$

$= 39$ Nm folgt.

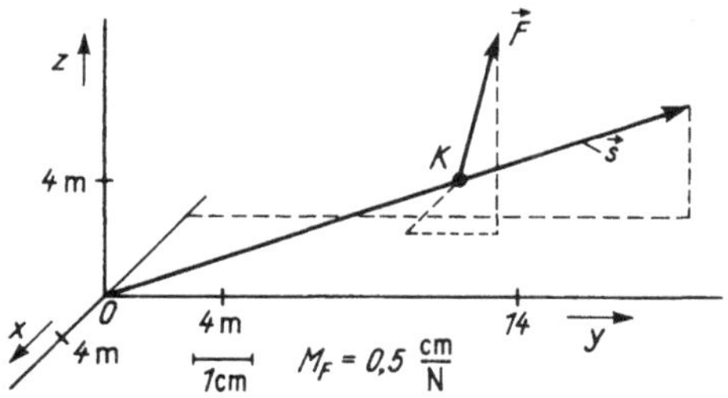

---

5. Durch die beiden Ortsvektoren $\vec{A} = \begin{pmatrix} 7 \\ 5 \\ 1 \end{pmatrix}$ und $\vec{B} = \begin{pmatrix} -2 \\ 5 \\ 4 \end{pmatrix}$ ist ein Dreieck OAB aufgespannt. Man bestimme den Fußpunkt C der Höhe h von A auf die Seite $\overline{OB}$. Welche Maßzahl h^* hat diese Höhe h?

Der Höhenfußpunkt C ist der Endpunkt des Vektors $\overrightarrow{OC}$, der durch senkrechte Projektion von $\vec{A}$ auf $\vec{B}$ entsteht.

Mit $\overrightarrow{OC} = \frac{\vec{A}\,\vec{B}}{\vec{B}^2} \cdot \vec{B} = \begin{pmatrix} 7 \\ 5 \\ 1 \end{pmatrix}\begin{pmatrix} -2 \\ 5 \\ 4 \end{pmatrix} \cdot \frac{1}{45} \cdot \begin{pmatrix} -2 \\ 5 \\ 4 \end{pmatrix} = \frac{1}{3}\begin{pmatrix} -2 \\ 5 \\ 4 \end{pmatrix}$ ergeben sich

die Koordinaten von C bezüglich des gewählten Koordinatensystems zu
$x_C = -\frac{2}{3}$, $y_C = \frac{5}{3}$, $z_C = \frac{4}{3}$.

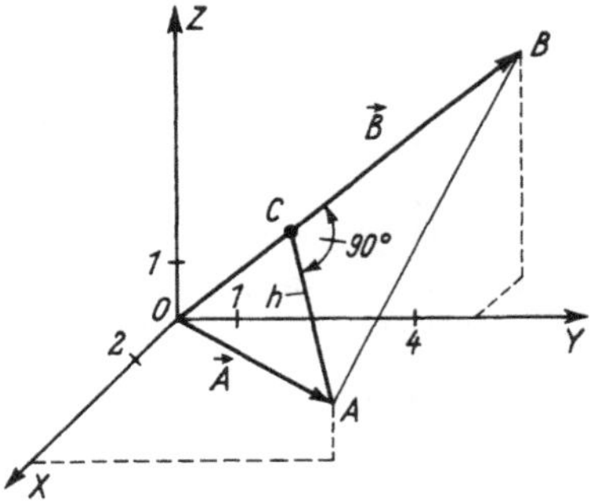

$$h = |\overrightarrow{AC}| = |\overrightarrow{OC} - \overrightarrow{OA}| =$$

$$= \left| \frac{1}{3}\begin{pmatrix}-2\\5\\4\end{pmatrix} - \begin{pmatrix}7\\5\\1\end{pmatrix} \right| =$$

$$= \frac{1}{3}\left| \begin{pmatrix}-23\\-10\\1\end{pmatrix} \right| =$$

$$= \frac{1}{3}\sqrt{630} \approx 8{,}37.$$

---

6. Das Dreieck ABC mit A(4;0;0), B(0;3;0) und C(0;0;6) besitzt die Höhe $h_a = \overline{AD}$. Man ermittle die Koordinaten von D.

Da die Vektoren $\overrightarrow{BD}$ und $\overleftrightarrow{BC}$ k o l l i n e a r, also l i n e a r a b h ä n g i g sind, gilt $\overrightarrow{BD} = \lambda \cdot \overrightarrow{BC}$ mit $\lambda \in \mathbb{R}$.

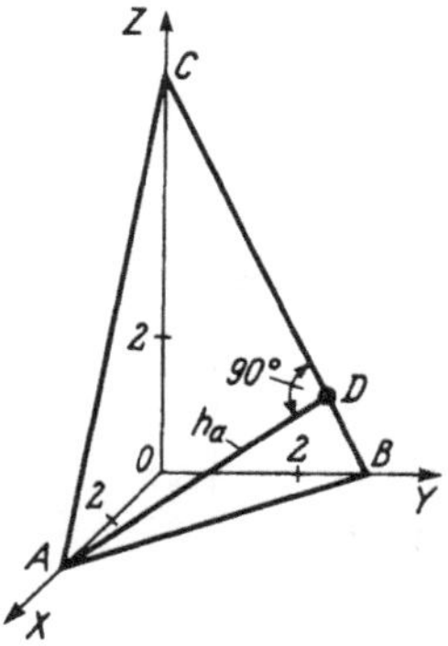

Wegen $\overrightarrow{BC} = \begin{pmatrix}0\\-3\\6\end{pmatrix}$ wird also $\overrightarrow{BD} = \begin{pmatrix}0\\-3\lambda\\6\lambda\end{pmatrix}$.

Aus $\overrightarrow{AD} = \overrightarrow{AB} + \overrightarrow{BD}$ und $\overrightarrow{AB} = \begin{pmatrix}-4\\3\\0\end{pmatrix}$

folgt $\overrightarrow{AD} = \begin{pmatrix}-4\\3-3\lambda\\6\lambda\end{pmatrix}$.

Der rechte Winkel bei D erfordert das Verschwinden des Skalarproduktes $\overrightarrow{AD} \cdot \overrightarrow{BD}$, also $\begin{pmatrix}-4\\3-3\lambda\\6\lambda\end{pmatrix} \cdot \begin{pmatrix}0\\-3\lambda\\6\lambda\end{pmatrix} = 0$, was auf die Gleichung $-9\lambda + 45\lambda^2 = 0$ führt. Die triviale Lösung $\lambda_1 = 0$ ergibt einen Nullvektor. Geometrisch brauchbar ist nur $\lambda_2 = \frac{1}{5}$, womit

$\vec{BD} = \begin{pmatrix} 0 \\ -0{,}6 \\ 1{,}2 \end{pmatrix}$ wird. Über $\vec{OD} = \vec{OB} + \vec{BD}$, also $\vec{OD} = \begin{pmatrix} 0 \\ 3 \\ 0 \end{pmatrix} + \begin{pmatrix} 0 \\ -0{,}6 \\ 1{,}2 \end{pmatrix} =$

$= \begin{pmatrix} 0 \\ 2{,}4 \\ 1{,}2 \end{pmatrix}$ erhält man D(0;2,4;1,2).

---

7. Auf eine Ebene E fällt im Punkt P(2;2;1) ein Lichtstrahl, dessen Richtungssinn durch den Vektor $\vec{A} = \begin{pmatrix} -1 \\ 1 \\ -3 \end{pmatrix}$ festgelegt sei. Gesucht sind die Richtungskosinusse des reflektierten Strahls, wenn ein Einheitsvektor der Ebenen-Normale $\vec{n}^o = \frac{1}{3}\begin{pmatrix} 1 \\ 2 \\ 2 \end{pmatrix}$ ist.

Wird mit $\vec{B}$ der dem reflektierten Strahl zugeordnete Vektor vom Betrag $|\vec{B}| = |\vec{A}|$ bezeichnet, so gilt wegen $\vec{A}\,\vec{n}^o < 0$ gemäß der Abbildung $\vec{A} - (\vec{A}\,\vec{n}^o)\cdot\vec{n}^o = (\vec{A}\,\vec{n}^o)\cdot\vec{n}^o + \vec{B}$ oder $\vec{B} = \vec{A} - 2(\vec{A}\,\vec{n}^o)\cdot\vec{n}^o$.

Die numerische Auswertung erbringt über

$$\vec{B} = \begin{pmatrix} -1 \\ 1 \\ -3 \end{pmatrix} - \frac{2}{3}\begin{pmatrix} -1 \\ 1 \\ -3 \end{pmatrix}\begin{pmatrix} 1 \\ 2 \\ 2 \end{pmatrix}\cdot\frac{1}{3}\begin{pmatrix} 1 \\ 2 \\ 2 \end{pmatrix} = \begin{pmatrix} -1 \\ 1 \\ -3 \end{pmatrix} + \frac{10}{9}\begin{pmatrix} 1 \\ 2 \\ 2 \end{pmatrix} = \frac{1}{9}\begin{pmatrix} 1 \\ 29 \\ -7 \end{pmatrix}$$

die Richtungskosinusse

$$\cos\alpha = \frac{1}{9\sqrt{11}} \approx 0{,}0335,$$

$$\cos\beta = \frac{29}{9\sqrt{11}} \approx 0{,}9715,$$

$$\cos\gamma = \frac{-7}{9\sqrt{11}} \approx -0{,}2345.$$

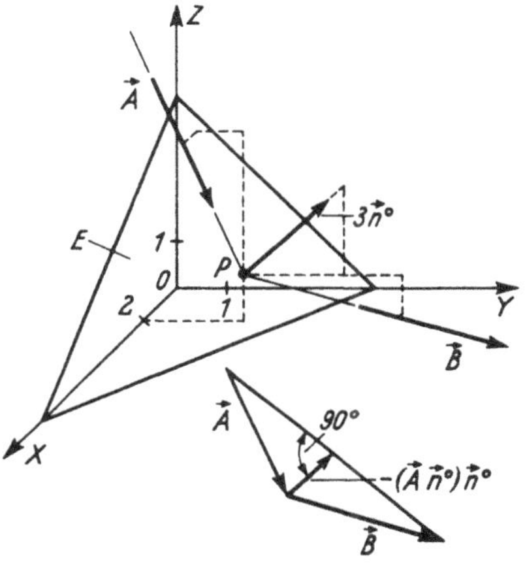

8. Von einer Ebene E sind die Eckpunkte A(9;0;0), B(0;0;9) und C(0;-18;0) ihres Spurdreiecks gegeben. Man bestimme den Einheitsvektor $\vec{n}^0$ der Ebenen-Normale in A, der mit den Vektoren $\vec{AB}$ und $\vec{AC}$ ein Rechtssystem bildet, sowie die Flächenmaßzahl A* des Dreiecks ABC.

Durch das **Vektorprodukt** $\vec{n} = \vec{AB} \times \vec{AC}$ ist ein zu beiden gegebenen Vektoren orthogonaler Vektor bestimmt, der mit $\vec{AB}$ und $\vec{AC}$ ein Rechtssystem bildet und dessen Betrag gleich der positiven Flächenmaßzahl des von $\vec{AB}$ und $\vec{AC}$ aufgespannten Parallelogramms ist. Es ergibt sich für die vorliegenden Zahlenwerte mit $\vec{AB} = \begin{pmatrix} -9 \\ 0 \\ 9 \end{pmatrix}$ und $\vec{AC} = \begin{pmatrix} -9 \\ -18 \\ 0 \end{pmatrix}$

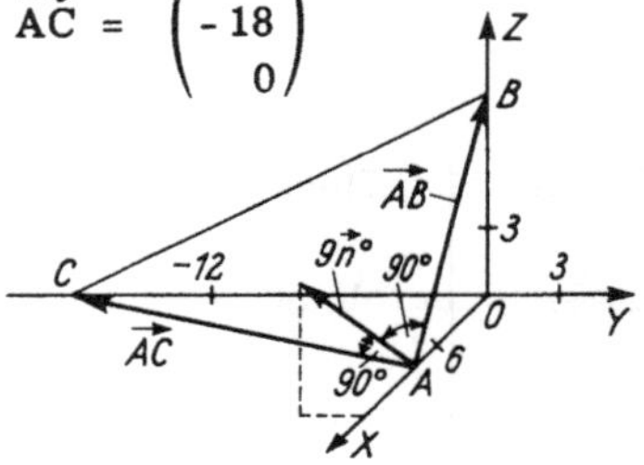

$$\vec{n} = \begin{vmatrix} \vec{i} & \vec{j} & \vec{k} \\ -9 & 0 & 9 \\ -9 & -18 & 0 \end{vmatrix} = $$

$$= 162\,\vec{i} - 81\,\vec{j} + 162\,\vec{k}.$$

Daraus erhält man den gesuchten Einheitsvektor zu $\vec{n}^0 = \frac{1}{3}(2\,\vec{i} - \vec{j} + 2\,\vec{k})$.

Die Flächenmaßzahl des Dreiecks ist $A^* = \frac{81}{2} \cdot \sqrt{4 + 1 + 4} = 121{,}5$.

---

9. Ein Punkt P drehe sich gemäß der Abbildung um die Achse AB mit der Winkelgeschwindigkeit $\vec{\omega}$.

Wie groß ist die Geschwindigkeit $\vec{v}_P$ des Punktes P, wenn dieser durch den Ortsvektor $\vec{r} = \begin{pmatrix} -0{,}4 \\ 0{,}6 \\ 1{,}2 \end{pmatrix}$ m festgelegt ist und die Winkelgeschwindigkeit $\vec{\omega}$ den Betrag $|\vec{\omega}| = 0{,}8\ s^{-1}$ hat?

Es ist wegen $|\vec{v}_P| = |\vec{\omega}| \cdot \rho = |\vec{\omega}| \cdot |\vec{r}| \cdot \sin\alpha$ mit ρ als Abstand des Punktes P von der Achse AB, $\vec{v}_P = \vec{\omega} \times \vec{r}$.

Wird ein kartesisches Koordinatensystem wie in der Abbildung eingeführt, so berechnet sich $\vec{v}_P$ zu

$$\vec{v}_P = \begin{vmatrix} \vec{i} & \vec{j} & \vec{k} \\ 0 & 0 & 0{,}8 \\ -0{,}4 & 0{,}6 & 1{,}2 \end{vmatrix} ms^{-1} = (-0{,}48\,\vec{i} - 0{,}32\,\vec{j})\ ms^{-1} = \begin{pmatrix} -0{,}48 \\ -0{,}32 \\ 0 \end{pmatrix} ms^{-1}.$$

Mit dem Zeichenmaßstab $M_Z = 5 \frac{cm}{m}$,

dem Winkelgeschwindigkeitsmaßstab

$M_\omega = 2{,}5 \frac{cm}{s^{-1}}$ und der frei wählbaren

Momentenkonstanten c = 2 cm ist der Geschwindigkeitsmaßstab

$$M_v = \frac{M_Z \cdot M_\omega}{c} = 6{,}25 \frac{cm}{ms^{-1}} .$$

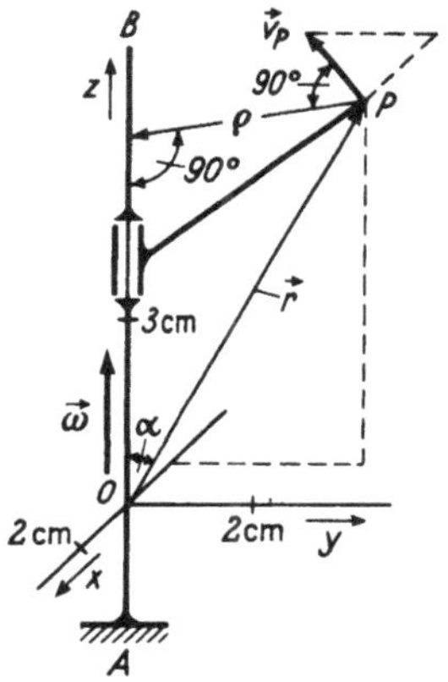

In dem gewählten Koordinatensystem wird daher

$\vec{r} = \begin{pmatrix} -2 \\ 3 \\ 6 \end{pmatrix}$ cm, $|\vec{\omega}|_B$ = 2 cm und der gesuchte Geschwindigkeitsvektor

durch $\vec{v}_{P_B} = \vec{v}_P \cdot M_v = (-3\vec{i} - 2\vec{j})$ cm $= \begin{pmatrix} -3 \\ -2 \\ 0 \end{pmatrix}$ cm dargestellt.

---

10. Im Punkt P(-0,2; 0,2; 0,4) m der Abbildung greift die Kraft

$\vec{F} = \begin{pmatrix} 0{,}8 \\ 0{,}6 \\ -0{,}6 \end{pmatrix}$ N an. Wie groß ist das hierdurch im Mittelpunkt

A(0,2; -0,1; 0,3) m des Kugelgelenkes erzeugte Moment $\vec{M}$?

Aus $|\vec{M}| = \overline{AB} \cdot |\vec{F}| = \overline{AP} \cdot \sin\alpha \cdot |\vec{F}|$ für den Betrag des gesuchten Momentes folgt $\vec{M} = \vec{AP} \times \vec{F}$.

Damit berechnet sich

$$\vec{M} = \begin{vmatrix} \vec{i} & \vec{j} & \vec{k} \\ -0{,}4 & 0{,}3 & 0{,}1 \\ 0{,}8 & 0{,}6 & -0{,}6 \end{vmatrix} \text{Nm} =$$

$$= (-0{,}24\,\vec{i} - 0{,}16\,\vec{j} - 0{,}48\,\vec{k}) \text{ Nm und}$$

$|\vec{M}| = 0{,}56$ Nm.

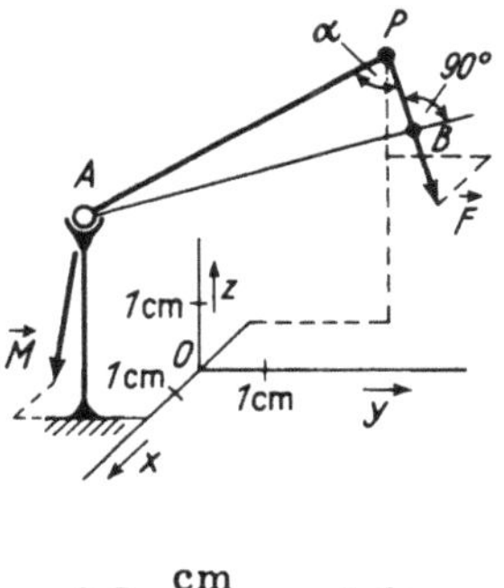

Bei Verwendung der Maßstäbe $M_Z = 10 \frac{cm}{m}$, $M_F = 2{,}5 \frac{cm}{N}$ und der Momentenkonstante c = 4 cm ergibt sich der Momentenmaßstab

$$M_M = \frac{M_Z \cdot M_F}{c} = 6{,}25 \frac{cm}{Nm} .$$

Hiermit findet man die Bildgrößen

$$P_B(-2;\ 2;\ 4)\ \text{cm},\quad \vec{F}_B = \begin{pmatrix} 2 \\ 1{,}5 \\ -1{,}5 \end{pmatrix}\ \text{cm und}\ \vec{M}_B = \begin{pmatrix} -1{,}5 \\ -1 \\ -3 \end{pmatrix}\ \text{cm.}$$

11. Welche Volumenmaßzahl V^* hat der durch die drei Vektoren

$$\vec{A} = \begin{pmatrix} 1 \\ 3 \\ -1 \end{pmatrix},\quad \vec{B} = \begin{pmatrix} -2 \\ 2 \\ 1 \end{pmatrix}\quad \text{und}\quad \vec{C} = \begin{pmatrix} 1 \\ 1 \\ 4 \end{pmatrix}$$ aufgespannte Spat?

Das Ergebnis wird durch das

Spatprodukt $V^* = \vec{A}(\vec{B} \times \vec{C}) =$

$$= \begin{vmatrix} A_x & A_y & A_z \\ B_x & B_y & B_z \\ C_x & C_y & C_z \end{vmatrix}$$ geliefert.

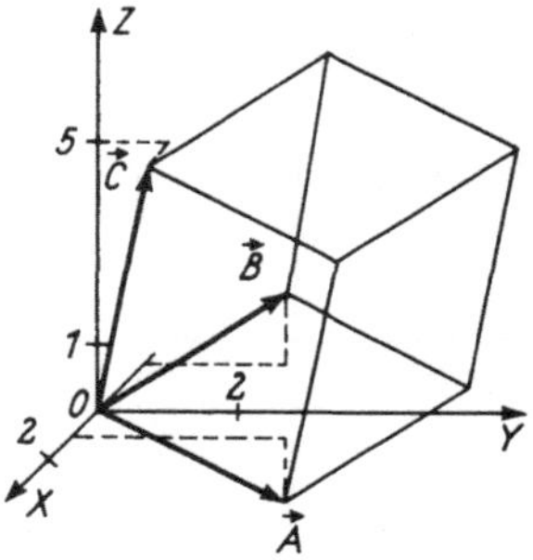

Für die gegebenen speziellen Zahlenwerte ergibt sich

$$V^* = \begin{vmatrix} 1 & 3 & -1 \\ -2 & 2 & 1 \\ 1 & 1 & 4 \end{vmatrix} = 38.$$

12. Der Vektor $\vec{A} = \begin{pmatrix} 2 \\ 2 \\ 4 \end{pmatrix}$ soll in die Richtungen der drei Vektoren

$$\vec{B} = \begin{pmatrix} 9 \\ 6 \\ -1{,}5 \end{pmatrix},\quad \vec{C} = \begin{pmatrix} -2 \\ 1 \\ 1{,}5 \end{pmatrix}\quad \text{und}$$

$$\vec{D} = \begin{pmatrix} 0 \\ 2 \\ -1 \end{pmatrix}$$ zerlegt werden.*)

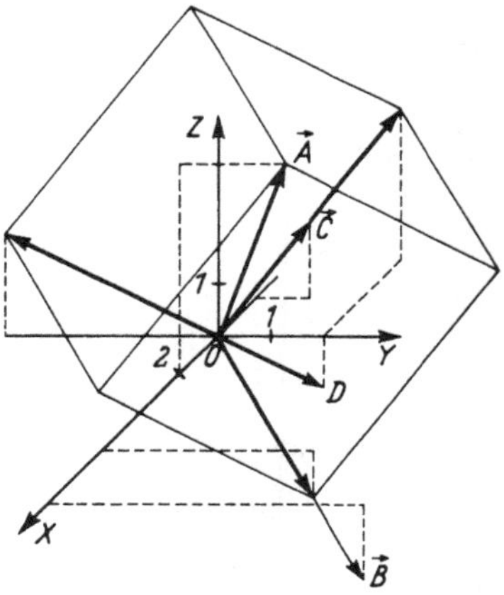

*) Siehe auch Beispiel Nr. 13.

Durch skalare Multiplikation von $\vec{A} = p \cdot \vec{B} + q \cdot \vec{C} + r \cdot \vec{D}$ mit $\vec{C} \times \vec{D}$ folgt über $\vec{A}(\vec{C} \times \vec{D}) = p \cdot \vec{B}(\vec{C} \times \vec{D})$ der Faktor

$$p = \frac{\vec{A}(\vec{C} \times \vec{D})}{\vec{B}(\vec{C} \times \vec{D})} = \frac{\vec{C}(\vec{D} \times \vec{A})}{\vec{B}(\vec{C} \times \vec{D})} .$$

In gleicher Weise erbringt die skalare Multiplikation mit $\vec{B} \times \vec{D}$ bzw. $\vec{B} \times \vec{C}$

$$q = \frac{\vec{A}(\vec{B} \times \vec{D})}{\vec{C}(\vec{B} \times \vec{D})} = \frac{\vec{D}(\vec{B} \times \vec{A})}{\vec{B}(\vec{C} \times \vec{D})} \quad \text{und} \quad r = \frac{\vec{A}(\vec{B} \times \vec{C})}{\vec{D}(\vec{B} \times \vec{C})} = \frac{\vec{B}(\vec{C} \times \vec{A})}{\vec{B}(\vec{C} \times \vec{D})} .$$

Die Auswertung der einzelnen Spatprodukte liefert mit

$$\vec{C}(\vec{D} \times \vec{A}) = \begin{vmatrix} -2 & 1 & 1,5 \\ 0 & 2 & -1 \\ 2 & 2 & 4 \end{vmatrix} = -28, \quad \vec{D}(\vec{B} \times \vec{A}) = \begin{vmatrix} 0 & 2 & -1 \\ 9 & 6 & -1,5 \\ 2 & 2 & 4 \end{vmatrix} = -84,$$

$$\vec{B}(\vec{C} \times \vec{A}) = \begin{vmatrix} 9 & 6 & -1,5 \\ -2 & 1 & 1,5 \\ 2 & 2 & 4 \end{vmatrix} = 84, \quad \vec{B}(\vec{C} \times \vec{D}) = \begin{vmatrix} 9 & 6 & -1,5 \\ -2 & 1 & 1,5 \\ 0 & 2 & -1 \end{vmatrix} = -42,$$

$$p = \frac{-28}{-42} = \frac{2}{3}, \quad q = \frac{-84}{-42} = 2, \quad r = \frac{84}{-42} = -2.$$

Somit ist die gesuchte Zerlegung

$$\vec{A} = \frac{2}{3}\begin{pmatrix} 9 \\ 6 \\ -1,5 \end{pmatrix} + 2\begin{pmatrix} -2 \\ 1 \\ 1,5 \end{pmatrix} - 2\begin{pmatrix} 0 \\ 2 \\ -1 \end{pmatrix} = \begin{pmatrix} 6 \\ 4 \\ -1 \end{pmatrix} + \begin{pmatrix} -4 \\ 2 \\ 3 \end{pmatrix} + \begin{pmatrix} 0 \\ -4 \\ 2 \end{pmatrix} .$$

---

13. 3 Stäbe $\overline{SA}$, $\overline{SB}$, $\overline{SC}$ bilden ein Bockgerüst. In S greift die Kraft $\vec{F}$ an. Welche Reaktionskräfte $\vec{F}_A$, $\vec{F}_B$, $\vec{F}_C$ treten in diesen 3 Stäben auf, wenn S(1,6; 2; 2,4) m, A(0; 1,6; 0) m, B(2,4; 3,2; 0) m, C(3,2; 0,4; 0) m und

$$\vec{F} = \begin{pmatrix} -500 \\ -500 \\ -900 \end{pmatrix} \text{ N ist?}$$

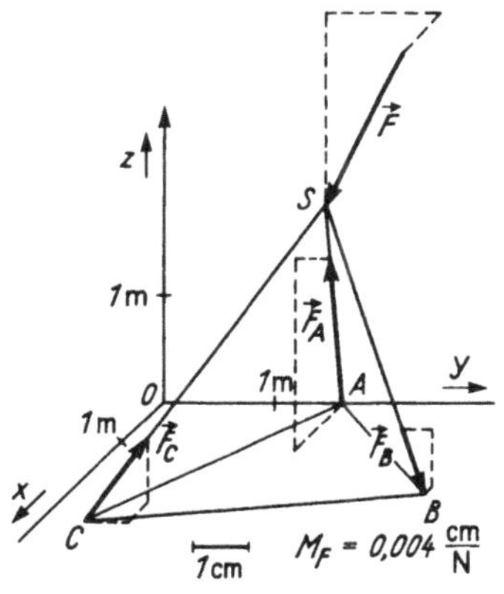

Setzt man $\vec{F}_A = \lambda_A \cdot \overrightarrow{AS}$, $\vec{F}_B = \lambda_B \cdot \overrightarrow{BS}$

und $\vec{F}_C = \lambda_C \cdot \overrightarrow{CS}$, so folgt

aus der Geschlossenheitsbedingung $\vec{F}_A + \vec{F}_B + \vec{F}_C + \vec{F} = \vec{0}$

für λ_A, λ_B und λ_C die Vektorgleichung

$$\lambda_A \cdot \overrightarrow{AS} + \lambda_B \cdot \overrightarrow{BS} + \lambda_C \cdot \overrightarrow{CS} + \vec{F} = \vec{0}$$

oder

$$\lambda_A \cdot \begin{pmatrix} 1{,}6 \\ 0{,}4 \\ 2{,}4 \end{pmatrix} \text{m} + \lambda_B \cdot \begin{pmatrix} -0{,}8 \\ -1{,}2 \\ 2{,}4 \end{pmatrix} \text{m} + \lambda_C \cdot \begin{pmatrix} -1{,}6 \\ 1{,}6 \\ 2{,}4 \end{pmatrix} \text{m} + \begin{pmatrix} -500 \\ -500 \\ -900 \end{pmatrix} \text{N} = \vec{0}.$$

Die Zerlegung in skalare Komponenten liefert für λ_A, λ_B, λ_C das lineare Gleichungssystem

$$\begin{aligned} 1{,}6\,\lambda_A - 0{,}8\,\lambda_B - 1{,}6\,\lambda_C &= 500\,\frac{\text{N}}{\text{m}} \quad \Big|\cdot\frac{5}{4} \\ 0{,}4\,\lambda_A - 1{,}2\,\lambda_B + 1{,}6\,\lambda_C &= 500\,\frac{\text{N}}{\text{m}} \quad \Big|\cdot\frac{5}{2} \\ 2{,}4\,\lambda_A + 2{,}4\,\lambda_B + 2{,}4\,\lambda_C &= 900\,\frac{\text{N}}{\text{m}} \quad \Big|\cdot\frac{5}{6}\;. \end{aligned}$$

Vereinfacht ergibt sich nacheinander

$$\begin{aligned} 2\,\lambda_A - \lambda_B - 2\,\lambda_C &= 625\,\frac{\text{N}}{\text{m}} \quad \Big| \\ \lambda_A - 3\,\lambda_B + 4\,\lambda_C &= 1250\,\frac{\text{N}}{\text{m}} \quad \Big| \quad 2.\text{Z} + 1.\text{Z}\cdot 2 \\ 2\,\lambda_A + 2\,\lambda_B + 2\,\lambda_C &= 750\,\frac{\text{N}}{\text{m}} \quad \Big| \quad 3.\text{Z} + 1.\text{Z} \end{aligned}$$

$$\begin{aligned} 5\,\lambda_A - 5\,\lambda_B &= 2500\,\frac{\text{N}}{\text{m}} \quad \Big| \\ 4\,\lambda_A + \lambda_B &= 1375\,\frac{\text{N}}{\text{m}} \quad \Big| \quad 1.\text{Z}. + 2.\text{Z}\cdot 5 \end{aligned}$$

$25\,\lambda_A = 9375\,\frac{\text{N}}{\text{m}}$, also $\lambda_A = 375\,\frac{\text{N}}{\text{m}}$, $\lambda_B = -125\,\frac{\text{N}}{\text{m}}$ und $\lambda_C = 125\,\frac{\text{N}}{\text{m}}$.

Hiermit wird

$$\vec{F}_A = \begin{pmatrix} 600 \\ 150 \\ 900 \end{pmatrix} \text{N}, \quad \vec{F}_B = \begin{pmatrix} 100 \\ 150 \\ -300 \end{pmatrix} \text{N}, \quad \vec{F}_C = \begin{pmatrix} -200 \\ 200 \\ 300 \end{pmatrix} \text{N}.$$

$\lambda_B < 0$ zeigt an, daß es sich bei $\overline{BS}$ um einen Zugstab handelt, während $\overline{AS}$ und $\overline{CS}$ Druckstäbe sind. Die Beträge der Stabkräfte errechnen sich zu

$$\begin{aligned} |\vec{F}_A| &= \sqrt{600^2 + 150^2 + 900^2}\ \text{N} \approx 1092\ \text{N}, \\ |\vec{F}_B| &= \sqrt{100^2 + 150^2 + (-300)^2}\ \text{N} = 350\ \text{N}, \\ |\vec{F}_C| &= \sqrt{(-200)^2 + 200^2 + 300^2}\ \text{N} \approx 412\ \text{N}. \end{aligned}$$

14. Es soll festgestellt werden, ob die drei Vektoren $\vec{a}_1 = \begin{pmatrix} 4 \\ 3 \\ -5 \end{pmatrix}$,

$\vec{a}_2 = \begin{pmatrix} 6 \\ 7 \\ 0 \end{pmatrix}$ und $\vec{a}_3 = \begin{pmatrix} 2 \\ 3 \\ 2 \end{pmatrix}$ linear abhängig sind.

Sind $\vec{a}_1$, $\vec{a}_2$, $\vec{a}_3$ linear abhängig, so muß es drei, nicht sämtlich verschwindende Zahlen $\lambda_\nu \in \mathbb{R}$ für $\nu = 1, 2, 3$ geben, für die $\lambda_1\vec{a}_1 + \lambda_2\vec{a}_2 + \lambda_3\vec{a}_3 = \vec{0}$ ist. Dies führt auf das homogene lineare Gleichungssystem

$$\begin{aligned} 4\lambda_1 + 6\lambda_2 + 2\lambda_3 &= 0 \\ 3\lambda_1 + 7\lambda_2 + 3\lambda_3 &= 0 \\ -5\lambda_1 + 2\lambda_3 &= 0, \end{aligned}$$

dessen Lösungsmenge dann und nur dann von $\{\lambda_1 = 0;\ \lambda_2 = 0;\ \lambda_3 = 0\}$ verschiedene Elemente enthält, wenn die Koeffizientendeterminante des Systems verschwindet. Da $\begin{vmatrix} 4 & 6 & 2 \\ 3 & 7 & 3 \\ -5 & 0 & 2 \end{vmatrix} = 0$ ist, sind $\vec{a}_1$, $\vec{a}_2$, $\vec{a}_3$ linear abhängige Vektoren.

Setzt man etwa $\lambda_3 = 1$, so errechnet sich aus den ersten beiden Gleichungen

$$\begin{aligned} 4\lambda_1 + 6\lambda_2 + 2 &= 0 \\ 3\lambda_1 + 7\lambda_2 + 3 &= 0 \end{aligned}$$

$\lambda_1 = 0{,}4$ und $\lambda_2 = -0{,}6$. Diese Werte genügen dann auch der dritten Gleichung, so daß zwischen den drei Vektoren z. B. die Beziehung $0{,}4 \cdot \vec{a}_1 - 0{,}6 \cdot \vec{a}_2 + 1 \cdot \vec{a}_3 = \vec{0}$ besteht.

Da bei Vektoren im R_3 die Aussage über die lineare Abhängigkeit dreier Vektoren gleichwertig der über ihre k o m p l a n a r e Lage ist, verschwindet in diesem Fall das Spatprodukt $\vec{a}_1(\vec{a}_2 \times \vec{a}_3)$. Im vorliegenden Beispiel ist $\vec{a}_1(\vec{a}_2 \times \vec{a}_3) = \begin{vmatrix} 4 & 3 & -5 \\ 6 & 7 & 0 \\ 2 & 3 & 2 \end{vmatrix} = 0$, wobei es sich, bis auf eine Spiegelung an der Hauptdiagonalen, um dieselbe Determinate wie oben handelt.

---

15. Eine Stange mit Endpunkt P sei gemäß der Abbildung in der durch den Vektor $\vec{A} = \begin{pmatrix} 0{,}4 \\ 0{,}2 \\ 0{,}4 \end{pmatrix}$ m bestimmten Achse drehbar gelagert. Welches

Moment $\vec{M}$ um diese Achse wird durch die in P(- 0,3; - 0,2; 0,9) m angreifende Kraft $\vec{F} = \begin{pmatrix} 3 \\ 6 \\ -2 \end{pmatrix}$ N erzeugt?

Mit ρ als Abstand des Punktes P von der Drehachse kann der Betrag $|\vec{M}|$ des Momentes $\vec{M}$ durch $|\vec{M}| = \rho \cdot |\vec{F}| \cdot \cos\beta$ angegeben werden, was sich wegen $\rho = |\overrightarrow{OP}| \cdot \sin\alpha$ noch in der Form
$|\vec{M}| = |\overrightarrow{OP}| \cdot \sin\alpha \cdot |\vec{F}| \cdot \cos\beta$ schreiben läßt.

Daraus folgt für die dargestellte getriebliche Anordnung

$$\vec{M} = [(\vec{A}^0 \times \overrightarrow{OP}) \cdot \vec{F}] \cdot \vec{A}^0 = [\vec{F}(\vec{A}^0 \times \overrightarrow{OP})] \cdot \vec{A}^0.$$

Die numerische Auswertung ergibt

$$\vec{M} = \frac{1}{0,6} \cdot \begin{pmatrix} 3 \\ 6 \\ -2 \end{pmatrix} \cdot \begin{pmatrix} 0,4 \\ 0,2 \\ 0,4 \end{pmatrix} \times \begin{pmatrix} -0,3 \\ -0,2 \\ 0,9 \end{pmatrix} \cdot \frac{1}{0,6} \cdot \begin{pmatrix} 0,4 \\ 0,2 \\ 0,4 \end{pmatrix} \text{Nm} =$$

$$= \frac{1}{0,36} \begin{vmatrix} 3 & 6 & -2 \\ 0,4 & 0,2 & 0,4 \\ -0,3 & -0,2 & 0,9 \end{vmatrix} \cdot \begin{pmatrix} 0,4 \\ 0,2 \\ 0,4 \end{pmatrix} \text{Nm} =$$

$$= -\frac{2,06}{0,36} \cdot \begin{pmatrix} 0,4 \\ 0,2 \\ 0,4 \end{pmatrix} \text{Nm} \approx \begin{pmatrix} -2,29 \\ -1,14 \\ -2,29 \end{pmatrix} \text{Nm}.$$

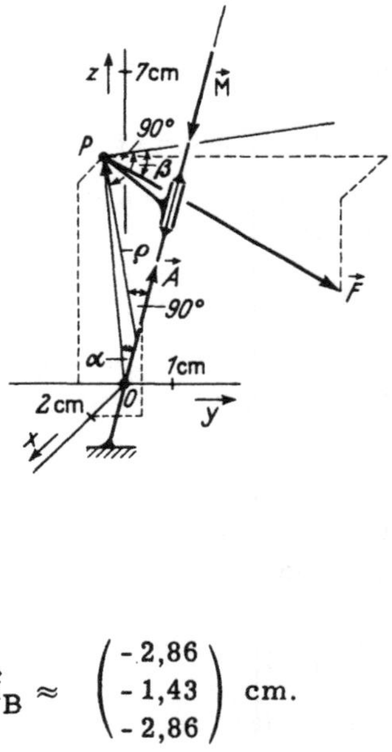

Für die Maßstäbe $M_Z = 5 \frac{\text{cm}}{\text{m}}$, $M_F = 1 \frac{\text{cm}}{\text{N}}$

und die Momentenkonstante $c = 4$ cm wird

der Momentenmaßstab $M_M = \frac{M_Z \cdot M_F}{c} =$

$= 1,25 \frac{\text{cm}}{\text{Nm}}$.

Dies ergibt die Bildgrößen $\vec{A}_B = \begin{pmatrix} 2 \\ 1 \\ 2 \end{pmatrix}$ cm,

$\overrightarrow{OP}_B = \begin{pmatrix} -1,5 \\ -1,0 \\ 4,5 \end{pmatrix}$ cm, $\vec{F}_B = \begin{pmatrix} 3 \\ 6 \\ -2 \end{pmatrix}$ cm und $\vec{M}_B \approx \begin{pmatrix} -2,86 \\ -1,43 \\ -2,86 \end{pmatrix}$ cm.

---

16. Gegeben sind zwei windschiefe Geraden g_1 und g_2 durch zwei ihrer Punkte $P_1(3; 4; 0)$ cm und $P_2(-2; -3; 1)$ cm sowie die zugehörigen Richtungsvektoren $\vec{A}_1 = \begin{pmatrix} 3 \\ 2 \\ -4 \end{pmatrix}$ cm und $\vec{A}_2 = \begin{pmatrix} 0 \\ 3 \\ -3 \end{pmatrix}$ cm.

Wie groß ist der Abstand d beider Geraden und wo liegen die Fußpunkte Q_1 und Q_2 des gemeinsamen Lotes?

Gemäß der Abbildung gilt mit $\overrightarrow{OP_1} = \vec{r}_1$ und $\overrightarrow{OP_2} = \vec{r}_2$ die Vektorbeziehung $\vec{r}_1 + p \cdot \vec{A}_1 + q \cdot (\vec{A}_1 \times \vec{A}_2) = \vec{r}_2 + r \cdot \vec{A}_2$ mit den Zahlenwerten $p, q*, r \in \mathbb{R}$.

Zur Bestimmung der Faktoren p, q und r wird diese Gleichung nacheinander mit $\vec{A}_2 \times (\vec{A}_1 \times \vec{A}_2)$, $\vec{A}_1 \times \vec{A}_2$ und $\vec{A}_1 \times (\vec{A}_1 \times \vec{A}_2)$ skalar multipliziert. Dann ergibt sich der Reihe nach über

$$\vec{A}_1 \cdot [\vec{A}_2 \times (\vec{A}_1 \times \vec{A}_2)] \cdot p = (\vec{r}_2 - \vec{r}_1) \cdot [\vec{A}_2 \times (\vec{A}_1 \times \vec{A}_2)]$$

$$p = \frac{(\vec{r}_2 - \vec{r}_1)\ [\vec{A}_2 \times (\vec{A}_1 \times \vec{A}_2)]}{(\vec{A}_1 \times \vec{A}_2)^2},$$

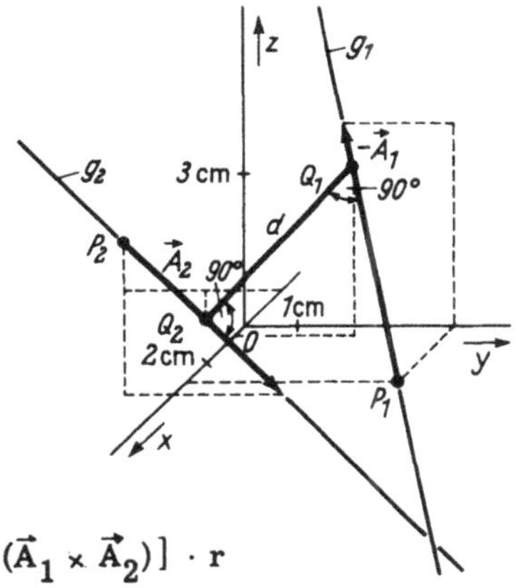

$$(\vec{A}_1 \times \vec{A}_2)^2 \cdot q = (\vec{r}_2 - \vec{r}_1)(\vec{A}_1 \times \vec{A}_2)$$

$$q = \frac{(\vec{r}_2 - \vec{r}_1)(\vec{A}_1 \times \vec{A}_2)}{(\vec{A}_1 \times \vec{A}_2)^2},$$

$$(\vec{r}_1 - \vec{r}_2)\ [\vec{A}_1 \times (\vec{A}_1 \times \vec{A}_2)] = \vec{A}_2 \cdot [\vec{A}_1 \times (\vec{A}_1 \times \vec{A}_2)] \cdot r$$

$$r = \frac{(\vec{r}_2 - \vec{r}_1)\ [\vec{A}_1 \times (\vec{A}_1 \times \vec{A}_2)]}{(\vec{A}_1 \times \vec{A}_2)^2}.$$

Damit werden

$$\overrightarrow{Q_1Q_2} = \frac{(\vec{r}_2 - \vec{r}_1)(\vec{A}_1 \times \vec{A}_2)}{(\vec{A}_1 \times \vec{A}_2)^2} \cdot (\vec{A}_1 \times \vec{A}_2) =$$

$$= \frac{\begin{vmatrix} -5 & -7 & 1 \\ 3 & 2 & -4 \\ 0 & 3 & -3 \end{vmatrix}}{198} \cdot \begin{vmatrix} \vec{i} & \vec{j} & \vec{k} \\ 3 & 2 & -4 \\ 0 & 3 & -3 \end{vmatrix} \text{ cm} = \frac{14}{11}(-2\vec{i} - 3\vec{j} - 3\vec{k}) \text{ cm}$$

und $d = |\overrightarrow{Q_1Q_2}| = \frac{14}{11} \cdot \sqrt{22} \text{ cm} \approx 5{,}970 \text{ cm}$,

$$\vec{OQ}_1 = \vec{r}_1 + \frac{(\vec{r}_2 - \vec{r}_1)\ [\vec{A}_2 \times (\vec{A}_1 \times \vec{A}_2)]}{(\vec{A}_1 \times \vec{A}_2)^2} \cdot \vec{A}_1 = \begin{pmatrix} 3 \\ 4 \\ 0 \end{pmatrix} \text{cm} +$$

$$+ \frac{3}{198} \begin{vmatrix} -5 & -7 & 1 \\ 0 & 3 & -3 \\ 2 & 3 & 3 \end{vmatrix} \cdot \begin{pmatrix} 3 \\ 2 \\ -4 \end{pmatrix} \text{cm} =$$

$$= \begin{pmatrix} 3 \\ 4 \\ 0 \end{pmatrix} \text{cm} - \frac{9}{11} \cdot \begin{pmatrix} 3 \\ 2 \\ -4 \end{pmatrix} \text{cm} = \frac{2}{11} \cdot \begin{pmatrix} 3 \\ 13 \\ 18 \end{pmatrix} \text{cm} \approx \begin{pmatrix} 0{,}55 \\ 2{,}36 \\ 3{,}27 \end{pmatrix} \text{cm}$$

und

$$\vec{OQ}_2 = \vec{r}_2 + \frac{(\vec{r}_2 - \vec{r}_1)\ [\vec{A}_1 \times (\vec{A}_1 \times \vec{A}_2)]}{(\vec{A}_1 \times \vec{A}_2)^2} \cdot \vec{A}_2 = \begin{pmatrix} -2 \\ -3 \\ 1 \end{pmatrix} \text{cm} +$$

$$+ \frac{3}{198} \cdot \begin{vmatrix} -5 & -7 & 1 \\ 3 & 2 & -4 \\ 2 & 3 & 3 \end{vmatrix} \cdot \begin{pmatrix} 0 \\ 3 \\ -3 \end{pmatrix} \text{cm} =$$

$$= \begin{pmatrix} -2 \\ -3 \\ 1 \end{pmatrix} \text{cm} + \frac{17}{33} \cdot \begin{pmatrix} 0 \\ 3 \\ -3 \end{pmatrix} \text{cm} = \frac{1}{11} \cdot \begin{pmatrix} -22 \\ -16 \\ -6 \end{pmatrix} \text{cm} \approx \begin{pmatrix} -2{,}00 \\ -1{,}45 \\ -0{,}55 \end{pmatrix} \text{cm}.$$

Verzichtet man auf die Bereitstellung allgemeiner Formeln, so ergibt die anfangs aufgestellte Vektorbeziehung mit den gegebenen speziellen Werten die Zahlenwertgleichung

$$\begin{pmatrix} 3 \\ 4 \\ 0 \end{pmatrix} + p \cdot \begin{pmatrix} 3 \\ 2 \\ -4 \end{pmatrix} + q^* \cdot \begin{pmatrix} 3 \\ 2 \\ -4 \end{pmatrix} \times \begin{pmatrix} 0 \\ 3 \\ -3 \end{pmatrix} = \begin{pmatrix} -2 \\ -3 \\ 1 \end{pmatrix} + r \cdot \begin{pmatrix} 0 \\ 3 \\ -3 \end{pmatrix}$$

oder

$$3 + 3p + 6q^* = -2$$
$$4 + 2p + 9q^* = -3 + 3r$$
$$-4p + 9q^* = 1 - 3r.$$

Hieraus errechnet sich $p = -\frac{9}{11}$, $q^* = -\frac{14}{33}$, $r = \frac{17}{33}$ und damit

wiederum $\vec{Q_1Q_2} = q \cdot (\vec{A}_1 \times \vec{A}_2) = -\frac{14}{11} \begin{pmatrix} 2 \\ 3 \\ 3 \end{pmatrix}$ cm, $\vec{OQ}_1 = \vec{r}_1 + p \cdot \vec{A}_1 =$

$= \frac{2}{11} \cdot \begin{pmatrix} 3 \\ 13 \\ 18 \end{pmatrix}$ cm; $\vec{OQ}_2 = \vec{r}_2 + r \cdot \vec{A}_2 = -\frac{2}{11} \cdot \begin{pmatrix} 11 \\ 8 \\ 3 \end{pmatrix}$ cm, also

$$Q_1\left(\frac{6}{11};\frac{26}{11};\frac{36}{11}\right)\text{ cm},\quad Q_2\left(-2;\ \frac{-16}{11};\ \frac{-6}{11}\right)\text{ cm}$$

und $d = \overline{Q_1Q_2} = \frac{14}{11}\sqrt{22}$ cm.

17. Bewegt sich ein Punkt P um eine gestellfeste Achse mit der Winkelgeschwindigkeit $\vec{\omega}$ und der Winkelbeschleunigung $\vec{\alpha}$, dann ist bei Wahl des Bezugspunktes 0 auf der Drehachse und $\overrightarrow{OP} = \vec{r}$ seine Normalbeschleunigung $\vec{a}_n = \vec{\omega}\times(\vec{\omega}\times\vec{r})$ und seine Tangentialbeschleunigung $\vec{a}_t = \vec{\alpha}\times\vec{r}$.

Man ermittle die Beschleunigung $\vec{a} = \vec{a}_n + \vec{a}_t$ des Punktes P(- 0,8; - 0,6; 0,5) m in der Abbildung, wenn die Drehachse durch den Vektor

$\vec{A} = \begin{pmatrix}0{,}4\\-0{,}6\\1{,}2\end{pmatrix}$ m festgelegt ist und $\vec{\omega} = 2\,\vec{A}^0\,s^{-1}$, $\vec{\alpha} = 3\,\vec{A}^0\,s^{-2}$ betragen.

Nach dem Entwicklungssatz für Vektoren kann die gesuchte Beschleunigung auch durch $\vec{a} = (\vec{\omega}\,\vec{r})\vec{\omega} - \vec{\omega}^2\vec{r} + \vec{\alpha}\times\vec{r}$ dargestellt werden.

Dies führt mit $\vec{A}^0 = \frac{1}{7}\begin{pmatrix}2\\-3\\6\end{pmatrix}$,

$$\vec{\omega} = \frac{2}{7}\begin{pmatrix}2\\-3\\6\end{pmatrix}s^{-1}$$

$$\text{und } \vec{\alpha} = \frac{3}{7}\begin{pmatrix}2\\-3\\6\end{pmatrix}s^{-2}$$

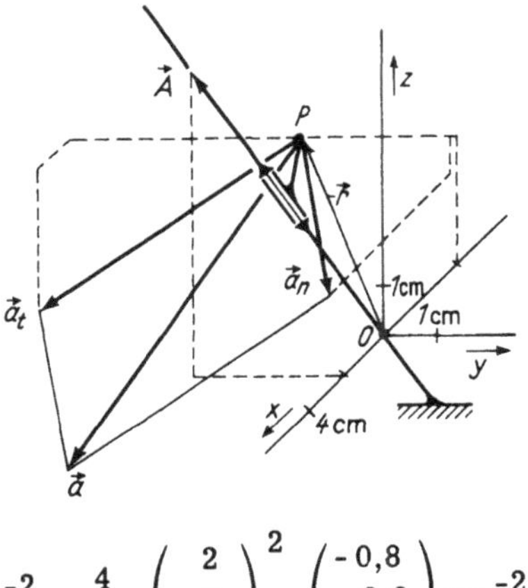

über

$$\vec{a} = \frac{2}{7}\left[\begin{pmatrix}2\\-3\\6\end{pmatrix}\cdot\begin{pmatrix}-0{,}8\\-0{,}6\\0{,}5\end{pmatrix}\right]\cdot\frac{2}{7}\begin{pmatrix}2\\-3\\6\end{pmatrix}ms^{-2} - \frac{4}{49}\begin{pmatrix}2\\-3\\6\end{pmatrix}^2\cdot\begin{pmatrix}-0{,}8\\-0{,}6\\0{,}5\end{pmatrix}ms^{-2} +$$

$$+\frac{3}{7}\begin{pmatrix}2\\-3\\6\end{pmatrix}\times\begin{pmatrix}-0{,}8\\-0{,}6\\0{,}5\end{pmatrix}ms^{-2} = \frac{4}{49}\cdot\frac{32}{10}\begin{pmatrix}2\\-3\\6\end{pmatrix}ms^{-2} + 4\begin{pmatrix}0{,}8\\0{,}6\\-0{,}5\end{pmatrix}ms^{-2} +$$

$$+\frac{3}{7}\begin{pmatrix}2{,}1\\-5{,}8\\-3{,}6\end{pmatrix}ms^{-2} \approx \begin{pmatrix}0{,}52\\-0{,}78\\1{,}57\end{pmatrix}ms^{-2} + \begin{pmatrix}3{,}2\\2{,}4\\-2{,}0\end{pmatrix}ms^{-2} + \begin{pmatrix}0{,}90\\-2{,}49\\-1{,}54\end{pmatrix}ms^{-2}$$

auf $\vec{a} = \vec{a}_n + \vec{a}_t \approx \begin{pmatrix} 3{,}72 \\ 1{,}62 \\ -0{,}43 \end{pmatrix} \mathrm{ms}^{-2} + \begin{pmatrix} 0{,}90 \\ -2{,}49 \\ -1{,}54 \end{pmatrix} \mathrm{ms}^{-2} = \begin{pmatrix} 4{,}62 \\ -0{,}87 \\ -1{,}97 \end{pmatrix} \mathrm{ms}^{-2}$.

Für die Maßstäbe $M_Z = 5\,\frac{\mathrm{cm}}{\mathrm{m}}$, $M_\omega = 3\,\frac{\mathrm{cm}}{\mathrm{s}^{-1}}$ folgt mit der Momentenkonstante $c = 5$ cm der Beschleunigungsmaßstab $M_a = \frac{M_Z \cdot M_\omega^2}{c^2} =$

$= 1{,}8\,\frac{\mathrm{cm}}{\mathrm{ms}^{-2}}$. Dies ergibt die Bildgrößen $P_B(-4;\,-3;\,2{,}5)$ cm,

$\vec{a}_{n_B} \approx \begin{pmatrix} 6{,}70 \\ 2{,}92 \\ -0{,}77 \end{pmatrix}$ cm und $\vec{a}_{t_B} \approx \begin{pmatrix} 1{,}62 \\ -4{,}48 \\ -2{,}77 \end{pmatrix}$ cm.

---

18. Gegeben ist eine Ebene E durch die Spurpunkte P(6; 0; 0), Q(0; 5; 0), R(0; 0; 3) ihres Spurdreiecks sowie ein im Punkt S(3; 3; 2) angreifender Vektor $\vec{A} = \begin{pmatrix} 2 \\ -4 \\ 5 \end{pmatrix}$. Welcher Vektor $\vec{B}$ entsteht durch senkrechte Projektion von $\vec{A}$ auf E?

Wie aus der Abbildung ersichtlich, gilt mit $\vec{n}$ als einem Normalenvektor der Ebene $|\vec{B}| = |\vec{A}| \cdot \sin\alpha = |\vec{A} \times \vec{n}^o|$, woraus $\vec{B} = \vec{n}^o \times (\vec{A} \times \vec{n}^o)$ folgt.

Nach Berechnung des Normalenvektors

$\vec{n} = \vec{PQ} \times \vec{PR} =$

$= \begin{vmatrix} \vec{i} & \vec{j} & \vec{k} \\ -6 & 5 & 0 \\ -6 & 0 & 3 \end{vmatrix} = \begin{pmatrix} 15 \\ 18 \\ 30 \end{pmatrix}$

und daraus

$\vec{n}^o = \frac{1}{\sqrt{161}} \begin{pmatrix} 5 \\ 6 \\ 10 \end{pmatrix}$

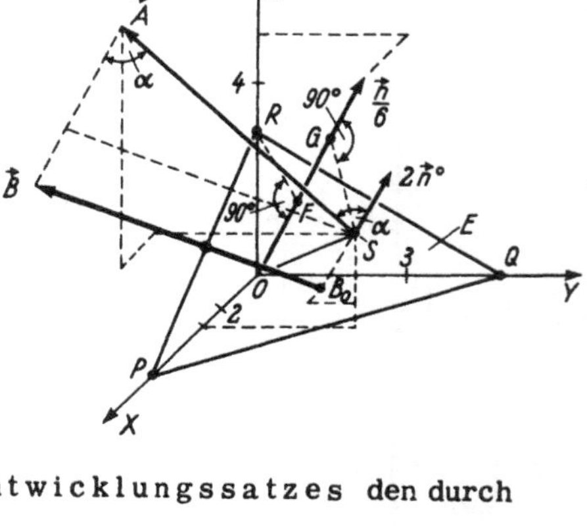

findet man unter Verwendung des Entwicklungssatzes den durch Projektion entstehenden Vektor

$$\vec{B} = (\vec{n}^0)^2\vec{A} - (\vec{n}^0\vec{A})\vec{n}^0 = 1\cdot\begin{pmatrix}2\\-4\\5\end{pmatrix} - \frac{1}{\sqrt{161}}\left[\begin{pmatrix}5\\6\\10\end{pmatrix}\begin{pmatrix}2\\-4\\5\end{pmatrix}\right]\cdot\frac{1}{\sqrt{161}}\begin{pmatrix}5\\6\\10\end{pmatrix} =$$

$$= \begin{pmatrix}2\\-4\\5\end{pmatrix} - \frac{1}{161}\cdot 36\cdot\begin{pmatrix}5\\6\\10\end{pmatrix} \approx \begin{pmatrix}2\\-4\\5\end{pmatrix} - \begin{pmatrix}1{,}12\\1{,}34\\2{,}24\end{pmatrix} = \begin{pmatrix}0{,}88\\-5{,}34\\2{,}76\end{pmatrix}.$$

Der Anfangspunkt B_0 dieses Vektors $\vec{B}$ ist der Fußpunkt des Lotes durch S auf die Ebene E. Mit F als Fußpunkt des Lotes durch den Ursprung auf E findet man

$$\overrightarrow{SB_0} = \overrightarrow{GO} - \overrightarrow{FO} = -(\overrightarrow{SO}\cdot\vec{n}^0 - \overrightarrow{RO}\cdot\vec{n}^0)\cdot\vec{n}^0 = -\overrightarrow{SR}\cdot\vec{n}^0\cdot\vec{n}^0 =$$

$$= \frac{-1}{161}\cdot\left[\begin{pmatrix}-3\\-3\\1\end{pmatrix}\cdot\begin{pmatrix}5\\6\\10\end{pmatrix}\right]\cdot\begin{pmatrix}5\\6\\10\end{pmatrix} = -\frac{23}{161}\cdot\begin{pmatrix}5\\6\\10\end{pmatrix} \approx \begin{pmatrix}-0{,}71\\-0{,}86\\-1{,}43\end{pmatrix}$$

und damit aus

$$\overrightarrow{OB_0} = \overrightarrow{OS} + \overrightarrow{SB_0} \approx \begin{pmatrix}3-0{,}71\\3-0{,}86\\2-1{,}43\end{pmatrix}$$ den Anfangspunkt des Vektors $\vec{B}$ zu

$B_0(\approx 2{,}29; \approx 2{,}14; \approx 0{,}57)$.

---

19. Wird ein ebenes Flächenstück mit dem Flächeninhalt A, dessen Stellung im Raum durch den Normalenvektor $\vec{A}$ mit $|\vec{A}| = A$ festgelegt ist, von einem räumlich und zeitlich konstanten Vektorfeld $\vec{V}$ durchsetzt, so ist der F l u ß Φ dieses Feldes durch das Flächenstück $\Phi = \vec{V}\vec{A}$.

Man ermittle den Fluß Φ für ein parallelogrammförmiges Flächenstück OPQR mit der Diagonale $\overline{OQ}$ und P(4; 4; 0) cm, R(0; 2; 3) cm, das sich in einem homogenen elektrischen Feld der Stärke

$$\vec{E} = \begin{pmatrix}4\\2\\4\end{pmatrix}\cdot 10^3\,\frac{V}{m}$$ befindet.

Mit $\vec{A} = \overrightarrow{OP}\times\overrightarrow{OR}$ ergibt sich

$$\Phi = \vec{E}(\overrightarrow{OP}\times\overrightarrow{OR}) = \begin{vmatrix}4 & 2 & 4\\4 & 4 & 0\\0 & 2 & 3\end{vmatrix}\cdot$$

$$\cdot 10^3\,\frac{V}{m}\,cm^2 = 5{,}6\ Vm.$$

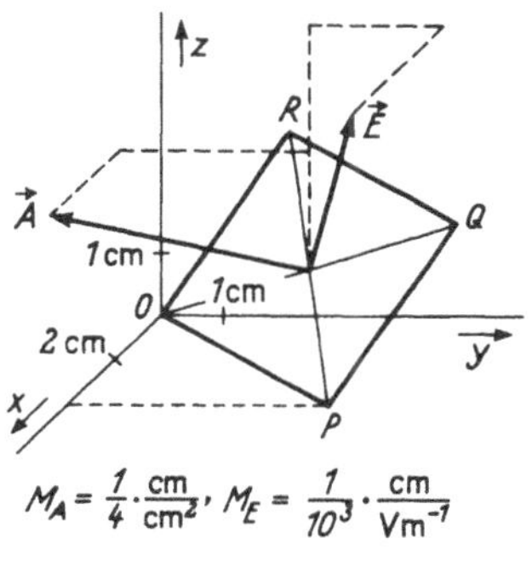

$M_A = \frac{1}{4}\cdot\frac{cm}{cm^2}$, $M_E = \frac{1}{10^3}\cdot\frac{cm}{Vm^{-1}}$

20. Ein Tetraeder befinde sich in einem elektrischen Feld der Stärke $\vec{E}$. Man weise nach, daß der Kraftfluß Φ dieses Feldes durch die Oberfläche des Tetraeders verschwindet, wenn alle Flächennormalen nach außen orientiert werden!

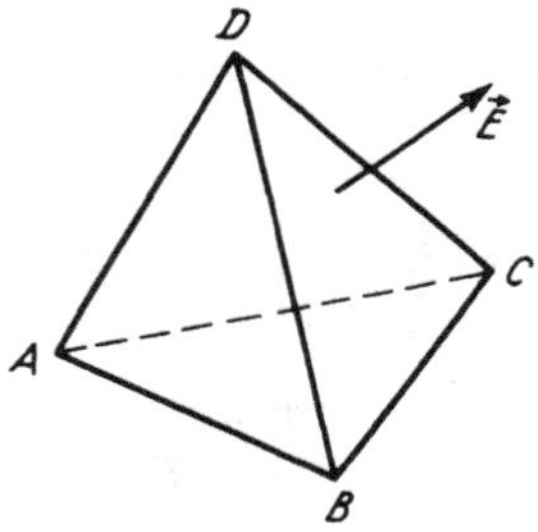

Φ ergibt sich als Summe der Kraftflüsse durch die einzelnen Seitenflächen zu

$$\Phi = \Phi_{ABD} + \Phi_{BCD} + \Phi_{ADC} + \Phi_{ABC} =$$

$$= \vec{E}\cdot\frac{1}{2}(\overrightarrow{DA}\times\overrightarrow{DB}) + \vec{E}\cdot\frac{1}{2}(\overrightarrow{DB}\times\overrightarrow{DC}) + \vec{E}\cdot\frac{1}{2}(\overrightarrow{DC}\times\overrightarrow{DA}) + \vec{E}\cdot\frac{1}{2}(\overrightarrow{AC}\times\overrightarrow{AB}) =$$

$$= \frac{1}{2}\vec{E}\cdot[\overrightarrow{DA}\times\overrightarrow{DB} + \overrightarrow{DB}\times\overrightarrow{DC} + \overrightarrow{DC}\times\overrightarrow{DA} + \overrightarrow{AC}\times\overrightarrow{AB}].$$

Da sich die eine Seitenfläche aufspannenden Vektoren durch die den anliegenden Seitenflächen zugeordneten Vektoren ausdrücken lassen, folgt z. B mit $\overrightarrow{AC} = \overrightarrow{DC} - \overrightarrow{DA}$ und $\overrightarrow{AB} = \overrightarrow{DB} - \overrightarrow{DA}$ unter Verwendung des distributiven Gesetzes der Vektormultiplikation

$$\overrightarrow{AC}\times\overrightarrow{AB} = (\overrightarrow{DC} - \overrightarrow{DA})\times(\overrightarrow{DB} - \overrightarrow{DA}) = \overrightarrow{DC}\times\overrightarrow{DB} - \overrightarrow{DC}\times\overrightarrow{DA} - \overrightarrow{DA}\times\overrightarrow{DB}.$$

Es ist also $\overrightarrow{DA}\times\overrightarrow{DB} + \overrightarrow{DB}\times\overrightarrow{DC} + \overrightarrow{DC}\times\overrightarrow{DA} + \overrightarrow{AC}\times\overrightarrow{AB} = \vec{0}$, womit $\Phi = 0$ wird.

---

21. Die dargestellte rechteckige Leiterschleife sei um die Achse AA' drehbar gelagert. Welche Kräfte $\vec{F}_{KL}$, $\vec{F}_{LM}$, $\vec{F}_{MN}$ und $\vec{F}_{NK}$ wirken auf die von einem Strom der Stärke I durchflossenen Leiterstücke $\overline{KL}$, $\overline{LM}$, $\overline{MN}$ und $\overline{NK}$ in einem Magnetfeld mit der Kraftflußdichte $\vec{B}$? Wie groß ist das bezüglich der Drehachse erzeugte Moment $\vec{M}$?

Spezielle Werte:

$\overline{NK} = \overline{LM} = 2a = 6$ cm;

$\overline{KL} = \overline{MN} = b = 4$ cm;

$I = 20$ A; $\vec{B} = \begin{pmatrix} 2 \\ 2 \\ 1 \end{pmatrix}\cdot 10^{-2}\,\frac{\mathrm{Vs}}{\mathrm{m}^2}$;

$\alpha = 60^\circ$.

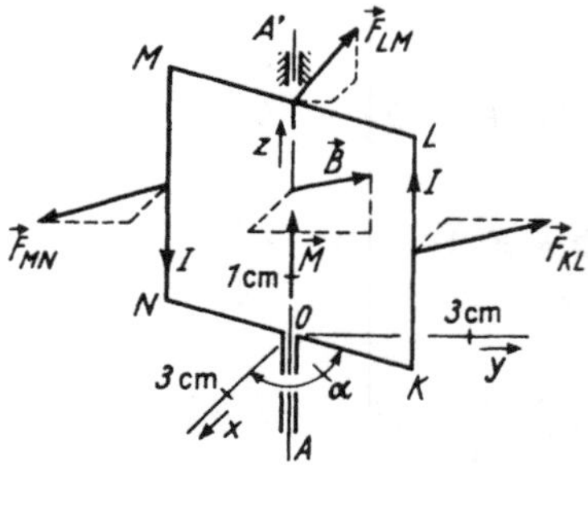

Bei Wahl eines xyz- Koordinatensystems gemäß der Abbildung ergeben sich in Abhängigkeit vom Drehwinkel α der Schleife

$$\vec{F}_{KL} = I \cdot \vec{KL} \times \vec{B} = I \cdot \begin{pmatrix} 0 \\ 0 \\ b \end{pmatrix} \times \begin{pmatrix} B_x \\ B_y \\ B_z \end{pmatrix} = \begin{pmatrix} -B_y \\ B_x \\ 0 \end{pmatrix} \cdot bI, \quad \vec{F}_{MN} = -\vec{F}_{KL},$$

$$\vec{F}_{NK} = I \cdot \vec{NK} \times \vec{B} = I \cdot \begin{pmatrix} 2a\cos\alpha \\ 2a\sin\alpha \\ 0 \end{pmatrix} \times \begin{pmatrix} B_x \\ B_y \\ B_z \end{pmatrix} = \begin{pmatrix} B_z\sin\alpha \\ -B_z\cos\alpha \\ B_y\cos\alpha - B_x\sin\alpha \end{pmatrix} \cdot 2aI$$

und $\vec{F}_{LM} = -\vec{F}_{NK}$.

Zum Drehmoment $\vec{M}$ tragen nur die Kräfte $\vec{F}_{KL}$ und $\vec{F}_{MN}$ bei. Da diese in einer Normalebene zur Drehachse liegen, ist

$$\vec{M} = \vec{NK} \times \vec{F}_{KL} = \begin{pmatrix} 2a\cos\alpha \\ 2a\sin\alpha \\ 0 \end{pmatrix} \times \begin{pmatrix} -B_y \\ B_x \\ 0 \end{pmatrix} \cdot Ib = \begin{pmatrix} 0 \\ 0 \\ B_x\cos\alpha + B_y\sin\alpha \end{pmatrix} \cdot 2abI.$$

Für die angegebenen Werte findet man $\vec{F}_{KL} = -\vec{F}_{MN} = \begin{pmatrix} -16 \\ 16 \\ 0 \end{pmatrix} \cdot 10^{-3}\ N$,

$$\vec{F}_{NK} = -\vec{F}_{LM} \approx \begin{pmatrix} 10{,}39 \\ -6 \\ -8{,}78 \end{pmatrix} \cdot 10^{-3}\ N \text{ und } \vec{M} \approx \begin{pmatrix} 0 \\ 0 \\ 1{,}31 \end{pmatrix} \cdot 10^{-3}\ Nm.$$

Mit den Maßstäben $M_Z = 100\ \frac{cm}{m}$, $M_B = \frac{100\ cm}{V\,s\,m^{-2}}$, $M_F = 100\ \frac{cm}{N}$

und $M_M = \frac{M_Z \cdot M_F}{c} = 10^3\ \frac{cm}{Nm}$ für $c = 10$ cm ergeben sich die Bildgrößen

$$\vec{B}_B = \begin{pmatrix} 2 \\ 2 \\ 1 \end{pmatrix} cm, \quad \vec{F}_{KL_B} = -\vec{F}_{MN_B} = \begin{pmatrix} -1{,}6 \\ 1{,}6 \\ 0 \end{pmatrix} cm, \quad \vec{F}_{NK_B} = -\vec{F}_{LM_B} \approx$$

$$\approx \begin{pmatrix} 1{,}04 \\ -0{,}60 \\ 0{,}88 \end{pmatrix} cm \text{ und } \vec{M}_B \approx \begin{pmatrix} 0 \\ 0 \\ 1{,}31 \end{pmatrix} cm.$$

1.2 Determinanten und Matrizen

22. Die Determinante $A = \begin{vmatrix} 5 & 6 & 4 & 3 \\ 3 & 2 & 3 & 4 \\ 4 & 4 & 2 & 9 \\ 7 & 8 & 5 & 8 \end{vmatrix}$ soll nach den Elementen der 2. Spalte entwickelt und anschließend ihr Wert berechnet werden.

Die Anwendung des LAPLACEschen Entwicklungssatzes auf die Elemente der 2. Spalte liefert

$$A = 6 \cdot \left(- \begin{vmatrix} 3 & 3 & 4 \\ 4 & 2 & 9 \\ 7 & 5 & 8 \end{vmatrix} \right) + 2 \cdot \left(+ \begin{vmatrix} 5 & 4 & 3 \\ 4 & 2 & 9 \\ 7 & 5 & 8 \end{vmatrix} \right) +$$

$$+ 4 \cdot \left(- \begin{vmatrix} 5 & 4 & 3 \\ 3 & 3 & 4 \\ 7 & 5 & 8 \end{vmatrix} \right) + 8 \cdot \left(+ \begin{vmatrix} 5 & 4 & 3 \\ 3 & 3 & 4 \\ 4 & 2 & 9 \end{vmatrix} \right)$$

als Summe der mit den zugehörigen Elementen multiplizierten Adjunkten α_{ik} oder Kofaktoren $\mathrm{cof}_{ik}(A)$. Diese sind die mit dem Faktor $(-1)^{i+k}$ versehenen Unterdeterminanten oder Minoren A_{ik} bezüglich der Elemente a_{ik} der Determinante.

Die Werte der entstandenen dreireihigen Unterdeterminanten A_{21}, A_{22}, A_{23}, A_{24} lassen sich nach der Regel von SARRUS bestimmen. So führt das Schema

$$\begin{vmatrix} 3 & 3 & 4 \\ 4 & 2 & 9 \\ 7 & 5 & 8 \end{vmatrix} \begin{matrix} 3 & 3 \\ 4 & 2 \\ 7 & 5 \end{matrix} \quad \begin{matrix} - \\ \\ + \end{matrix}$$

auf $A_{21} = 3 \cdot 2 \cdot 8 + 3 \cdot 9 \cdot 7 + 4 \cdot 4 \cdot 5 - 7 \cdot 2 \cdot 4 - 5 \cdot 9 \cdot 3 - 8 \cdot 4 \cdot 3 = 30$ und in gleicher Weise auf $A_{22} = -3$, $A_{23} = 18$ und $A_{24} = 33$. Damit wird $A = 6 \cdot (-30) + 2 \cdot (-3) + 4 \cdot (-18) + 8 \cdot 33 = 6$.

---

23. Welchen Wert hat die Determinante

$$A = \begin{vmatrix} 4 & 2 & 3 & 8 \\ 7 & 5 & 6 & 1 \\ 3 & 2 & 1 & 4 \\ 5 & 8 & 2 & 6 \end{vmatrix} \quad ?$$

Zur rascheren Berechnung formt man zweckmäßig die Determinante zunächst so um, daß in einer Reihe alle Elemente bis auf eines verschwinden. Die Anwendung des Entwicklungssatzes von LAPLACE erfordert dann nur noch die Ermittlung des Wertes einer Determinante vom nächstniedrigeren Grad. So liefert etwa

$$A = \begin{vmatrix} -5 & -4 & 0 & -4 \\ -11 & -7 & 0 & -23 \\ 3 & 2 & 1 & 4 \\ -1 & 4 & 0 & -2 \end{vmatrix} = \begin{vmatrix} 5 & 4 & 4 \\ 11 & 7 & 23 \\ -1 & 4 & -2 \end{vmatrix} = \begin{vmatrix} 5 & 24 & -6 \\ 11 & 51 & 1 \\ -1 & 0 & 0 \end{vmatrix} =$$

1. Z + 3. Z · (-3)   Entw. n. d.   2. Sp + 1. Sp · 4
2. Z + 3. Z · (-6)   Elem. d. 3. Sp.   3. Sp + 1. Sp · (-2)
4. Z + 3. Z · (-2)

$$= -\begin{vmatrix} 24 & -6 \\ 51 & 1 \end{vmatrix} = -(24 + 306) = -330.$$

Entw. n. d.
Elem. d. 3. Z.

24. Man berechne den Wert der Determinante

$$A = \begin{vmatrix} 1 & 2 & 3 & 4 & 5 \\ 6 & 7 & 8 & 9 & 10 \\ 11 & 12 & 13 & 14 & 15 \\ 16 & 17 & 18 & 19 & 20 \\ 21 & 22 & 23 & 24 & 25 \end{vmatrix} .$$

2. Zeile - 1. Zeile
3. Zeile - 1 Zeile

$$A = \begin{vmatrix} 1 & 2 & 3 & 4 & 5 \\ 5 & 5 & 5 & 5 & 5 \\ 10 & 10 & 10 & 10 & 10 \\ 16 & 17 & 18 & 19 & 20 \\ 21 & 22 & 23 & 24 & 25 \end{vmatrix} = 0,$$

da die Elemente einer Reihe proportional den entsprechenden Elementen einer dazu parallelen Reihe sind.

25. Mit Hilfe des GAUSSschen Algorithmus ermittle man den Wert der Determinante

$$A = \begin{vmatrix} 30 & -3 & 6 & -1 & -1 \\ 20 & -2 & -4 & -16 & 0 \\ 10 & 3 & 3 & 2 & -3 \\ -20 & -2 & -4 & 0 & 4 \\ -40 & 4 & 5 & 13 & -3 \end{vmatrix} .$$

Das Verfahren besteht darin, daß man durch Umformungen die vorgelegte Determinante auf die "Dreiecksform" bringt, in welcher die unterhalb der Hauptdiagonale befindlichen Elemente verschwinden.

Tausch
3. Z gegen 1. Z

$$A = -\begin{vmatrix} 10 & 3 & 3 & 2 & -3 \\ 20 & -2 & -4 & -16 & 0 \\ 30 & -3 & 6 & -1 & -1 \\ -20 & -2 & -4 & 0 & 4 \\ -40 & 4 & 5 & 13 & -3 \end{vmatrix} = -\begin{vmatrix} 10 & 3 & 3 & 2 & -3 \\ 0 & -8 & -10 & -20 & 6 \\ 0 & -12 & -3 & -7 & 8 \\ 0 & 4 & 2 & 4 & -2 \\ 0 & 16 & 17 & 21 & -15 \end{vmatrix} =$$

2. Z + 1. Z · (-2)
3. Z + 1. Z · (-3)
4. Z + 1. Z · 2
5. Z + 1. Z · 4

Tausch
4. Z gegen 2. Z

$$= \begin{vmatrix} 10 & 3 & 3 & 2 & -3 \\ 0 & 4 & 2 & 4 & -2 \\ 0 & -12 & -3 & -7 & 8 \\ 0 & -8 & -10 & -20 & 6 \\ 0 & 16 & 17 & 21 & -15 \end{vmatrix} = \begin{vmatrix} 10 & 3 & 3 & 2 & -3 \\ 0 & 4 & 2 & 4 & -2 \\ 0 & 0 & 3 & 5 & 2 \\ 0 & 0 & -6 & -12 & 2 \\ 0 & 0 & 9 & 5 & -7 \end{vmatrix} =$$

3. Z + 2. Z · 3
4. Z + 2. Z · 2
5. Z + 2. Z · (-4)

4. Z + 3. Z · 2
5. Z + 3. Z · (-3)

$$= \begin{vmatrix} 10 & 3 & 3 & 2 & -3 \\ 0 & 4 & 2 & 4 & -2 \\ 0 & 0 & 3 & 5 & 2 \\ 0 & 0 & 0 & -2 & 6 \\ 0 & 0 & 0 & -10 & -13 \end{vmatrix} = \begin{vmatrix} 10 & 3 & 3 & 2 & -3 \\ 0 & 4 & 2 & 4 & -2 \\ 0 & 0 & 3 & 5 & 2 \\ 0 & 0 & 0 & -2 & 6 \\ 0 & 0 & 0 & 0 & -43 \end{vmatrix} =$$

5. Z + 4. Z · (-5)

$$= 10 \cdot 4 \cdot 3 \cdot (-2) \cdot (-43) = 10\,320.$$

Die vorgenommenen Zeilenvertauschungen bringen Rechenvorteile; bei ungünstigeren Zahlen sind derartige Vertauschungen numerisch erforderlich (vgl. Nr. 26).

26. Welchen Wert hat die Determinante

$$A = \begin{vmatrix} 5{,}13 & 7{,}29 & 4{,}16 & 8{,}03 & 5{,}32 \\ -2{,}46 & 6{,}13 & -3{,}09 & 6{,}10 & 8{,}14 \\ 4{,}30 & 2{,}50 & 6{,}13 & 2{,}60 & -6{,}02 \\ -8{,}39 & 2{,}43 & 6{,}39 & 3{,}19 & 9{,}13 \\ 2{,}96 & 8{,}16 & -3{,}10 & 4{,}03 & 2{,}69 \end{vmatrix} ?$$

Damit bei Verwendung des GAUSSschen Algorithmus auftretende Rundungsfehler möglichst klein bleiben, benutzt man zum Herstellen der "Dreiecksform" jeweils das Element größten Betrages in oder unterhalb der Hauptdiagonalen aus der betreffenden Spalte (Pivot-Element). Zur Kontrolle der laufenden Rechnung durch die Zeilensummenprobe wird der Determinante eine Hilfsspalte angefügt, deren (hier in Klammern gesetzte) Elemente die Summenwerte der Elemente der jeweiligen Zeilen sind. Diese Spalte wird wie die anderen Spalten behandelt und bei richtiger Rechnung muß die Summeneigenschaft ihrer Elemente erhalten bleiben. Bei Rechnung auf vier Dezimalstellen nach dem Komma ergibt sich

Tausch
4. Z gegen 1. Z

$$A = -\begin{vmatrix} -8{,}39 & 2{,}43 & 6{,}39 & 3{,}19 & 9{,}13 \\ -2{,}46 & 6{,}13 & -3{,}09 & 6{,}10 & 8{,}14 \\ 4{,}30 & 2{,}50 & 6{,}13 & 2{,}60 & -6{,}02 \\ 5{,}13 & 7{,}29 & 4{,}16 & 8{,}03 & 5{,}32 \\ 2{,}96 & 8{,}16 & -3{,}10 & 4{,}03 & 2{,}69 \end{vmatrix} \begin{matrix} (12{,}75) \\ (14{,}82) \\ (\ 9{,}51) \\ (29{,}93) \\ (14{,}74) \end{matrix} \approx$$

$$2.\,Z + 1.\,Z \cdot \frac{-2{,}46}{8{,}39}$$

$$3.\,Z + 1.\,Z \cdot \frac{4{,}30}{8{,}39}$$

$$4.\,Z + 1.\,Z \cdot \frac{5{,}13}{8{,}39}$$

$$5.\,Z + 1.\,Z \cdot \frac{2{,}96}{8{,}39}$$

$$\approx -\begin{vmatrix} -8{,}39 & 2{,}43 & 6{,}39 & 3{,}19 & 9{,}13 \\ 0 & 5{,}4175 & -4{,}9636 & 5{,}1647 & 5{,}4630 \\ 0 & 3{,}7454 & 9{,}4050 & 4{,}2349 & -1{,}3407 \\ 0 & 8{,}7758 & 8{,}0671 & 9{,}9805 & 10{,}9025 \\ 0 & 9{,}0173 & -0{,}8456 & 5{,}1554 & 5{,}9111 \end{vmatrix} \begin{matrix} (12{,}75\quad) \\ (11{,}0816) \\ (16{,}0446) \\ (37{,}7259) \\ (19{,}2382) \end{matrix} \approx$$

Tausch
5. Z gegen 2. Z

$$\approx + \left| \begin{array}{rrrrr|l} -8{,}39 & 2{,}43 & 6{,}39 & 3{,}19 & 9{,}13 & (12{,}75\ \ ) \\ 0 & 9{,}0173 & -0{,}8456 & 5{,}1554 & 5{,}9111 & (19{,}2382) \\ 0 & 3{,}7454 & 9{,}4050 & 4{,}2349 & -1{,}3407 & 16{,}0446) \\ 0 & 8{,}7758 & 8{,}0671 & 9{,}9805 & 10{,}9025 & (37{,}7259) \\ 0 & 5{,}4175 & -4{,}9636 & 5{,}1647 & 5{,}4630 & (11{,}0816) \end{array} \right| \approx$$

$$3.\,\mathrm{Z} + 2.\,\mathrm{Z} \cdot \frac{3{,}7454}{-9{,}0173}$$
$$4.\,\mathrm{Z} + 2.\,\mathrm{Z} \cdot \frac{8{,}7758}{-9{,}0173}$$
$$5.\,\mathrm{Z} + 2.\,\mathrm{Z} \cdot \frac{5{,}4175}{-9{,}0173}$$

$$\approx \left| \begin{array}{rrrrr|l} -8{,}39 & 2{,}43 & 6{,}39 & 3{,}19 & 9{,}13 & (12{,}75\ \ ) \\ 0 & 9{,}0173 & -0{,}8456 & 5{,}1554 & 5{,}9111 & (19{,}2382) \\ 0 & 0 & 9{,}7562 & 2{,}0936 & -3{,}7959 & (\ 8{,}0539) \\ 0 & 0 & 8{,}8901 & 4{,}9632 & 5{,}1497 & (19{,}0029) \\ 0 & 0 & -4{,}4556 & 2{,}0674 & 1{,}9117 & (-0{,}4765) \end{array} \right| \approx$$

$$4.\,\mathrm{Z} + 3.\,\mathrm{Z} \cdot \frac{8{,}8901}{-9{,}7562}$$
$$5.\,\mathrm{Z} + 3.\,\mathrm{Z} \cdot \frac{-4{,}4556}{-9{,}7562}$$

$$\approx \left| \begin{array}{rrrrr|l} -8{,}39 & 2{,}43 & 6{,}39 & 3{,}19 & 9{,}13 & (12{,}75\ \ ) \\ 0 & 9{,}0173 & -0{,}8456 & 5{,}1554 & 5{,}9111 & (19{,}2382) \\ 0 & 0 & 9{,}7562 & 2{,}0936 & -3{,}7959 & (\ 8{,}0539) \\ 0 & 0 & 0 & 3{,}0555 & 8{,}6086 & (11{,}6640) \\ 0 & 0 & 0 & 3{,}0235 & 0{,}1781 & (\ 3{,}2017) \end{array} \right| \approx$$

$$5.\,\mathrm{Z} + 4.\,\mathrm{Z} \cdot \frac{3{,}0235}{-3{,}0555}$$

$$\approx \left| \begin{array}{rrrrr|l} -8{,}39 & 2{,}43 & 6{,}39 & 3{,}19 & 9{,}13 & (12{,}75\ \ ) \\ 0 & 9{,}0173 & -0{,}8456 & 5{,}1554 & 5{,}9111 & (19{,}2382) \\ 0 & 0 & 9{,}7562 & 2{,}0936 & -3{,}7959 & (\ 8{,}0539) \\ 0 & 0 & 0 & 3{,}0555 & 8{,}6086 & (11{,}6640) \\ 0 & 0 & 0 & 0 & -8{,}3403 & (-8{,}3401) \end{array} \right| =$$

$$= (-8{,}39) \cdot 9{,}0173 \cdot 9{,}7562 \cdot 3{,}0555 \cdot (-8{,}3403) \approx 18809{,}75.$$

27. Für welche Werte der Veränderlichen $x \in \mathbb{C}$ nimmt die Determinante

$$A = \begin{vmatrix} 12 & x & 7 & -3 \\ 2x & 2 & x & -1 \\ 3x & 3 & 2x & x \\ 11 & x & 6 & -3 \end{vmatrix} \quad \text{den Wert 0 an?}$$

1. Zeile - 4. Zeile

$$A = \begin{vmatrix} 1 & 0 & 1 & 0 \\ 2x & 2 & x & -1 \\ 3x & 3 & 2x & x \\ 11 & x & 6 & -3 \end{vmatrix} = \begin{vmatrix} 0 & 0 & 1 & 0 \\ x & 2 & x & -1 \\ x & 3 & 2x & x \\ 5 & x & 6 & -3 \end{vmatrix} =$$

1. Spalte - 3. Spalte

Entwicklung nach den Elementen der 1. Zeile

$$= \begin{vmatrix} x & 2 & -1 \\ x & 3 & x \\ 5 & x & -3 \end{vmatrix} = \begin{vmatrix} 0 & 0 & -1 \\ x^2 + x & 3 + 2x & x \\ 5 - 3x & x - 6 & -3 \end{vmatrix} =$$

1. Spalte + 3. Spalte · x
2. Spalte + 3. Spalte · 2

Entwicklung nach den Elementen der 1. Zeile

$$= - \begin{vmatrix} x^2 + x & 3 + 2x \\ 5 - 3x & x - 6 \end{vmatrix} =$$

$$= +(x^2 + x)(6 - x) + (5 - 3x)(3 + 2x) = -x^3 - x^2 + 7x + 15 = 0.$$

Die Ermittlung derjenigen Werte von x, für welche die Determinante den Wert 0 annimmt, ist damit zurückgeführt auf die Lösung der algebraischen Gleichung dritten Grades

$$x^3 + x^2 - 7x - 15 = 0.$$

$x = 3 \mid 27 + 9 - 21 - 15 = 0, \; x_1 = 3;$

Mit dieser Lösung liefert das HORNERsche Schema

	1	1	-7	-15
3		3	12	15
	1	4	5	—

die Gleichung

$x^2 + 4x + 5 = 0$, woraus $x_{2;3} = \dfrac{-4 \pm \sqrt{16 - 20}}{2} = -2 \pm i$ folgt.

Die Menge der gesuchten Werte ist somit $\mathbb{L} = \{3; -2+i; -2-i\}$.

28. Mit den Matrizen $A = \begin{pmatrix} 2 & 4 \\ -3 & 5 \\ 2 & 6 \end{pmatrix}$ und $B = \begin{pmatrix} 1 & 3 \\ 4 & -1 \\ 6 & 5 \end{pmatrix}$

bilde man $A + B$, $A - B$, $3 \cdot A + 2 \cdot B$.

$$A + B = \begin{pmatrix} 3 & 7 \\ 1 & 4 \\ 8 & 11 \end{pmatrix};$$

$$A - B = \begin{pmatrix} 1 & 1 \\ -7 & 6 \\ -4 & 1 \end{pmatrix};$$

$$3 \cdot A + 2 \cdot B = \begin{pmatrix} 3 \cdot 2 + 2 \cdot 1 & 3 \cdot 4 + 2 \cdot 3 \\ 3 \cdot (-3) + 2 \cdot 4 & 3 \cdot 5 + 2 \cdot (-1) \\ 3 \cdot 2 + 2 \cdot 6 & 3 \cdot 6 + 2 \cdot 5 \end{pmatrix} = \begin{pmatrix} 8 & 18 \\ -1 & 13 \\ 18 & 28 \end{pmatrix}.$$

---

29. Man bilde das Produkt $C = A \cdot B$ und $D = B \cdot A$ der Matrizen

$$A = \begin{pmatrix} 4 & 3 & 5 \\ 2 & 1 & 3 \end{pmatrix} \quad \text{und} \quad B = \begin{pmatrix} 2 & 3 \\ 4 & 2 \\ -1 & 3 \end{pmatrix}.$$

Die Elemente c_{ik} von C ergeben sich als Skalarprodukte $c_{ik} = \sum_{j=1}^{3} a_{ij} b_{jk}$ der i-ten Zeile von A mit der k-ten Spalte von B, wenn hierbei Zeilen und Spalten als Vektoren angesehen werden. Der praktischen Durchführung dient das folgende Schema:

			2	3
			4	2
			-1	3
4	3	5	15	33
2	1	3	5	17

$$C = A \cdot B = \begin{pmatrix} 15 & 33 \\ 5 & 17 \end{pmatrix}.$$

Ähnlich ergibt sich über das Schema

		4	3	5
		2	1	3
2	3	14	9	19
4	2	20	14	26
-1	3	2	0	4

$$D = B \cdot A = \begin{pmatrix} 14 & 9 & 19 \\ 20 & 14 & 26 \\ 2 & 0 & 4 \end{pmatrix}.$$

Es ist $A \cdot B \neq B \cdot A$; die Matrizenmultiplikation ist i. allg. nicht kommutativ.

30. In der linearen Transformation

$z_1 = 4x_1 + 5x_2 + 7x_3$

$z_2 = 3x_1 - 2x_2 + 5x_3$

sollen mit der linearen Substitution

$x_1 = 6u_1 + 3u_2$

$x_2 = 4u_1 - 3u_2$

$x_3 = 5u_1 + 4u_2$

z_1 und z_2 jeweils durch u_1 und u_2 ausgedrückt werden.

Mit $z = \begin{pmatrix} z_1 \\ z_2 \end{pmatrix}$, $x = \begin{pmatrix} x_1 \\ x_2 \\ x_3 \end{pmatrix}$, $u = \begin{pmatrix} u_1 \\ u_2 \end{pmatrix}$

sowie $A = \begin{pmatrix} 4 & 5 & 7 \\ 3 & -2 & 5 \end{pmatrix}$, $B = \begin{pmatrix} 6 & 3 \\ 4 & -3 \\ 5 & 4 \end{pmatrix}$

ist $z = A \cdot x$ und $x = B \cdot u$, also $z = A \cdot (B \cdot u)$, was wegen der Assoziativität der Matrizenmultiplikation auf $z = (A \cdot B) \cdot u$ führt.

Mit $A \cdot B = \begin{pmatrix} 79 & 25 \\ 35 & 35 \end{pmatrix}$ wird $\begin{matrix} z_1 = 79u_1 + 25u_2 \\ z_2 = 35u_1 + 35u_2 \end{matrix}$.

---

31. In den Matrizen $A = \begin{pmatrix} a_{11} & a_{12} \\ a_{21} & a_{22} \end{pmatrix}$ und $B = \begin{pmatrix} x & y \\ b_{21} & b_{22} \end{pmatrix}$

mit gegebenen $a_{11}, a_{12}, a_{21}, a_{22}, b_{21}, b_{22} \in \mathbb{R}$, aber $a_{21} \neq 0$, lassen sich $x, y \in \mathbb{R}$ stets so bestimmen, daß $A \cdot B = B \cdot A$, die Matrizenmultiplikation also kommutativ ist. Man weise dies nach und ermittle x, y.

Es ist $A \cdot B = \begin{pmatrix} a_{11}x + a_{12}b_{21} & a_{11}y + a_{12}b_{22} \\ a_{21}x + a_{22}b_{21} & a_{21}y + a_{22}b_{22} \end{pmatrix}$ und

$$B \cdot A = \begin{pmatrix} a_{11}x + a_{21}y & a_{12}x + a_{22}y \\ a_{11}b_{21} + a_{21}b_{22} & a_{12}b_{21} + a_{22}b_{22} \end{pmatrix}.$$

$A \cdot B = B \cdot A$ erfordert die Gleichheit entsprechender Elemente beider Produktmatrizen, also

$a_{11}x + a_{12}b_{21} = a_{11}x + a_{21}y$

$a_{11}y + a_{12}b_{22} = a_{12}x + a_{22}y$

$$a_{21}x + a_{22}b_{21} = a_{11}b_{21} + a_{21}b_{22}$$

$$a_{21}y + a_{22}b_{22} = a_{12}b_{21} + a_{22}b_{22} \,.$$

In diesem Gleichungssystem für x und y sind die 1. und die 4. Gleichung identisch; sie liefern $y = \dfrac{a_{12}b_{21}}{a_{21}}$. Aus der 3. Gleichung folgt $x = \dfrac{a_{11}b_{21} + a_{21}b_{22} - a_{22}b_{21}}{a_{21}}$. Wie man sich durch Einsetzen überzeugt, befriedigen diese Werte für x und y aber auch die 2. Gleichung. Für das Zahlenbeispiel $\mathbf{A} = \begin{pmatrix} 3 & 5 \\ 4 & 2 \end{pmatrix}$, $\mathbf{B} = \begin{pmatrix} x & y \\ 8 & 4 \end{pmatrix}$ ergibt sich mit

$x = 6; \; y = 10$ die Matrix $\mathbf{A\,B} = \begin{pmatrix} 58 & 50 \\ 40 & 48 \end{pmatrix} = \mathbf{B\,A}$.

---

32. Man berechne $\mathbf{A} \cdot \mathbf{B}$, $\mathbf{A} \cdot \mathbf{C}$, $\mathbf{A} \cdot \mathbf{D}$ mit

$$\mathbf{A} = \begin{pmatrix} 2 & 1 & 3 \\ 5 & 2 & 1 \\ 9 & 4 & 7 \end{pmatrix}, \quad \mathbf{B} = \begin{pmatrix} 2 & 4 & -2 \\ 3 & 1 & -3 \\ 1 & 3 & 5 \end{pmatrix}, \quad \mathbf{C} = \begin{pmatrix} 7 & 9 & -2 \\ -10 & -12 & -3 \\ 2 & 4 & 5 \end{pmatrix},$$

$$\mathbf{D} = \begin{pmatrix} 21 & -10 & 10 \\ -52 & 27 & -26 \\ 4 & -2 & 3 \end{pmatrix}$$ und ermittle det $\mathbf{A}$.

$$\mathbf{A} \cdot \mathbf{B} = \begin{pmatrix} 10 & 18 & 8 \\ 17 & 25 & -11 \\ 37 & 61 & 5 \end{pmatrix}, \quad \mathbf{A} \cdot \mathbf{C} = \begin{pmatrix} 10 & 18 & 8 \\ 17 & 25 & -11 \\ 37 & 61 & 5 \end{pmatrix}.$$

Somit ergibt sich $\mathbf{A} \cdot \mathbf{B} = \mathbf{A} \cdot \mathbf{C}$, obwohl $\mathbf{B} \neq \mathbf{C}$ ist!

$$\mathbf{A} \cdot \mathbf{D} = \begin{pmatrix} 2 & 1 & 3 \\ 5 & 2 & 1 \\ 9 & 4 & 7 \end{pmatrix} = \mathbf{A}\,.$$

Man erhält $\mathbf{A} \cdot \mathbf{D} = \mathbf{A}$, obwohl $\mathbf{D} \neq \mathbf{E}$ mit $\mathbf{E} = \begin{pmatrix} 1 & 0 & 0 \\ 0 & 1 & 0 \\ 0 & 0 & 1 \end{pmatrix}$ als Einheitsmatrix ist!

Wegen $\det \mathbf{A} = \begin{vmatrix} 2 & 1 & 3 \\ 5 & 2 & 1 \\ 9 & 4 & 7 \end{vmatrix} = 0$ heißt die Matrix **A** singulär; in diesem Fall können die vorher angeführten Besonderheiten auftreten.

---

33. Es sollen die Matrizenprodukte **A** · **B** und **C** · **D** mit

$$\mathbf{A} = \begin{pmatrix} 3 & 9 & 6 \\ 1 & 3 & 2 \\ 5 & 15 & 10 \end{pmatrix}, \quad \mathbf{B} = \begin{pmatrix} 8 & 7 & -5 \\ -2 & 3 & -3 \\ -1 & -8 & 7 \end{pmatrix}, \quad \mathbf{C} = \begin{pmatrix} 4 & 5 & 3 & 2 \\ 3 & 4 & 7 & 5 \end{pmatrix}$$

und $\mathbf{D} = \begin{pmatrix} 16 & -5 \\ -13 & 4 \\ -3 & 2 \\ 5 & -3 \end{pmatrix}$ gebildet werden.

Es ergibt sich $\mathbf{A} \cdot \mathbf{B} = \mathbf{O}$ und $\mathbf{C} \cdot \mathbf{D} = \mathbf{O}$, obwohl keine der Faktorenmatrizen eine Nullmatrix ist; **A**, **B** bzw. **C**, **D** heißen Nullteiler. Dies wurde im Falle $\mathbf{A} \cdot \mathbf{B} = \mathbf{O}$ dadurch möglich, daß

$$\det \mathbf{A} = \begin{vmatrix} 3 & 9 & 6 \\ 1 & 3 & 2 \\ 5 & 15 & 10 \end{vmatrix} = 0,$$ die Matrix **A** somit singulär ist.

Die Nullteiler **C**, **D** konnten auftreten, weil die aus den Spalten von **C** gebildeten Vektoren linear abhängig sind. Die Vektorengleichung

$$\lambda_1 \cdot \begin{pmatrix} 4 \\ 3 \end{pmatrix} + \lambda_2 \cdot \begin{pmatrix} 5 \\ 4 \end{pmatrix} + \lambda_3 \cdot \begin{pmatrix} 3 \\ 7 \end{pmatrix} + \lambda_4 \cdot \begin{pmatrix} 2 \\ 5 \end{pmatrix} = \begin{pmatrix} 0 \\ 0 \end{pmatrix}$$ ist nämlich mit

nicht sämtlich verschwindenden $\lambda_1, \lambda_2, \lambda_3, \lambda_4 \in \mathbb{R}$ erfüllbar, weil sich das äquivalente lineare Gleichungssystem

$$4\,\lambda_1 + 5\,\lambda_2 + 3\,\lambda_3 + 2\,\lambda_4 = 0$$
$$3\,\lambda_1 + 4\,\lambda_2 + 7\,\lambda_3 + 5\,\lambda_4 = 0$$

wegen $\begin{vmatrix} 4 & 5 \\ 3 & 4 \end{vmatrix} \neq 0$ mit freigewählten $(\lambda_3; \lambda_4) \neq (0;0)$ nach λ_1, λ_2 auflösen läßt.

Beispiel: $\lambda_3 = 1$; $\lambda_4 = 0$ liefert $\lambda_1 = 23$; $\lambda_2 = -19$.

34. Man berechne das Produkt **A** · **B** der quadratischen Matrizen

$$\mathbf{A} = \begin{pmatrix} 6 & 4 & 5 \\ 7 & 5 & 3 \\ 13 & 9 & 11 \end{pmatrix}, \quad \mathbf{B} = \begin{pmatrix} 9 & 3 & 5 \\ 6 & 4 & 2 \\ 2 & 0 & 2 \end{pmatrix}$$ und ermittle mit Hilfe des

Multiplikationssatzes $\det(AB) = \det A \cdot \det B$ für Determinanten den Produktwert W ihrer Determinanten.

Das Multiplikationsschema

			9	3	5
			6	4	2
			2	0	2
6	4	5	88	34	48
7	5	3	99	41	51
13	9	11	193	75	105

liefert $\mathbf{A}\cdot\mathbf{B} = \begin{pmatrix} 88 & 34 & 48 \\ 99 & 41 & 51 \\ 193 & 75 & 105 \end{pmatrix}$.

Damit folgt

$$W = \det(\mathbf{A}\,\mathbf{B}) = \begin{vmatrix} 88 & 34 & 48 \\ 99 & 41 & 51 \\ 193 & 75 & 105 \end{vmatrix} = \begin{vmatrix} 88 & 34 & 48 \\ 11 & 7 & 3 \\ 17 & 7 & 9 \end{vmatrix} =$$

2. Z + 1. Z · (- 1)   3. Z + 2. Z · (- 1)
3. Z + 1. Z · (- 2)

$$= \begin{vmatrix} 88 & 34 & 48 \\ 11 & 7 & 3 \\ 6 & 0 & 6 \end{vmatrix} = \begin{vmatrix} 40 & 34 & 48 \\ 8 & 7 & 3 \\ 0 & 0 & 6 \end{vmatrix} = 6\cdot 8 = 48.$$

1. Sp + 3. Sp · (- 1)

Kontrolle: $\det \mathbf{A} = 6$, $\det \mathbf{B} = 8$.

35. Mit Hilfe von **Adjunkten** bilde man die **Kehrmatrix** $\mathbf{A}^{-1}$ der **regulären** Matrix

$$\mathbf{A} = \begin{pmatrix} 2 & 4 & -2 \\ 2 & 2 & 5 \\ 6 & 12 & -1 \end{pmatrix}.$$

Es ist $$\mathbf{A}^{-1} = \frac{1}{\mathbf{A}}\cdot\begin{pmatrix} \alpha_{11} & \alpha_{21} & \alpha_{31} \\ \alpha_{12} & \alpha_{22} & \alpha_{32} \\ \alpha_{13} & \alpha_{23} & \alpha_{33} \end{pmatrix},$$

woraus mit $\det \mathbf{A} = -20$ und

$$\alpha_{11} = \begin{vmatrix} 2 & 5 \\ 12 & -1 \end{vmatrix} = -62,\quad \alpha_{12} = -\begin{vmatrix} 2 & 5 \\ 6 & -1 \end{vmatrix} = 32,\quad \alpha_{13} = \begin{vmatrix} 2 & 2 \\ 6 & 12 \end{vmatrix} = 12,$$

$$\alpha_{21} = -\begin{vmatrix} 4 & -2 \\ 12 & -1 \end{vmatrix} = -20,\quad \alpha_{22} = \begin{vmatrix} 2 & -2 \\ 6 & -1 \end{vmatrix} = 10,\quad \alpha_{23} = -\begin{vmatrix} 2 & 4 \\ 6 & 12 \end{vmatrix} = 0,$$

$$\alpha_{31} = \begin{vmatrix} 4 & -2 \\ 2 & 5 \end{vmatrix} = 24,\quad \alpha_{32} = -\begin{vmatrix} 2 & -2 \\ 2 & 5 \end{vmatrix} = -14,\quad \alpha_{33} = \begin{vmatrix} 2 & 4 \\ 2 & 2 \end{vmatrix} = -4$$

$$\mathbf{A}^{-1} = \frac{1}{-20}\cdot\begin{pmatrix} -62 & -20 & 24 \\ 32 & 10 & -14 \\ 12 & 0 & -4 \end{pmatrix} = \begin{pmatrix} 3{,}1 & 1 & -1{,}2 \\ -1{,}6 & -0{,}5 & 0{,}7 \\ -0{,}6 & 0 & 0{,}2 \end{pmatrix}$$ folgt.

36. Man ermittle die Kehrmatrix A^{-1} der Matrix

$$A = \begin{pmatrix} 21{,}2 & 11{,}6 & 28{,}9 & 35{,}1 \\ 5{,}3 & 2{,}9 & 9{,}3 & 10{,}9 \\ 9{,}8 & 8{,}1 & 8{,}2 & 9{,}3 \\ 15{,}1 & 11{,}8 & 18{,}7 & 22{,}9 \end{pmatrix}$$

unter Verwendung des GAUSSschen Algorithmus.

Mit

$$A^{-1} = \begin{pmatrix} \beta_{11} & \beta_{12} & \beta_{13} & \beta_{14} \\ \beta_{21} & \beta_{22} & \beta_{23} & \beta_{24} \\ \beta_{31} & \beta_{32} & \beta_{33} & \beta_{34} \\ \beta_{41} & \beta_{42} & \beta_{43} & \beta_{44} \end{pmatrix} \quad \text{und} \quad E = \begin{pmatrix} 1 & 0 & 0 & 0 \\ 0 & 1 & 0 & 0 \\ 0 & 0 & 1 & 0 \\ 0 & 0 & 0 & 1 \end{pmatrix}$$

als Einheitsmatrix liefert $A \cdot A^{-1} = E$ die vier linearen Gleichungssysteme

$$\begin{aligned} 21{,}2\ \beta_{1k} + 11{,}6\ \beta_{2k} + 28{,}9\ \beta_{3k} + 35{,}1\ \beta_{4k} &= \delta_{1k} \\ 5{,}3\ \beta_{1k} + 2{,}9\ \beta_{2k} + 9{,}3\ \beta_{3k} + 10{,}9\ \beta_{4k} &= \delta_{2k} \\ 9{,}8\ \beta_{1k} + 8{,}1\ \beta_{2k} + 8{,}2\ \beta_{3k} + 9{,}3\ \beta_{4k} &= \delta_{3k} \\ 15{,}1\ \beta_{1k} + 11{,}8\ \beta_{2k} + 18{,}7\ \beta_{3k} + 22{,}9\ \beta_{4k} &= \delta_{4k} \end{aligned}$$

für die Elemente β_{ik} von A^{-1} mit $\delta_{ik} = \begin{cases} 0, & \text{falls } i \neq k \\ 1, & \text{falls } i = k \end{cases}$

(KRONECKERsches Symbol).

Zu deren Auflösung wird die ihnen gemeinsame Koeffizientenmatrix A in eine obere Dreiecksmatrix übergeführt. Als erweiterte Koeffizientenmatrix verwendet man hierbei die durch Anfügen von E an die rechte Seite von A entstehende Matrix. Es ergibt sich bei Rundung auf drei Stellen nach dem Komma der Reihe nach

21,2	11,6	28,9	35,1	1	0	0	0
5,3	2,9	9,3	10,9	0	1	0	0
9,8	8,1	8,2	9,3	0	0	1	0
15,1	11,8	18,7	22,9	0	0	0	1

$$2.\,Z + 1.\,Z \cdot \frac{-5{,}3}{21{,}2}, \quad 3.\,Z + 1.\,Z \cdot \frac{-9{,}8}{21{,}2}, \quad 4.\,Z + 1.\,Z \cdot \frac{-15{,}1}{21{,}2}$$

21,2	11,6	28,9	35,1	1	0	0	0
0	0	2,075	2,125	-0,250	1	0	0
0	2,738	-5,159	-6,925	-0,462	0	1	0
0	3,538	-1,884	-2,100	-0,712	0	0	1

Tausch 4. Z gegen 2. Z wegen Pivotisierung

21,2	11,6	28,9	35,1	1	0	0	0
0	3,538	-1,884	-2,100	-0,712	0	0	1
0	2,738	-5,159	-6,925	-0,462	0	1	0
0	0	2,075	2,125	-0,250	1	0	0

$$3.\,Z + 2.\,Z \cdot \frac{-2,738}{3,538}$$

21,2	11,6	28,9	35,1	1	0	0	0
0	3,538	-1,884	-2,100	-0,712	0	0	1
0	0	-3,701	-5,300	0,089	0	1	-0,774
0	0	2,075	2,125	-0,250	1	0	0

$$4.\,Z + 3.\,Z \cdot \frac{2,075}{3,701}$$

21,2	11,6	28,9	35,1	1	0	0	0
0	3,538	-1,884	-2,100	-0,712	0	0	1
0	0	-3,701	-5,300	0,089	0	1	-0,774
0	0	0	-0,846	-0,200	1	0,561	-0,434

Hieraus ersieht man, daß z. B. das erste Gleichungssystem für k = 1 übergeführt wird in

$$\begin{aligned} 21,2\;\beta_{11} + 11,600\;\beta_{21} + 28,900\;\beta_{31} + 35,100\;\beta_{41} &= 1 \\ 3,538\;\beta_{21} - 1,884\;\beta_{31} - 2,100\;\beta_{41} &= -0,712 \\ -\;3,701\;\beta_{31} - 5,300\;\beta_{41} &= 0,089 \\ -\;0,846\;\beta_{41} &= -0,200 \end{aligned}$$

mit der Lösung $\beta_{41} \approx 0,236$, $\beta_{31} \approx -0,362$, $\beta_{21} \approx -0,254$, $\beta_{11} \approx 0,289$.

Insgesamt ergibt sich

$$A^{-1} = \begin{pmatrix} 0,289 & -0,460 & 0,190 & -0,300 \\ -0,254 & 0,200 & -0,032 & 0,307 \\ -0,362 & 1,693 & 0,679 & -0,526 \\ 0,236 & -1,182 & -0,663 & 0,513 \end{pmatrix}.$$

37. Es ist die Kehrmatrix A^{-1} der in der vorherigen Aufgabe verwendeten Matrix **A** mit Hilfe des GAUSS-JORDANschen Algorithmus zu bestimmen.

Hierbei wird von den gleichen Überlegungen wie in Nr. 36 ausgegangen, jedoch zur Auflösung der entstehenden vier linearen Gleichungssysteme die gemeinsame Koeffizientenmatrix **A** in eine D i a g o n a l m a - t r i x umgeformt. Dadurch ändert sich nach dem dort vorgenommenen Tausch der 4. Zeile gegen die 2. Zeile der Rechnungsgang wie folgt:

$$1.\,Z + 2.\,Z \cdot \frac{-11,6}{3,538}\,, \quad 3.\,Z + 2.\,Z \cdot \frac{-2,738}{3,538}$$

21,2	0	35,077	41,985	3,334	0	0	-3,279
0	3,538	-1,884	-2,100	-0,712	0	0	1
0	0	-3,701	-5,300	0,089	0	1	-0,774
0	0	2,075	2,125	-0,250	1	0	0

$$1.\,Z + 3.\,Z \cdot \frac{35,077}{3,701}\,, \quad 2.\,Z + 3.\,Z \cdot \frac{-1,884}{3,701}\,, \quad 4.\,Z + 3.\,Z \cdot \frac{2,075}{3,701}$$

21,2	0	0	-8,247	4,178	0	9,478	-10,615
0	3,538	0	0,598	-0,757	0	-0,509	1,394
0	0	-3,701	-5,300	0,089	0	1	-0,774
0	0	0	-0,846	-0,200	1	0,561	-0,434

$$1.\,Z + 4.\,Z \cdot \frac{-8,247}{0,846}\,, \quad 2.\,Z + 4.\,Z \cdot \frac{0,598}{0,846}\,, \quad 3.\,Z + 4.\,Z \cdot \frac{-5,300}{0,846}$$

21,2	0	0	0	6,128	-9,748	4,009	-6,384
0	3,358	0	0	-0,898	0.707	-0,112	1,087
0	0	-3,701	0	1,342	-6,265	-2,515	1,945
0	0	0	-0,846	-0,200	1	0,561	-0,434

In den sich hieraus ganz ähnlich wie in Nr. 36 ergebenden 4 Gleichungssystemen für die β_{ik} enthält jede Einzelgleichung nur noch e i n e Unbekannte. Daher ergeben sich die β_{ik} jetzt unmittelbar durch Division und man bekommt bei Rundung auf drei Stellen nach dem Komma

$$A^{-1} = \begin{pmatrix} 0,289 & -0,460 & 0,18\underline{9} & -0,30\underline{1} \\ -0,254 & 0,200 & -0,032 & 0,307 \\ -0,36\underline{3} & 1,693 & 0,6\underline{80} & -0,526 \\ 0,236 & -1,182 & -0,663 & 0,513 \end{pmatrix}.$$

Die unterstrichenen Endziffern weichen von dem in Nr. 36 erhaltenen Ergebnis wegen unterschiedlicher Rundungen ab.

Für die praktische Auswertung ist folgende Vorgehensweise zweckmäßig: Die vorgelegte Matrix **A** = (a_{ik}) wird in eine Diagonalmatrix $\bar{\mathbf{A}} = (\bar{a}_{ik})$ mit $\bar{a}_{ik} = 0$ für $i \neq k$ umgeformt und jeder erforderliche Schritt in gleicher Reihenfolge auf die zugehörige Einheitsmatrix **E** = (e_{ik}) ausgeübt, die hierbei in die Matrix $\bar{\mathbf{E}} = (\bar{e}_{ik})$ übergeht. Die Elemente

β_{ik} von A^{-1} ergeben sich dann zu $\beta_{ik} = \frac{\bar{e}_{ik}}{\bar{a}_{ii}}$, weil bei regulärem A stets $\bar{a}_{ii} \neq 0$ erreicht werden kann.

---

38. Man bestimme den Rang $r(\mathbf{B})$ der Matrix

$$\mathbf{B} = \begin{pmatrix} 10 & -101 & -49 & 54 & -62 \\ 7 & -97 & -76 & 59 & -71 \\ 12 & 21 & 105 & 45 & 12 \\ 3 & -8 & 13 & 10 & -3 \\ 11 & -108 & -51 & 60 & -67 \end{pmatrix}.$$

Durch elementare Umformungen läßt sich erreichen, daß sämtliche Elemente unterhalb der Hauptdiagonale verschwinden, während in der von links oben nach rechts unten durchlaufenen Hauptdiagonale nach einer Anzahl von 0 verschiedener Elemente nur noch Nullen folgen.

Zunächst ist es zweckmäßig etwa durch 1. Z + 5. Z · (-1) das Pivotelement $a_{11} = -1$ zu erreichen. 3. Z : 3 verkleinert die Zahlenwerte.

$$\begin{pmatrix} -1 & 7 & 2 & -6 & 5 \\ 7 & -97 & -76 & 59 & -71 \\ 4 & 7 & 35 & 15 & 4 \\ 3 & -8 & 13 & 10 & -3 \\ 11 & -108 & -51 & 60 & -67 \end{pmatrix} \Rightarrow \begin{pmatrix} -1 & 7 & 2 & -6 & 5 \\ 0 & -48 & -62 & 17 & -36 \\ 0 & 35 & 43 & -9 & 24 \\ 0 & 13 & 19 & -8 & 12 \\ 0 & -31 & -29 & -6 & -12 \end{pmatrix} \Rightarrow$$

2. Z + 1. Z · 7 4. Z + 1. Z · 3
3. Z + 1. Z · 4 5. Z + 1. Z · 11

Tausch 5. Sp gegen 2. Sp

$$\begin{pmatrix} -1 & 5 & 2 & -6 & 7 \\ 0 & -36 & -62 & 17 & -48 \\ 0 & 24 & 43 & -9 & 35 \\ 0 & 12 & 19 & -8 & 13 \\ 0 & -12 & -29 & -6 & -31 \end{pmatrix} \Rightarrow \begin{pmatrix} -1 & 5 & 2 & -6 & 7 \\ 0 & 12 & 19 & -8 & 13 \\ 0 & 24 & 43 & -9 & 35 \\ 0 & -36 & -62 & 17 & -48 \\ 0 & -12 & -29 & -6 & -31 \end{pmatrix} \Rightarrow$$

Tausch 4. Z gegen 2. Z

3. Z + 2. Z · (-2) 5. Z + 2. Z · 1
4. Z + 2. Z · 3

$$\begin{pmatrix} -1 & 5 & 2 & -6 & 7 \\ 0 & 12 & 19 & -8 & 13 \\ 0 & 0 & 5 & 7 & 9 \\ 0 & 0 & -5 & -7 & -9 \\ 0 & 0 & -10 & -14 & -18 \end{pmatrix} \Rightarrow \begin{pmatrix} -1 & 5 & 2 & -6 & 7 \\ 0 & 12 & 19 & -8 & 13 \\ 0 & 0 & 5 & 7 & 9 \\ 0 & 0 & 0 & 0 & 0 \\ 0 & 0 & 0 & 0 & 0 \end{pmatrix}$$

4. Z + 3. Z · 1 5. Z + 3. Z · 2

Hierdurch ist eine zu **B** ranggleiche Matrix mit der anfangs erklärten Form entstanden. Mit den Elementen der linken oberen Ecke erhält man die dreireihige Determinante $\begin{vmatrix} -1 & 5 & 2 \\ 0 & 12 & 19 \\ 0 & 0 & 5 \end{vmatrix} = (-1)\cdot 12 \cdot 5 = -60 \neq 0.$

Da jede andere Determinante mit mehr als 3 Reihen, die sich aus der Matrix herausgreifen läßt, verschwindet, ist $r(\mathbf{B}) = 3$.

39. Die lineare Transformation $\begin{pmatrix} 1 & 2 & 3 \\ 0 & 4 & 5 \\ 0 & 0 & 6 \end{pmatrix} \cdot \begin{pmatrix} x_1 \\ x_2 \\ x_3 \end{pmatrix} = \begin{pmatrix} y_1 \\ y_2 \\ y_3 \end{pmatrix}$

ist umzukehren.

$\mathbf{A} = \begin{pmatrix} 1 & 2 & 3 \\ 0 & 4 & 5 \\ 0 & 0 & 6 \end{pmatrix}$ mit $\det \mathbf{A} = 24$. Die Adjunkten der Determinante sind

$$\begin{aligned} \alpha_{11} &= 24, & \alpha_{21} &= -12, & \alpha_{31} &= -2, \\ \alpha_{12} &= 0, & \alpha_{22} &= 6, & \alpha_{32} &= -5, \\ \alpha_{13} &= 0, & \alpha_{23} &= 0, & \alpha_{33} &= 4. \end{aligned}$$

Die inverse Matrix ist demnach

$$\mathbf{A}^{-1} = \frac{1}{24} \cdot \begin{pmatrix} \alpha_{11} & \alpha_{21} & \alpha_{31} \\ \alpha_{12} & \alpha_{22} & \alpha_{32} \\ \alpha_{13} & \alpha_{23} & \alpha_{33} \end{pmatrix} = \frac{1}{24} \cdot \begin{pmatrix} 24 & -12 & -2 \\ 0 & 6 & -5 \\ 0 & 0 & 4 \end{pmatrix}.$$

Damit ergibt sich

$$\begin{pmatrix} x_1 \\ x_2 \\ x_3 \end{pmatrix} = \frac{1}{24} \cdot \begin{pmatrix} 24 & -12 & -2 \\ 0 & 6 & -5 \\ 0 & 0 & 4 \end{pmatrix} \cdot \begin{pmatrix} y_1 \\ y_2 \\ y_3 \end{pmatrix}.$$

40. Für die Koordinaten x, y bzw. x', y' eines Punktes P in bezug auf 2 gegeneinander um den Winkel α gemäß der Abbildung gedrehte kartesische Koordinatensysteme besteht der Zusammenhang

$$x = x' \cdot \cos\alpha - y' \cdot \sin\alpha$$

$$y = x' \cdot \sin\alpha + y' \cdot \cos\alpha$$

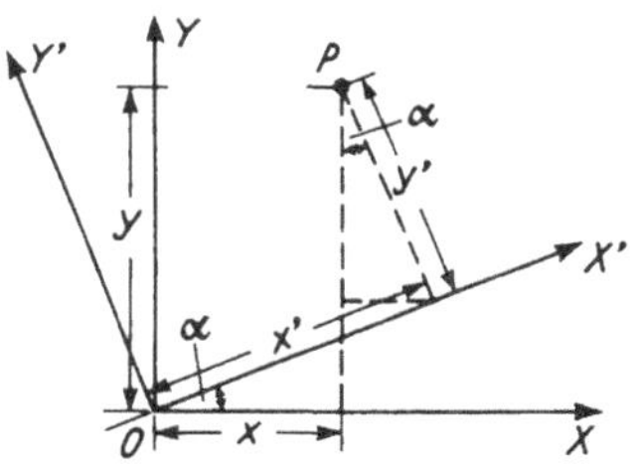

Es sollen x' und y' in expliziter Abhängigkeit von x und y dargestellt werden.

$$\begin{pmatrix} x \\ y \end{pmatrix} = \begin{pmatrix} \cos\alpha & -\sin\alpha \\ \sin\alpha & \cos\alpha \end{pmatrix} \cdot \begin{pmatrix} x' \\ y' \end{pmatrix} ;$$

$$\begin{pmatrix} x' \\ y' \end{pmatrix} = \frac{1}{\cos^2\alpha + \sin^2\alpha} \cdot \begin{pmatrix} \cos\alpha & \sin\alpha \\ -\sin\alpha & \cos\alpha \end{pmatrix} \cdot \begin{pmatrix} x \\ y \end{pmatrix} \quad \text{oder}$$

$$x' = x \cdot \cos\alpha + y \cdot \sin\alpha$$
$$y' = -x \cdot \sin\alpha + y \cdot \cos\alpha \;.$$

---

41. In dem abgebildeten Stromteiler bestehen zwischen den Spannungen U_1, U_2 und U_3 sowie den Stromstärken I_1, I_2 und I_3 die Beziehungen

$$U_1 = U_2, \qquad\qquad U_2 = R_2 \cdot I_3 + U_3,$$
$$I_1 = \frac{1}{R_1} \cdot U_2 + I_2 \qquad \text{und} \qquad I_2 = I_3.$$

Es sind Spannung U_3 und Stromstärke I_3 am Ausgang in Abhängigkeit von Spannung U_1 und Stromstärke I_1 auf der Eingangsseite, sowie von den Ohmschen Widerständen R_1 und R_2 anzugeben.

Durch Elimination von U_2 und I_2 ergibt sich

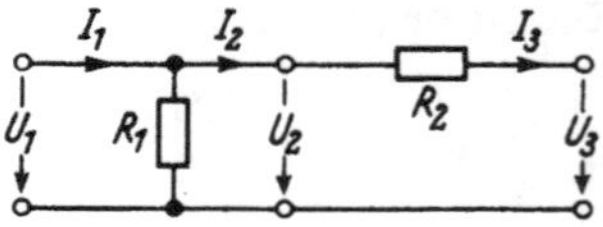

$$U_1 = U_3 + R_2 \cdot I_3$$

$$I_1 = \frac{1}{R_1} \cdot U_3 + \left(1 + \frac{R_2}{R_1}\right) \cdot I_3$$

oder in Matrizenschreibweise

$$\begin{pmatrix} U_1 \\ I_1 \end{pmatrix} = \begin{pmatrix} 1 & R_2 \\ \frac{1}{R_1} & 1 + \frac{R_2}{R_1} \end{pmatrix} \cdot \begin{pmatrix} U_3 \\ I_3 \end{pmatrix}.$$

Mit Hilfe der inversen Matrix $\dfrac{1}{1 + \frac{R_2}{R_1} - \frac{R_2}{R_1}} \cdot \begin{pmatrix} 1 + \frac{R_2}{R_1} & -R_2 \\ -\frac{1}{R_1} & 1 \end{pmatrix}$

folgt unmittelbar

$$\begin{pmatrix} U_3 \\ I_3 \end{pmatrix} = \begin{pmatrix} 1 + \frac{R_2}{R_1} & -R_2 \\ -\frac{1}{R_1} & 1 \end{pmatrix} \cdot \begin{pmatrix} U_1 \\ I_1 \end{pmatrix}$$

$$\text{oder } U_3 = \left(1 + \frac{R_2}{R_1}\right) \cdot U_1 - R_2 \cdot I_1 ,$$

$$I_3 = -\frac{1}{R_1} \cdot U_1 + I_1 .$$

---

42. Die dargestellte elektrische Anordnung setzt sich aus zwei hintereinander geschalteten gleichartigen Vierpolen mit den Ohmschen Widerständen R_{11}, R_{12}, R_{13} bzw. R_{21}, R_{22}, R_{23} zusammen.

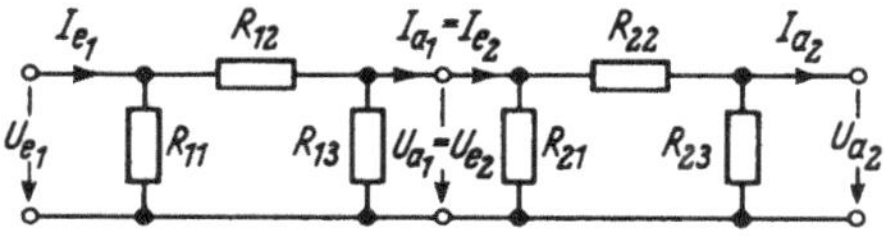

Für i = 1,2 besteht zwischen Eingangsspannung U_{ei} und Eingangsstromstärke I_{ei} sowie den entsprechenden Größen U_{ai} und I_{ai} am Ausgang jedes der beiden Vierpole der Zusammenhang $\begin{pmatrix} U_{ei} \\ I_{ei} \end{pmatrix} = \mathbf{A} \cdot \begin{pmatrix} U_{ai} \\ I_{ai} \end{pmatrix}$ mit

$$\mathbf{A}_i = \begin{pmatrix} \frac{R_{i2} + R_{i3}}{R_{i3}} & R_{i2} \\ \frac{R_{i1} + R_{i2} + R_{i3}}{R_{i1} R_{i3}} & \frac{R_{i1} + R_{i2}}{R_{i1}} \end{pmatrix} \quad \text{als Kettenmatrix.}$$

Man gebe Spannung und Stromstärke am Ausgang in Abhängigkeit von den zugeordneten Eingangsgrößen für die Gesamtanordnung an, wenn $R_{11} = 5\,\Omega$, $R_{12} = 4\,\Omega$, $R_{13} = 2\,\Omega$, $R_{21} = 3\,\Omega$, $R_{22} = 9\,\Omega$ und $R_{23} = 6\,\Omega$ sind.

Es gilt $\begin{pmatrix} U_{e1} \\ I_{e1} \end{pmatrix} = \mathbf{A}_1 \cdot \begin{pmatrix} U_{a1} \\ I_{a1} \end{pmatrix}$ und $\begin{pmatrix} U_{a1} \\ I_{a1} \end{pmatrix} = \begin{pmatrix} U_{e2} \\ I_{e2} \end{pmatrix} = \mathbf{A}_2 \cdot \begin{pmatrix} U_{a2} \\ I_{a2} \end{pmatrix}$

$$\text{mit } \mathbf{A}_1 = \begin{pmatrix} \frac{4\,\Omega + 2\,\Omega}{2\,\Omega} & 4\,\Omega \\ \frac{5\,\Omega + 4\,\Omega + 2\,\Omega}{5\,\Omega \cdot 2\,\Omega} & \frac{5\,\Omega + 4\,\Omega}{5\,\Omega} \end{pmatrix} = \begin{pmatrix} 3 & 4\,\Omega \\ 1{,}1\,\Omega^{-1} & 1{,}8 \end{pmatrix}$$

$$\text{und } \mathbf{A}_2 = \begin{pmatrix} \dfrac{9\,\Omega + 6\,\Omega}{6\,\Omega} & 9\,\Omega \\ \dfrac{3\,\Omega + 9\,\Omega + 6\,\Omega}{3\,\Omega \cdot 6\,\Omega} & \dfrac{3\,\Omega + 9\,\Omega}{3\,\Omega} \end{pmatrix} = \begin{pmatrix} 2{,}5 & 9\,\Omega \\ 1\,\Omega^{-1} & 4 \end{pmatrix}.$$

Hieraus folgt über $\begin{pmatrix} U_{e1} \\ I_{e1} \end{pmatrix} = \mathbf{A}_1 \cdot \left(\mathbf{A}_2 \cdot \begin{pmatrix} U_{a2} \\ I_{a2} \end{pmatrix} \right) = (\mathbf{A}_1 \cdot \mathbf{A}_2) \cdot \begin{pmatrix} U_{a2} \\ I_{a2} \end{pmatrix} =$

$= \mathbf{A} \cdot \begin{pmatrix} U_{a2} \\ I_{a2} \end{pmatrix}$ mit $\mathbf{A} = \mathbf{A}_1 \cdot \mathbf{A}_2 = \begin{pmatrix} 11{,}5 & 43\,\Omega \\ 4{,}55\,\Omega^{-1} & 17{,}1 \end{pmatrix}$ die Beziehung

$$\begin{pmatrix} U_{a2} \\ I_{a2} \end{pmatrix} = \mathbf{A}^{-1} \cdot \begin{pmatrix} U_{e1} \\ I_{e1} \end{pmatrix} = \begin{pmatrix} 17{,}1 & -43\,\Omega \\ -4{,}55\,\Omega^{-1} & 11{,}5 \end{pmatrix} \cdot \begin{pmatrix} U_{e1} \\ I_{e1} \end{pmatrix}.$$

---

43. Die Transformation $\begin{pmatrix} x' \\ y' \end{pmatrix} = \mathbf{A} \cdot \begin{pmatrix} x \\ y \end{pmatrix}$ mit $\mathbf{A} = \begin{pmatrix} -6 & 8 \\ -3 & 5 \end{pmatrix}$, in welcher die Spaltenmatrizen $\begin{pmatrix} x \\ y \end{pmatrix}$ und $\begin{pmatrix} x' \\ y' \end{pmatrix}$ auch als Vektoren im R_2 gedeudet werden sollen, ordnet jedem Vektor $\begin{pmatrix} x \\ y \end{pmatrix}$ einen Vektor $\begin{pmatrix} x' \\ y' \end{pmatrix}$ zu. Man weise nach, daß diese Zuordnung umkehrbar eindeutig ist und gebe die entsprechende Umkehrtransformation an. Welche speziellen, von $\begin{pmatrix} 0 \\ 0 \end{pmatrix}$ verschiedenen Vektoren (E i g e n v e k t o r e n) gehen in k o l l i n e a r e V e k t o r e n über?

Wegen det $\mathbf{A} = -6 \neq 0$ ist die Transformation eindeutig umkehrbar und zwar ist $\begin{pmatrix} x \\ y \end{pmatrix} = \mathbf{A}^{-1} \cdot \begin{pmatrix} x' \\ y' \end{pmatrix}$ mit $\mathbf{A}^{-1} = \dfrac{1}{-6} \cdot \begin{pmatrix} 5 & -8 \\ 3 & -6 \end{pmatrix}$.

Kollinearität von $\begin{pmatrix} x \\ y \end{pmatrix}$ und $\begin{pmatrix} x' \\ y' \end{pmatrix}$

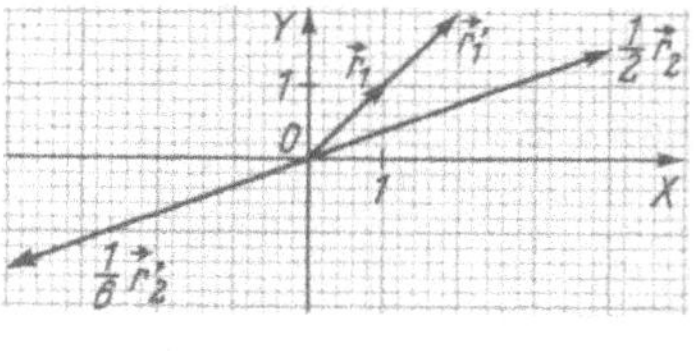

erfordert $\begin{pmatrix} x' \\ y' \end{pmatrix} = \lambda \begin{pmatrix} x \\ y \end{pmatrix}$ mit $\lambda \in \mathbb{R}$,

also $\lambda \begin{pmatrix} x \\ y \end{pmatrix} = \mathbf{A} \cdot \begin{pmatrix} x \\ y \end{pmatrix}$, was in ausführlicher Schreibweise

$$\begin{aligned} \lambda x &= -6x + 8y \\ \lambda y &= -3x + 5y \end{aligned} \quad \text{oder} \quad \begin{aligned} (-6 - \lambda)\,x + 8y &= 0 \\ -3x + (5 - \lambda)\,y &= 0 \end{aligned} \quad \text{liefert.}$$

Dieses homogen lineare Gleichungssystem hat aber dann und nur dann auch von $x = y = 0$ verschiedene Lösungen, falls

$D = \begin{vmatrix} -6-\lambda & 8 \\ -3 & 5-\lambda \end{vmatrix} = 0$ ist, also der quadratischen Gleichung (c h a r a k t e r i s t i s c h e n G l e i c h u n g der Matrix) $\lambda^2 + \lambda - 6 = 0$ mit den Lösungen (E i g e n w e r t e n der Matrix) $\lambda_1 = 2$ und $\lambda_2 = -3$ genügt.

Für $\lambda_1 = 2$ ergibt sich das verträgliche Gleichungssystem

$$-8x + 8y = 0$$
$$-3x + 3y = 0$$

mit der Lösungsmenge $\mathbb{L}_1 = \{(x;y) \mid x = y \wedge y \in \mathbb{R}\}$. Jeder zu $\vec{r}_1 = \begin{pmatrix} 1 \\ 1 \end{pmatrix}$ kollineare Vektor ist also Eigenvektor, der wegen $\lambda_1 = 2$ in einen gleichorientierten Vektor $\vec{r}\,'_1$ vom 2-fachen Betrag übergeht.

Ähnlich ergibt sich für $\lambda_2 = -3$ das Gleichungssystem

$$-3x + 8y = 0$$
$$-3x + 8y = 0$$

mit der Lösungsmenge $\mathbb{L}_2 = \{(x;y) \mid x = \frac{8}{3}y \wedge y \in \mathbb{R}\}$. Jeder zu $\vec{r}_2 = \begin{pmatrix} 8 \\ 3 \end{pmatrix}$ kollineare Vektor ist Eigenvektor und geht wegen $\lambda_2 = -3$ in einen umgekehrt orientierten Vektor $\vec{r}\,'_2$ vom 3-fachen Betrag über.

---

44. Jedem Körper kann bezüglich eines mit ihm fest verbundenen kartesischen Koordinatensystems eine dreireihige symmetrische Matrix **A** als T r ä g h e i t s t e n s o r zugeordnet werden. Ist $\vec{e} = \begin{pmatrix} \cos\alpha \\ \cos\beta \\ \cos\gamma \end{pmatrix}$ Einheitsvektor einer durch den Nullpunkt des Systems verlaufenden Achse, sind also $\cos\alpha$, $\cos\beta$, $\cos\gamma$ deren Richtungskosinusse, so ist das T r ä g h e i t s m o m e n t J hinsichtlich dieser Achse durch $J = \mathbf{e}^T \cdot \mathbf{A} \cdot \mathbf{e}$ gegeben,

wenn $\mathbf{e} = \begin{pmatrix} \cos\alpha \\ \cos\beta \\ \cos\gamma \end{pmatrix}$ die mit $\vec{e}$ formgleiche Spaltenmatrix und $\mathbf{e}^T$ die transponierte Matrix von **e** bezeichnet

Für den abgebildeten homogenen geraden Doppelkreiskegel von Radius r, Höhe 2h und Masse m ist in dem gewählten Koordinatensystem

$\mathbf{A} = \frac{3m}{20} \begin{pmatrix} r^2 + 4h^2 & 0 & 0 \\ 0 & r^2 + 4h^2 & 0 \\ 0 & 0 & 2r^2 \end{pmatrix}$. Man ermittle das Trägheitsmoment J bezüglich einer Mantellinie des Doppelkegels.

Aus Symmetriegründen kann als Mantellinie diejenige mit dem Einheits-

vektor $\vec{e} = \frac{1}{\sqrt{r^2 + h^2}} \cdot \begin{pmatrix} 0 \\ r \\ h \end{pmatrix}$

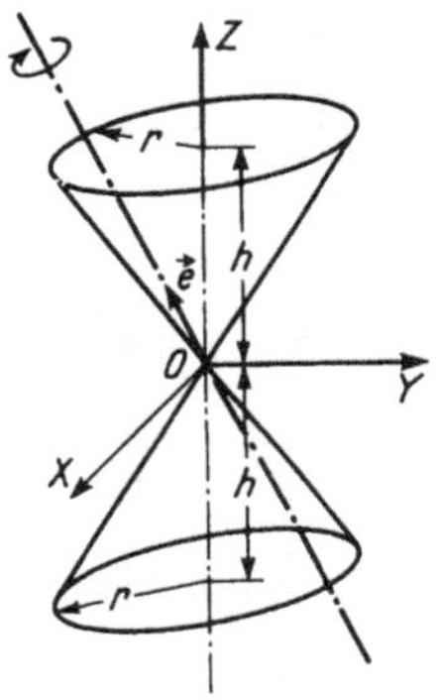

verwendet werden. Damit ergibt sich

$$e^T = \frac{1}{\sqrt{r^2 + h^2}} \cdot (0;r;h) \text{ und}$$

$$e^T A = \frac{3\,m}{20\sqrt{r^2 + h^2}} \cdot (0;r(r^2 + 4h^2);\, 2r^2h),$$

was schließlich auf

$$J = e^T \cdot A \cdot e = \frac{3\,m}{20(r^2 + h^2)} \cdot [\, r^2(r^2 + 4h^2) + 2r^2h^2] =$$

$$= \frac{3m \cdot r^2 \cdot (r^2 + 6h^2)}{20 \cdot (r^2 + h^2)} \quad \text{führt.}$$

1.3 Lineare Gleichungssysteme

45. Gegeben ist das inhomogene lineare Gleichungssystem von drei Gleichungen für drei Unbekannte

$$\begin{aligned} x + y + z &= 12 \quad \ldots 1) \\ 4x - 5y - 2z &= -18 \quad \ldots 2) \\ x - y + 2z &= 9 \quad \ldots 3) \end{aligned}$$

für die Grundmenge $\mathbb{G} = \mathbb{R}^3$.

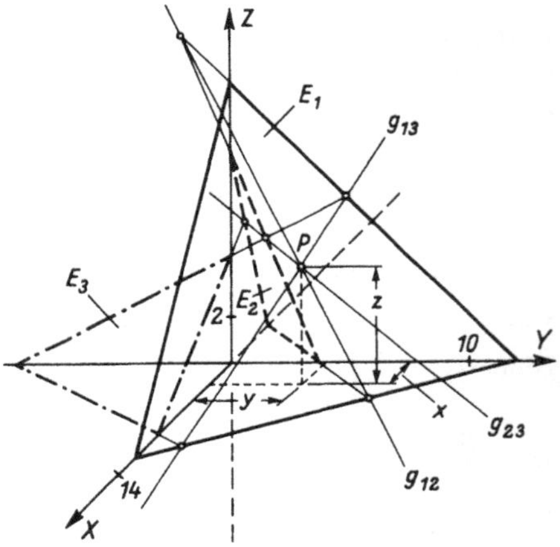

Man ermittle die Lösungsmenge $\mathbb{L}$ dieses Systems unter Verwendung der Substitutionsmethode.

2) + 1) · 5	$9x + 3z = 42$	... 4)
3) + 1)	$2x + 3z = 21$	... 5)
4) - 5)	$7x = 21$	
	$x = 3;$	

eingesetzt in 4)

$$27 + 3z = 42$$
$$z = 5;$$

eingesetzt in 1)

$$3 + y + 5 = 12$$
$$y = 4.$$

Somit ist $\mathbb{L} = \{(x;y;z)\} = \{(3;4;5)\}$.

Die Lösungsmenge liefert die Koordinaten des Schnittpunktes P der den Gleichungen 1), 2) und 3) zugeordneten Ebenen E_1, E_2 und E_3 bezüglich eines kartesischen XYZ-Koordinatensystems.

---

46. Welche Lösungsmenge $\mathbb{L}$ besitzt das Gleichungssystem

$$18x_1 + 6x_2 + 36x_3 + 45x_4 = 7 \quad \ldots 1)$$
$$10x_1 + 3x_2 + 20x_3 - 30x_4 = 15 \quad \ldots 2)$$
$$24x_1 - 30x_2 + 60x_3 + 30x_4 = 31 \quad \ldots 3)$$
$$x_1 - 3x_2 + 2x_3 + 10x_4 = 0 \quad \ldots 4)$$

in der Grundmenge $\mathbb{G} = \mathbb{R}^4$?

1) + 4) · 2 $\quad 20x_1 + 40x_3 + 65x_4 = 7 \quad \ldots 5)$

2) + 4) $\quad 11x_1 + 22x_3 - 20x_4 = 15 \quad \ldots 6)$

3) + 4) · (-10) $\quad 14x_1 + 40x_3 - 70x_4 = 31 \quad \ldots 7)$

5) · 11 - 6) · 20 $\quad 1115x_4 = -223$

$$x_4 = -\frac{1}{5};$$

5) - 7) $\quad 6x_1 + 135x_4 = -24$

$$x_1 = \frac{1}{2};$$

eingesetzt in 5) $\quad 20 \cdot \frac{1}{2} + 40x_3 + 65 \cdot \left(-\frac{1}{5}\right) = 7$

$$x_3 = \frac{1}{4};$$

eingesetzt in 1) $18 \cdot \frac{1}{2} + 6x_2 + 36 \cdot \frac{1}{4} + 45 \cdot \left(-\frac{1}{5}\right) = 7$

$$x_2 = -\frac{1}{3}.$$

Mit $x = \begin{pmatrix} x_1 \\ x_2 \\ x_3 \\ x_4 \end{pmatrix}$ ist demnach $\mathbb{L} = \left\{ \frac{1}{60} \begin{pmatrix} 30 \\ -20 \\ 15 \\ -12 \end{pmatrix} \right\}$.

---

47. Das Gleichungssystem

$$\begin{aligned} 2x_1 + x_2 - 3x_3 + x_4 &= -7 \\ x_1 - 2x_2 + x_3 &= 5 \\ x_1 + x_2 - 3x_3 + 2x_4 &= -10 \\ 3x_2 + x_3 - 4x_4 &= 7 \end{aligned}$$

soll für $\mathbb{G} = \mathbb{R}^4$ mit Hilfe von Determinanten gelöst werden.

Nach der CRAMERschen Regel enthält die Lösungsmenge $\mathbb{L}$ im Falle $D \neq 0$ nur das einzige Element $x = \begin{pmatrix} x_1 \\ x_2 \\ x_3 \\ x_4 \end{pmatrix} = \frac{1}{D} \cdot \begin{pmatrix} D_1 \\ D_2 \\ D_3 \\ D_4 \end{pmatrix}$, wobei D, D_1, D_2, D_3 und D_4 die im folgenden angeführten und ausgewerteten Determinanten sind.

$$D = \begin{vmatrix} 2 & 1 & -3 & 1 \\ 1 & -2 & 1 & 0 \\ 1 & 1 & -3 & 2 \\ 0 & 3 & 1 & -4 \end{vmatrix} = \begin{vmatrix} 0 & -1 & 3 & -3 \\ 0 & -3 & 4 & -2 \\ 1 & 1 & -3 & 2 \\ 0 & 3 & 1 & -4 \end{vmatrix} = \begin{vmatrix} -1 & 3 & -3 \\ -3 & 4 & -2 \\ 3 & 1 & -4 \end{vmatrix} =$$

1. Z + 3. Z · (- 2) Entwickl. n. d.
2. Z + 3. Z · (- 1) Elem. d. 1. Sp.

$$= \begin{vmatrix} -1 & 3 & -3 \\ 0 & -5 & 7 \\ 0 & 10 & -13 \end{vmatrix} = - \begin{vmatrix} -5 & 7 \\ 10 & -13 \end{vmatrix} = -(65 - 70) = 5;$$

2. Z + 1. Z · (- 3) Entwickl. n. d.
3. Z + 1. Z · 3 Elem. d. 1. Sp.

$$D_1 = \begin{vmatrix} -7 & 1 & -3 & 1 \\ 5 & -2 & 1 & 0 \\ -10 & 1 & -3 & 2 \\ 7 & 3 & 1 & -4 \end{vmatrix} = \begin{vmatrix} 8 & -5 & -3 & 1 \\ 0 & 0 & 1 & 0 \\ 5 & -5 & -3 & 2 \\ 2 & 5 & 1 & -4 \end{vmatrix} = - \begin{vmatrix} 8 & -5 & 1 \\ 5 & -5 & 2 \\ 2 & 5 & -4 \end{vmatrix} =$$

1.Sp + 3.Sp · (-5) Entwickl. n. d.
2.Sp + 3.Sp · 2 Elem. d. 2. Z.

$$= -5 \cdot \begin{vmatrix} 8 & -1 & 1 \\ 5 & -1 & 2 \\ 2 & 1 & -4 \end{vmatrix} = -5 \begin{vmatrix} 10 & 0 & -3 \\ 7 & 0 & -2 \\ 2 & 1 & -4 \end{vmatrix} = 5 \begin{vmatrix} 10 & -3 \\ 7 & -2 \end{vmatrix} = 5;$$

1. Z + 3. Z Entwickl. n. d.
2. Z + 3. Z Elem. d. 2. Sp.

In gleicher Weise findet man

$$D_2 = \begin{vmatrix} 2 & -7 & -3 & 1 \\ 1 & 5 & 1 & 0 \\ 1 & -10 & -3 & 2 \\ 0 & 7 & 1 & -4 \end{vmatrix} = -5, \quad D_3 = \begin{vmatrix} 2 & 1 & -7 & 1 \\ 1 & -2 & 5 & 0 \\ 1 & 1 & -10 & 2 \\ 0 & 3 & 7 & -4 \end{vmatrix} = 10,$$

und

$$D_4 = \begin{vmatrix} 2 & 1 & -3 & -7 \\ 1 & -2 & 1 & 5 \\ 1 & 1 & -3 & -10 \\ 0 & 3 & 1 & 7 \end{vmatrix} = -10, \text{ womit sich}$$

$x_1 = 1$, $x_2 = -1$, $x_3 = 2$ und $x_4 = -2$ ergeben. Es ist daher

$$\mathbb{L} = \left\{ \begin{pmatrix} 1 \\ -1 \\ 2 \\ -2 \end{pmatrix} \right\}.$$

---

48. Welche Lösungsmenge $\mathbb{L}$ besitzt das homogene Gleichungssystem

$$\begin{aligned} 2x_1 + x_2 - 3x_3 + x_4 &= 0 \\ x_1 - 2x_2 + x_3 \phantom{{}+ x_4} &= 0 \\ x_1 + x_2 - x_3 + 2x_4 &= 0 \\ 3x_2 + x_3 - 4x_4 &= 0 \end{aligned}$$

in der Grundmenge $\mathbb{G} = \mathbb{R}^4$?

$$D = \begin{vmatrix} 2 & 1 & -3 & 1 \\ 1 & -2 & 1 & 0 \\ 1 & 1 & -1 & 2 \\ 0 & 3 & 1 & -4 \end{vmatrix} = \begin{vmatrix} 2 & 5 & -5 & 1 \\ 1 & 0 & 0 & 0 \\ 1 & 3 & -2 & 2 \\ 0 & 3 & 1 & -4 \end{vmatrix} = -\begin{vmatrix} 5 & -5 & 1 \\ 3 & -2 & 2 \\ 3 & 1 & -4 \end{vmatrix} =$$

2.Sp + 1.Sp · 2
3.Sp + 1.Sp · (- 1)

Entw. n. d.
Elem. d. 2. Z.

$$= -\begin{vmatrix} 0 & 0 & 1 \\ 1 & 8 & 2 \\ 4 & -19 & 4 \end{vmatrix} = -\begin{vmatrix} 1 & 8 \\ 4 & -19 \end{vmatrix} = 51.$$

1.Sp + 2.Sp
2.Sp + 3.Sp · 5

Diese Determinante aus den Koeffizienten der Unbekannten des homogenen Systems hat einen von 0 verschiedenen Wert. Es existiert somit nur die

triviale Lösung $x_1 = x_2 = x_3 = x_4 = 0$ oder, anders formuliert,

$$\mathbb{L} = \left\{ \begin{pmatrix} 0 \\ 0 \\ 0 \\ 0 \end{pmatrix} \right\}.$$

---

49. Gegeben ist das lineare Gleichungssystem

$$\begin{aligned} 2x - 3y + 5z &= 11 \\ x + y - z &= 0 \\ -3x + 4y - 6z &= -13. \end{aligned}$$

Man bestimme die Lösungsmenge $\mathbb{L}$ unter Verwendung des Matrizenkalküls in der Grundmenge $\mathbb{G} = \mathbb{R}^3$.

Das vorgelegte System kann in der Form

$$\mathbf{A} \cdot \begin{pmatrix} x \\ y \\ z \end{pmatrix} = \mathbf{b} \text{ mit } \mathbf{A} = \begin{pmatrix} 2 & -3 & 5 \\ 1 & 1 & -1 \\ -3 & 4 & -6 \end{pmatrix} \text{ und } \mathbf{b} = \begin{pmatrix} 11 \\ 0 \\ -13 \end{pmatrix} \text{ dargestellt}$$

werden.

Die zu $\mathbf{A}$ inverse Matrix $\mathbf{A}^{-1}$ findet man über die Adjunkten

$$\alpha_{11} = \begin{vmatrix} 1 & -1 \\ 4 & -6 \end{vmatrix} = -2, \quad \alpha_{12} = -\begin{vmatrix} 1 & -1 \\ -3 & -6 \end{vmatrix} = 9, \quad \alpha_{13} = \begin{vmatrix} 1 & 1 \\ -3 & 4 \end{vmatrix} = 7,$$

$$\alpha_{21} = -\begin{vmatrix} -3 & 5 \\ 4 & -6 \end{vmatrix} = 2, \quad \alpha_{22} = \begin{vmatrix} 2 & 5 \\ -3 & -6 \end{vmatrix} = 3, \quad \alpha_{23} = -\begin{vmatrix} 2 & -3 \\ -3 & 4 \end{vmatrix} = 1,$$

$$\alpha_{31} = \begin{vmatrix} -3 & 5 \\ 1 & -1 \end{vmatrix} = -2, \quad \alpha_{32} = -\begin{vmatrix} 2 & 5 \\ 1 & -1 \end{vmatrix} = 7, \quad \alpha_{33} = \begin{vmatrix} 2 & -3 \\ 1 & 1 \end{vmatrix} = 5$$

und die Determinante $\mathbf{A} = \begin{vmatrix} 2 & -3 & 5 \\ 1 & 1 & -1 \\ -3 & 4 & -6 \end{vmatrix} = 4$

zu $\mathbf{A}^{-1} = \frac{1}{4} \cdot \begin{pmatrix} -2 & 2 & -2 \\ 9 & 3 & 7 \\ 7 & 1 & 5 \end{pmatrix}$.

Damit erhält man

$$\begin{pmatrix} x \\ y \\ z \end{pmatrix} = \mathbf{A}^{-1} \cdot \mathbf{b} = \frac{1}{4} \cdot \begin{pmatrix} -2 & 2 & -2 \\ 9 & 3 & 7 \\ 7 & 1 & 5 \end{pmatrix} \cdot \begin{pmatrix} 11 \\ 0 \\ -13 \end{pmatrix} = \frac{1}{4} \begin{pmatrix} 4 \\ 8 \\ 12 \end{pmatrix} = \begin{pmatrix} 1 \\ 2 \\ 3 \end{pmatrix}$$

oder $\mathbb{L} = \left\{ \begin{pmatrix} 1 \\ 2 \\ 3 \end{pmatrix} \right\}$.

---

50. Die Lösungsmenge $\mathbb{L}$ von

$$\begin{aligned} x_1 + 2x_2 + 2x_4 &= -6 \quad \ldots 1) \\ 3x_1 + 2x_3 - x_4 &= 5 \quad \ldots 2) \\ 5x_2 - 3x_3 + 3x_4 &= 6 \quad \ldots 3) \\ 5x_1 + x_2 + 4x_3 - 2x_4 &= 11 \quad \ldots 4) \end{aligned}$$

ist für $\mathbb{G} = \mathbb{R}^4$ unter Verwendung des GAUSSschen Algorithmus zu ermitteln.

Hierbei wird das Gleichungssystem so umgeformt, daß in der 2. Gleichung nur mehr die Unbekannten x_2, x_3, x_4, in der 3. Gleichung nur mehr x_2, x_3 und in der 4. Gleichung nur x_4 auftreten. Nach Berechnung von x_4 ergeben sich dann die übrigen Unbekannten der Reihe nach durch Einsetzen. (Siehe auch Nr. 51 und 52)

2) + 1) · (- 3)
4) + 1) · (- 5)

$$\begin{aligned} x_1 + 2x_2 + 2x_4 &= -6 \quad \ldots 1') \\ -6x_2 + 2x_3 - 7x_4 &= 23 \quad \ldots 2') \\ 5x_2 - 3x_3 + 3x_4 &= 6 \quad \ldots 3') \\ -9x_2 + 4x_3 - 12x_4 &= 41 \quad \ldots 4') \end{aligned}$$

3') · 6 + 2') · 5
4') · 2 + 2') · (- 3)

$$
\begin{aligned}
x_1 + 2x_2 \quad\quad + 2x_4 &= -6 \quad \dots 1'')\\
-6x_2 + 2x_3 - 7x_4 &= 23 \quad \dots 2'')\\
-8x_3 - 17x_4 &= 151 \quad \dots 3'')\\
2x_3 - 3x_4 &= 13 \quad \dots 4'')
\end{aligned}
$$

4'') · 4 + 3)

$$
\begin{aligned}
x_1 + 2x_2 \quad\quad + 2x_4 &= -6 \quad \dots 1''')\\
-6x_2 + 2x_3 - 7x_4 &= 23 \quad \dots 2''')\\
-8x_3 - 17x_4 &= 151 \quad \dots 3''')\\
-29x_4 &= 203 \quad \dots 4''')
\end{aligned}
$$

Damit findet man nacheinander 4''') $x_4 = -7$, aus 3''') $x_3 = -4$, aus 2''') $x_2 = 3$ und aus 1''') $x_1 = 2$.

Somit ist $\mathbb{L} = \{ (2; 3; -4; -7) \}$.

---

51. Mit Hilfe des GAUSSschen Algorithmus löse man das lineare Gleichungssystem

$$
\begin{aligned}
-3x_1 + 1{,}2\,x_2 + 5{,}65\,x_3 + 0{,}55\,x_4 &= -4{,}85\\
-2x_1 + 4{,}8\,x_2 - 1{,}9\,x_3 + 3{,}7\,x_4 &= -4{,}9\\
4x_1 + 14{,}4\,x_2 + 9{,}8\,x_3 + 8{,}6\,x_4 &= 15{,}8\\
5x_1 + 3\,x_2 + 6\,x_3 + 7\,x_4 &= 51
\end{aligned}
$$

in der Grundmenge $\mathbb{G} = \mathbb{R}^4$.

Zur Vermeidung unnötig großer Rundungsfehler werden - soweit nötig - die Zeilen derart vertauscht, daß nach und nach der Betrag jedes Elementes der Hauptdiagonalen der Koeffizientenmatrix nicht kleiner ist als die Beträge der unter ihm befindlichen Elemente. Die um die Elemente der rechten Seite des Systems erweiterte Koeffizientenmatrix nimmt der Reihe nach folgende Form an:

$$
\begin{pmatrix}
-3 & 1{,}2 & 5{,}65 & 0{,}55 & -4{,}85\\
-2 & 4{,}8 & -1{,}9 & 3{,}7 & -4{,}9\\
4 & 14{,}4 & 9{,}8 & 8{,}6 & 15{,}8\\
5 & 3 & 6 & 7 & 51
\end{pmatrix}
$$

Tausch 4. Z gegen 1. Z

$$\begin{pmatrix} 5 & 3 & 6 & 7 & 51 \\ -2 & 4{,}8 & -1{,}9 & 3{,}7 & -4{,}9 \\ 4 & 14{,}4 & 9{,}8 & 8{,}6 & 15{,}8 \\ -3 & 1{,}2 & 5{,}65 & 0{,}55 & -4{,}85 \end{pmatrix} \qquad \begin{array}{l} 2.\,Z + 1.\,Z \cdot \frac{2}{5} \\ 3.\,Z + 1.\,Z \cdot \left(\frac{-4}{5}\right) \\ 4.\,Z + 1.\,Z \cdot \frac{3}{5} \end{array}$$

$$\begin{pmatrix} 5 & 3 & 6 & 7 & 51 \\ 0 & 6 & 0{,}5 & 6{,}5 & 15{,}5 \\ 0 & 12 & 5 & 3 & -25 \\ 0 & 3 & 9{,}25 & 4{,}75 & 25{,}75 \end{pmatrix}$$

Tausch 3. Z gegen 2. Z

$$\begin{pmatrix} 5 & 3 & 6 & 7 & 51 \\ 0 & 12 & 5 & 3 & -25 \\ 0 & 6 & 0{,}5 & 6{,}5 & 15{,}5 \\ 0 & 3 & 9{,}25 & 4{,}75 & 25{,}75 \end{pmatrix} \qquad \begin{array}{l} 3.\,Z + 2.\,Z \cdot \left(\frac{-6}{12}\right) \\ 4.\,Z + 2.\,Z \cdot \left(\frac{-3}{12}\right) \end{array}$$

$$\begin{pmatrix} 5 & 3 & 6 & 7 & 51 \\ 0 & 12 & 5 & 3 & -25 \\ 0 & 0 & -2 & 5 & 28 \\ 0 & 0 & 8 & 4 & 32 \end{pmatrix}$$

Tausch 4. Z gegen 3. Z

$$\begin{pmatrix} 5 & 3 & 6 & 7 & 51 \\ 0 & 12 & 5 & 3 & -25 \\ 0 & 0 & 8 & 4 & 32 \\ 0 & 0 & -2 & 5 & 28 \end{pmatrix} \qquad 4.\,Z + 3.\,Z \cdot \frac{2}{8}$$

$$\begin{pmatrix} 5 & 3 & 6 & 7 & 51 \\ 0 & 12 & 5 & 3 & -25 \\ 0 & 0 & 8 & 4 & 32 \\ 0 & 0 & 0 & 6 & 36 \end{pmatrix}.$$

Diese letzte Matrix besagt in ausführlicher Schreibweise:

$$\begin{array}{rcr} 5x_1 + 3x_2 + 6x_3 + 7x_4 & = & 51 \\ 12x_2 + 5x_3 + 3x_4 & = & -25 \\ 8x_3 + 4x_4 & = & 32 \\ 6x_4 & = & 36 \end{array}$$

Hieraus folgt nacheinander $x_4 = 6$; $x_3 = 1$; $x_2 = -4$; $x_1 = 3$.

Der Wert der Koeffizientendeterminante ergibt sich zu $D = (-1)^3 \cdot 5 \cdot 12 \cdot 8 \cdot 6 = -2880$, wobei $(-1)^3$ durch die vorgenommenen 3 Zeilenvertauschungen bedingt ist.

52. Es ist mit Hilfe des GAUSSschen Algorithmus die Lösungsmenge **L** des linearen Gleichungssystems von 5 Gleichungen

$$\begin{aligned}
12\,x_1 + 20{,}4\,x_2 - 1{,}8\,x_3 - 30\,x_4 + 10{,}8\,x_5 &= -57{,}6\\
-8\,x_1 - 7{,}6\,x_2 - 2{,}8\,x_3 - x_4 - 6{,}2\,x_5 &= -26{,}6\\
10\,x_1 + 17\,x_2 + 1{,}5\,x_3 - 5\,x_4 + 20\,x_5 &= 50\\
20\,x_1 + 4\,x_2 + 7\,x_3 - 5\,x_4 + 3\,x_5 &= -11\\
-14\,x_1 + 6{,}2\,x_2 - 1{,}9\,x_3 + 14\,x_4 + 20{,}4\,x_5 &= 90{,}2
\end{aligned}$$

in der Grundmenge $\mathbb{G} = \mathbb{R}^5$ zu bestimmen.

In gleicher Weise wie bei der vorherigen Aufgabe wird unter Verwendung der in Nr. 26 erläuterten Zeilensummenprobe die erweiterte Koeffizientenmatrix

$$\begin{pmatrix}
12 & 20{,}4 & -1{,}8 & -30 & 10{,}8 & -57{,}6\\
-8 & -7{,}6 & -2{,}8 & -1 & -6{,}2 & -26{,}6\\
10 & 17 & 1{,}5 & -5 & 20 & 50\\
20 & 4 & 7 & -5 & 3 & -11\\
-14 & 6{,}2 & -1{,}9 & 14 & 20{,}4 & 90{,}2
\end{pmatrix}
\begin{matrix}
(-46{,}2)\\ (-52{,}2)\\ (93{,}5)\\ (18)\\ (114{,}9)
\end{matrix}$$

gebildet, die wie folgt umgeformt werden kann.

Tausch 4. Z gegen 1. Z

$$\begin{pmatrix}
20 & 4 & 7 & -5 & 3 & -11\\
-8 & -7{,}6 & -2{,}8 & -1 & -6{,}2 & -26{,}6\\
10 & 17 & 1{,}5 & -5 & 20 & 50\\
12 & 20{,}4 & -1{,}8 & -30 & 10{,}8 & -57{,}6\\
-14 & 6{,}2 & -1{,}9 & 14 & 20{,}4 & 90{,}2
\end{pmatrix}
\begin{matrix}
(18)\\ (-52{,}2)\\ (93{,}5)\\ (-46{,}2)\\ (114{,}9)
\end{matrix}
\qquad
\begin{matrix}
2.\,\mathrm{Z} + 1.\,\mathrm{Z}\cdot\frac{8}{20}\\
3.\,\mathrm{Z} + 1.\,\mathrm{Z}\cdot\left(\frac{-10}{20}\right)\\
4.\,\mathrm{Z} + 1.\,\mathrm{Z}\cdot\left(\frac{-12}{20}\right)\\
5.\,\mathrm{Z} + 1.\,\mathrm{Z}\cdot\frac{14}{20}
\end{matrix}$$

$$\begin{pmatrix}
20 & 4 & 7 & -5 & 3 & -11\\
0 & -6 & 0 & -3 & -5 & -31\\
0 & 15 & -2 & -2{,}5 & 18{,}5 & 55{,}5\\
0 & 18 & -6 & -27 & 9 & -51\\
0 & 9 & 3 & 10{,}5 & 22{,}5 & 82{,}5
\end{pmatrix}
\begin{matrix}
(18)\\ (-45)\\ (84{,}5)\\ (-57)\\ (127{,}5)
\end{matrix}$$

Tausch 4. Z gegen 2. Z

$$\begin{pmatrix}
20 & 4 & 7 & -5 & 3 & -11\\
0 & 18 & -6 & -27 & 9 & -51\\
0 & 15 & -2 & -2{,}5 & 18{,}5 & 55{,}5\\
0 & -6 & 0 & -3 & -5 & -31\\
0 & 9 & 3 & 10{,}5 & 22{,}5 & 82{,}5
\end{pmatrix}
\begin{matrix}
(18)\\ (-57)\\ (84{,}5)\\ (-45)\\ (127{,}5)
\end{matrix}
\qquad
\begin{matrix}
3.\,\mathrm{Z} + 2.\,\mathrm{Z}\cdot\left(\frac{-15}{18}\right)\\
4.\,\mathrm{Z} + 2.\,\mathrm{Z}\cdot\frac{6}{18}\\
5.\,\mathrm{Z} + 2.\,\mathrm{Z}\cdot\left(\frac{-9}{18}\right)
\end{matrix}$$

$$\begin{pmatrix} 20 & 4 & 7 & -5 & 3 & -11 \\ 0 & 18 & -6 & -27 & 9 & -51 \\ 0 & 0 & 3 & 20 & 11 & 98 \\ 0 & 0 & -2 & -12 & -2 & -48 \\ 0 & 0 & 6 & 24 & 18 & 108 \end{pmatrix} \begin{pmatrix} 18 \\ -57 \\ 132 \\ -64 \\ 156 \end{pmatrix}$$

Tausch 5. Z gegen 3. Z

$$\begin{pmatrix} 20 & 4 & 7 & -5 & 3 & -11 \\ 0 & 18 & -6 & -27 & 9 & -51 \\ 0 & 0 & 6 & 24 & 18 & 108 \\ 0 & 0 & -2 & -12 & -2 & -48 \\ 0 & 0 & 3 & 20 & 11 & 98 \end{pmatrix} \begin{pmatrix} 18 \\ -57 \\ 156 \\ -64 \\ 132 \end{pmatrix} \begin{matrix} \\ \\ \\ 4.\,Z + 3.\,Z \cdot \frac{2}{6} \\ 5.\,Z + 3.\,Z \cdot \left(\frac{-3}{6}\right) \end{matrix}$$

$$\begin{pmatrix} 20 & 4 & 7 & -5 & 3 & -11 \\ 0 & 18 & -6 & -27 & 9 & -51 \\ 0 & 0 & 6 & 24 & 18 & 108 \\ 0 & 0 & 0 & -4 & 4 & -12 \\ 0 & 0 & 0 & 8 & 2 & 44 \end{pmatrix} \begin{pmatrix} 18 \\ -57 \\ 156 \\ -12 \\ 54 \end{pmatrix}$$

Tausch 5. Z gegen 4. Z

$$\begin{pmatrix} 20 & 4 & 7 & -5 & 3 & -11 \\ 0 & 18 & -6 & -27 & 9 & -51 \\ 0 & 0 & 6 & 24 & 18 & 108 \\ 0 & 0 & 0 & 8 & 2 & 44 \\ 0 & 0 & 0 & -4 & 4 & -12 \end{pmatrix} \begin{pmatrix} 18 \\ -57 \\ 156 \\ 54 \\ -12 \end{pmatrix} \begin{matrix} \\ \\ \\ \\ 5.\,Z + 4.\,Z \cdot \frac{4}{8} \end{matrix}$$

$$\begin{pmatrix} 20 & 4 & 7 & -5 & 3 & -11 \\ 0 & 18 & -6 & -27 & 9 & -51 \\ 0 & 0 & 6 & 24 & 18 & 108 \\ 0 & 0 & 0 & 8 & 2 & 44 \\ 0 & 0 & 0 & 0 & 5 & 10 \end{pmatrix} \begin{pmatrix} 18 \\ -57 \\ 156 \\ 54 \\ 15 \end{pmatrix}$$

Die letzte Matrix besagt in ausführlicher Schreibweise

$$\begin{aligned} 20x_1 + 4x_2 + 7x_3 - 5x_4 + 3x_5 &= -11 \\ 18x_2 - 6x_3 - 27x_4 + 9x_5 &= -51 \\ 6x_3 + 24x_4 + 18x_5 &= 108 \\ 8x_4 + 2x_5 &= 44 \\ 5x_5 &= 10 \end{aligned}$$

Hieraus folgt nacheinander $x_5 = 2$; $x_4 = 5$; $x_3 = -8$; $x_2 = 1$; $x_1 = 3$
oder $\mathbb{L} = \{(3; 1; -8; 5; 2)\}$.

53. Man bestimme die Lösungsmenge $\mathbb{L}$ des Gleichungssystems

$$\begin{aligned} 2x_1 + 2x_2 + x_3 + x_4 &= 1 \\ x_1 - 2x_2 + x_3 &= 6 \\ x_1 + x_2 - x_3 + 2x_4 &= -1 \\ 3x_2 + x_3 - x_4 &= 4 \end{aligned}$$

für $\mathbb{G} = \mathbb{R}^4$.

Es ist die Determinante aus der Koeffizientenmatrix **A**

$$\det \mathbf{A} = \begin{vmatrix} 2 & 2 & 1 & 1 \\ 1 & -2 & 1 & 0 \\ 1 & 1 & -1 & 2 \\ 0 & 3 & 1 & -1 \end{vmatrix} = \begin{vmatrix} 2 & 5 & 2 & 1 \\ 1 & -2 & 1 & 0 \\ 1 & 7 & 1 & 2 \\ 0 & 0 & 0 & -1 \end{vmatrix} = 0, \quad r(\mathbf{A}) < 4.$$

2. Sp + 4. Sp · 3
3. Sp + 4. Sp

1. Sp = 3. Sp

Die erweiterte Koeffizientenmatrix

$$\mathbf{B} = \begin{pmatrix} 2 & 2 & 1 & 1 & 1 \\ 1 & -2 & 1 & 0 & 6 \\ 1 & 1 & -1 & 2 & -1 \\ 0 & 3 & 1 & -1 & 4 \end{pmatrix}$$

besitzt wegen des Nichtverschwindens der aus den letzten 4 Spalten gebildeten 4-reihigen Determinante

$$\begin{vmatrix} 2 & 1 & 1 & 1 \\ -2 & 1 & 0 & 6 \\ 1 & -1 & 2 & -1 \\ 3 & 1 & -1 & 4 \end{vmatrix} = \begin{vmatrix} 3 & 0 & 3 & 0 \\ -1 & 0 & 2 & 5 \\ 1 & -1 & 2 & -1 \\ 4 & 0 & 1 & 3 \end{vmatrix} = \begin{vmatrix} 3 & 3 & 0 \\ -1 & 2 & 5 \\ 4 & 1 & 3 \end{vmatrix} = 72$$

1. Z + 3. Z
2. Z + 3. Z
4. Z + 3. Z

den Rang $r(\mathbf{B}) = 4$. Da $r(\mathbf{A}) \neq r(\mathbf{B})$, hat das gegebene Gleichungssystem keine Lösung.
Es ist also $\mathbb{L} = \{\ \}$.

Der Nachweis der Unlösbarkeit eines derartigen Systems kann auch dadurch erbracht werden, daß an Hand der erweiterten Matrix **B** ein Widerspruch aufgezeigt wird. Im vorgelegten Beispiel kann dieser nach Umformung von **B** mit Hilfe des GAUSSschen Algorithmus erkannt werden:

$$\mathbf{B} \Rightarrow \begin{pmatrix} 0 & 0 & 3 & -3 & 3 \\ 0 & -3 & 2 & -2 & 7 \\ 1 & 1 & -1 & 2 & -1 \\ 0 & 3 & 1 & -1 & 4 \end{pmatrix} \Rightarrow \begin{pmatrix} 1 & 1 & -1 & 2 & -1 \\ 0 & -3 & 2 & -2 & 7 \\ 0 & 0 & 3 & -3 & 3 \\ 0 & 3 & 1 & -1 & 4 \end{pmatrix} \Rightarrow$$

1. Z + 3. Z · (- 2)
2. Z + 3. Z · (- 1)

Tausch von
3. Z geg. 1. Z

$$\Rightarrow \begin{pmatrix} 1 & 1 & -1 & 2 & -1 \\ 0 & -3 & 2 & -2 & 7 \\ 0 & 0 & 3 & -3 & 3 \\ 0 & 0 & 3 & -3 & 11 \end{pmatrix} \Rightarrow \begin{pmatrix} 1 & 1 & -1 & 2 & -1 \\ 0 & -3 & 2 & -2 & 7 \\ 0 & 0 & 3 & -3 & 3 \\ 0 & 0 & 0 & 0 & 8 \end{pmatrix}.$$

4. Z + 2. Z · 1

4. Z + 3. Z · (- 1)

Die letzte Zeile lautet ausgeschrieben

$$0 \cdot x_1 + 0 \cdot x_2 + 0 \cdot x_3 + 0 \cdot x_4 = 8.$$

Dies ist aber ein Widerspruch.

---

54. Welche Lösungsmenge $\mathbb{L}$ genügt für $\mathbb{G} = \mathbb{R}^4$ dem Gleichungssystem $\mathbf{A} \cdot \mathbf{x} = \mathbf{b}$

mit $\mathbf{A} = \begin{pmatrix} 1 & -2 & 3 & 0 \\ 4 & 0 & 1 & -1 \\ 1 & 4 & -2 & 1 \\ 2 & 2 & 1 & 1 \end{pmatrix}$, $\mathbf{x} = \begin{pmatrix} x_1 \\ x_2 \\ x_3 \\ x_4 \end{pmatrix}$ und $\mathbf{b} = \begin{pmatrix} 3 \\ 1 \\ -4 \\ -1 \end{pmatrix}$?

Es ist $\det \mathbf{A} = \begin{vmatrix} 1 & -2 & 3 & 0 \\ 4 & 0 & 1 & -1 \\ 1 & 4 & -2 & 1 \\ 2 & 2 & 1 & 1 \end{vmatrix} = 0.$

Um festzustellen, ob trotzdem Lösungen existieren, bestimmt man die Ränge r(**A**) von **A** und r(**B**) der erweiterten Koeffizientenmatrix **B** .

Dazu wird $\mathbf{B} = \begin{pmatrix} 1 & -2 & 3 & 0 & 3 \\ 4 & 0 & 1 & -1 & 1 \\ 1 & 4 & -2 & 1 & -4 \\ 2 & 2 & 1 & 1 & -1 \end{pmatrix}$ unter Vermeidung von Spaltenvertauschungen wie folgt umgeformt:

$$\mathbf{B} \Rightarrow \begin{pmatrix} 1 & -2 & 3 & 0 & 3 \\ 0 & 8 & -11 & -1 & -11 \\ 0 & 6 & -5 & 1 & -7 \\ 0 & 6 & -5 & 1 & -7 \end{pmatrix} \Rightarrow \begin{pmatrix} 1 & -2 & 3 & 0 & 3 \\ 0 & 8 & -11 & -1 & -11 \\ 0 & 0 & \frac{13}{4} & \frac{7}{4} & \frac{5}{4} \\ 0 & 0 & 0 & 0 & 0 \end{pmatrix}$$

2. Z + 1. Z · (- 4) 3. Z + 2. Z · $\left(-\frac{6}{8}\right)$

3. Z + 1. Z · (- 1)

4. Z + 1. Z · (- 2) 4. Z + 3. Z · (- 1)

Hieraus erkennt man, daß $r(\mathbf{A}) = r(\mathbf{B}) = 3$. Das vorgelegte Gleichungssystem für 4 Unbekannte ist somit lösbar und enthält $4 - 3 = 1$ Parameter.

Da bei der Bestimmung der Ränge ausschließlich Veränderungen bezüglich der Zeilen vorgenommen wurden, kann die Ermittlung der Lösung unter Verwendung der zuletzt erhaltenen Matrix erfolgen. Dieser entspricht das äquivalente System

$$\begin{aligned} x_1 - 2x_2 + 3x_3 &= 3 \\ 8x_2 - 11x_3 - x_4 &= -11 \\ 13x_3 + 7x_4 &= 5 \end{aligned}$$

oder mit $x_4 = t \in \mathbb{R}$ als Parameter

$$\begin{aligned} x_1 - 2x_2 + 3x_3 &= 3 \\ 8x_2 - 11x_3 &= -11 + t \\ 13x_3 &= 5 - 7t. \end{aligned}$$

Dessen Lösungsmenge ist $\mathbb{L} = \left\{ \mathbf{x} \mid \mathbf{x} = \frac{1}{13} \cdot \begin{pmatrix} 2 \\ -11 \\ 5 \\ 0 \end{pmatrix} + \frac{1}{13} \cdot \begin{pmatrix} 5 \\ -8 \\ -7 \\ 13 \end{pmatrix} \cdot t \wedge t \in \mathbb{R} \right\}$.

---

55. Gegeben ist das homogene lineare Gleichungssystem

$$\begin{aligned} 2x_1 + 2x_2 + x_3 + x_4 &= 0 \\ 3x_2 + x_3 - x_4 &= 0 \\ x_1 + x_2 - x_3 + 2x_4 &= 0 \\ x_1 - 2x_2 + x_3 &= 0. \end{aligned}$$

Man ermittle die Lösungsmenge $\mathbb{L}$ für $\mathbb{G} = \mathbb{R}^4$.

Um festzustellen, ob $\mathbb{L}$ außer dem trivialen Element $(x_1; x_2; x_3; x_4) = (0; 0; 0; 0)$ noch hiervon verschiedene Lösungselemente besitzt, bestimmt man den Rang $r(\mathbf{A})$ der Koeffizientenmatrix $\mathbf{A}$.

Durch elementare Umformungen folgt

$$\mathbf{A} = \begin{pmatrix} 2 & 2 & 1 & 1 \\ 0 & 3 & 1 & -1 \\ 1 & 1 & -1 & 2 \\ 1 & -2 & 1 & 0 \end{pmatrix} \Rightarrow \begin{pmatrix} 2 & 2 & 1 & 1 \\ 0 & 3 & 1 & -1 \\ 0 & 0 & -1{,}5 & 1{,}5 \\ 0 & -3 & 0{,}5 & -0{,}5 \end{pmatrix} \Rightarrow$$

3. Z + 1. Z · (- 0,5)
4. Z + 1. Z · (- 0,5)
4. Z + 2. Z

$$\Rightarrow \begin{pmatrix} 2 & 2 & 1 & 1 \\ 0 & 3 & 1 & -1 \\ 0 & 0 & -1{,}5 & 1{,}5 \\ 0 & 0 & 1{,}5 & -1{,}5 \end{pmatrix} \Rightarrow \begin{pmatrix} 2 & 2 & 1 & 1 \\ 0 & 3 & 1 & -1 \\ 0 & 0 & -1{,}5 & 1{,}5 \\ 0 & 0 & 0 & 0 \end{pmatrix}.$$

4. Z + 3. Z

Der Rang der Matrix $\mathbf{A}$ ist somit 3, weshalb das Gleichungssystem auch nichttriviale Lösungen besitzt.

Da keine Spaltenvertauschungen vorgenommen wurden, entspricht der letzten Matrix das äquivalente Gleichungssystem

$$\begin{aligned} 2x_1 + 2x_2 + x_3 + x_4 &= 0 \\ 3x_2 + x_3 - x_4 &= 0 \\ -1{,}5\,x_3 + 1{,}5\,x_4 &= 0. \end{aligned}$$

Wählt man etwa $x_4 = t$ als freie Veränderliche, so ergibt sich aus

$$\begin{aligned} 2x_1 + 2x_2 + x_3 &= -t \\ 3x_2 + x_3 &= t \\ x_3 &= t \end{aligned}$$

der Reihe nach $x_3 = t$, $x_2 = 0$, $x_1 = -t \wedge t \in \mathbb{R}$, oder

$\mathbb{L} = \{(-t;0;t;t) \mid t \in \mathbb{R}\}$. Die nichttrivialen Elemente von $\mathbb{L}$ erhält man für $t \neq 0$.

56. Man ermittle ein **F u n d a m e n t a l s y s t e m** von Lösungsvektoren des homogen linearen Gleichungssystems

$$\begin{aligned} 7x_1 + 9x_2 + 5x_3 + 5x_4 + 2x_5 &= 0 \\ 14x_1 + 18x_2 + 10x_3 + 12x_4 + 8x_5 &= 0 \\ -21x_1 - 31x_2 - 11x_3 - 23x_4 - 6x_5 &= 0 \\ -14x_1 - 16x_2 - 12x_3 - 4x_4 \phantom{{}-6x_5} &= 0 \end{aligned}$$

für die Grundmenge $\mathbb{G} = \mathbb{R}^5$. Welcher spezielle Lösungsvektor $x = \overline{x}$ hat die Komponenten $x_1 = 6$ und $x_2 = -13$?

Zur Klärung der Frage, wieviele freie Unbekannte des Gleichungssystems existieren, wird zunächst der Rang r der Koeffizientenmatrix festgestellt. Damit hierbei die Zuordnung der Spalten zu den Unbekannten auch bei Spaltenvertauschungen erkennbar bleibt, stellt man, soweit nötig, die zugeordneten Unbekannten in einer gesonderten Zeile der jeweiligen Matrix voran.

$$\begin{array}{ccccc} x_1 & x_2 & x_3 & x_4 & x_5 \\ \hline \end{array}$$

$$\begin{pmatrix} 7 & 9 & 5 & 5 & 2 \\ 14 & 18 & 10 & 12 & 8 \\ -21 & -31 & -11 & -23 & -6 \\ -14 & -16 & -12 & -4 & 0 \end{pmatrix}$$

2. Z + 1. Z · (- 2)
3. Z + 1. Z · 3
4. Z + 1. Z · 2

$$\begin{pmatrix} 7 & 9 & 5 & 5 & 2 \\ 0 & 0 & 0 & 2 & 4 \\ 0 & -4 & 4 & -8 & 0 \\ 0 & 2 & -2 & 6 & 4 \end{pmatrix}$$

Tausch 4. Z gegen 2. Z

$$\begin{pmatrix} 7 & 9 & 5 & 5 & 2 \\ 0 & 2 & -2 & 6 & 4 \\ 0 & -4 & 4 & -8 & 0 \\ 0 & 0 & 0 & 2 & 4 \end{pmatrix}$$

3. Z + 2. Z · 2

$$\begin{pmatrix} 7 & 9 & 5 & 5 & 2 \\ 0 & 2 & -2 & 6 & 4 \\ 0 & 0 & 0 & 4 & 8 \\ 0 & 0 & 0 & 2 & 4 \end{pmatrix}$$

Tausch 3. Sp gegen 4. Sp

$$\begin{array}{ccccc} x_1 & x_2 & x_4 & x_3 & x_5 \\ \hline \end{array}$$

$$\begin{pmatrix} 7 & 9 & 5 & 5 & 2 \\ 0 & 2 & 6 & -2 & 4 \\ 0 & 0 & 4 & 0 & 8 \\ 0 & 0 & 2 & 0 & 4 \end{pmatrix}$$

4. Z + 3. Z · $\left(-\frac{1}{2}\right)$

$$\begin{pmatrix} 7 & 9 & 5 & 5 & 2 \\ 0 & 2 & 6 & -2 & 4 \\ 0 & 0 & 4 & 0 & 8 \\ 0 & 0 & 0 & 0 & 0 \end{pmatrix}$$

Die Koeffizientenmatrix hat also den Rang $r = 3$. Demnach gibt es bei $n = 5$ Unbekannten $n - r = 2$ freie Unbekannte. In ausführlicher Schreibweise besagt nämlich die letzte Matrix

$$\begin{aligned} 7x_1 + 9x_2 + 5x_4 + 5x_3 + 2x_5 &= 0 \\ 2x_2 + 6x_4 - 2x_3 + 4x_5 &= 0 \\ 4x_4 \qquad + 8x_5 &= 0. \end{aligned}$$

x_3 und x_5 seien hier freie Unbekannte. Um ein Fundamentalsystem von Lösungsvektoren zu erhalten, wählt man zweckmäßig für $\begin{pmatrix} x_3 \\ x_5 \end{pmatrix}$ der Reihe nach die Spaltenvektoren der regulären Matrix $\begin{pmatrix} 1 & 0 \\ 0 & 1 \end{pmatrix}$ und erhält so $x_4 = 0$, $x_2 = 1$, $x_1 = -2$ bzw. $x_4 = -2$, $x_2 = 4$, $x_1 = -4$. Das Fundamentalsystem besteht somit aus den linear unabhängigen Lösungsvektoren

$$\mathbf{x}_1 = \begin{pmatrix} -2 \\ 1 \\ 1 \\ 0 \\ 0 \end{pmatrix} \text{ und } \quad \mathbf{x}_2 = \begin{pmatrix} -4 \\ 4 \\ 0 \\ -2 \\ 1 \end{pmatrix}.$$ Die Lösungsmenge $\mathbb{L}$ des Systems ist daher $\mathbb{L} = \{ \mathbf{x} \mid \mathbf{x} = c_1 \mathbf{x}_1 + c_2 \mathbf{x}_2 \wedge c_1, c_2 \in \mathbb{R} \}$.

Soll nun $\mathbf{x} = \bar{\mathbf{x}}$ speziell die Komponenten $x_1 = 6$ und $x_2 = -13$ besitzen, so folgt aus

$$\begin{aligned} -2c_1 - 4c_2 &= 6 \\ c_1 + 4c_2 &= -13 \end{aligned}$$

mit $c_1 = 7$ und $c_2 = -5$,

$$\bar{\mathbf{x}} = \begin{pmatrix} 6 \\ -13 \\ 7 \\ 10 \\ -5 \end{pmatrix}.$$

57. Man ermittle ein Fundamentalsystem von Lösungsvektoren des homogenen linearen Gleichungssystems

$$\begin{aligned}
14x_1 + 6x_2 + 16x_3 - 30x_5 &= 0\\
-11x_1 - 3x_2 - 16x_3 + 12x_4 + 15x_5 &= 0\\
5x_1 + 3x_2 + 4x_3 + 6x_4 - 15x_5 &= 0\\
17x_1 + 9x_2 + 16x_3 + 12x_4 - 45x_5 &= 0\\
-17x_1 - 15x_2 - 4x_3 - 54x_4 + 75x_5 &= 0
\end{aligned}$$

in der Grundmenge $\mathbb{G} = \mathbb{R}^5$. Welcher spezielle Lösungsvektor $\mathbf{x} = \bar{\mathbf{x}}$ hat die Komponenten $x_1 = x_2 = x_3 = 1$?

Der vorherigen Aufgabe entsprechend erhält man nacheinander

$$\begin{array}{ccccc} x_1 & x_2 & x_3 & x_4 & x_5 \\ \hline \end{array}$$
$$\begin{pmatrix} 14 & 6 & 16 & 0 & -30\\ -11 & -3 & -16 & 12 & 15\\ 5 & 3 & 4 & 6 & -15\\ 17 & 9 & 16 & 12 & -45\\ -17 & -15 & -4 & -54 & 75 \end{pmatrix}$$

Tausch 2. Sp gegen 1. Sp

$$\begin{array}{ccccc} x_2 & x_1 & x_3 & x_4 & x_5 \\ \hline \end{array}$$
$$\begin{pmatrix} 6 & 14 & 16 & 0 & -30\\ -3 & -11 & -16 & 12 & 15\\ 3 & 5 & 4 & 6 & -15\\ 9 & 17 & 16 & 12 & -45\\ -15 & -17 & -4 & -54 & 75 \end{pmatrix}$$

1. Z + 3. Z · (- 2)
2. Z + 3. Z · 1
4. Z + 3. Z · (- 3)
5. Z + 3. Z · 5

$$\begin{pmatrix} 0 & 4 & 8 & -12 & 0\\ 0 & -6 & -12 & 18 & 0\\ 3 & 5 & 4 & 6 & -15\\ 0 & 2 & 4 & -6 & 0\\ 0 & 8 & 16 & -24 & 0 \end{pmatrix}$$

Tausch 3. Z gegen 1. Z

$$\begin{pmatrix} 3 & 5 & 4 & 6 & -15\\ 0 & -6 & -12 & 18 & 0\\ 0 & 4 & 8 & -12 & 0\\ 0 & 2 & 4 & -6 & 0\\ 0 & 8 & 16 & -24 & 0 \end{pmatrix}$$

2. Z + 4. Z · 3
3. Z + 4. Z · (- 2)
5. Z + 4. Z · (- 4)

$$\begin{pmatrix} 3 & 5 & 4 & 6 & -15 \\ 0 & 0 & 0 & 0 & 0 \\ 0 & 0 & 0 & 0 & 0 \\ 0 & 2 & 4 & -6 & 0 \\ 0 & 0 & 0 & 0 & 0 \end{pmatrix}$$

Tausch 2. Z gegen 4. Z

$$\begin{pmatrix} 3 & 5 & 4 & 6 & -15 \\ 0 & 2 & 4 & -6 & 0 \\ 0 & 0 & 0 & 0 & 0 \\ 0 & 0 & 0 & 0 & 0 \\ 0 & 0 & 0 & 0 & 0 \end{pmatrix}$$

Die Koeffizientenmatrix hat also den Rang $r = 2$. Demnach gibt es bei $n = 5$ Unbekannten $n - r = 3$ freie Unbekannte. In ausführlicher Schreibweise besagt nämlich die letzte Matrix

$$\begin{aligned} 3x_2 + 5x_1 + 4x_3 + 6x_4 - 15x_5 &= 0 \\ 2x_1 + 4x_3 - 6x_4 &= 0. \end{aligned}$$

Verwendet man x_3, x_4, x_5 als freie Unbekannte, so wählt man für den Vektor $\begin{pmatrix} x_3 \\ x_4 \\ x_5 \end{pmatrix}$ am einfachsten der Reihe nach die Spaltenvektoren der regulären Matrix $\begin{pmatrix} 1 & 0 & 0 \\ 0 & 1 & 0 \\ 0 & 0 & 1 \end{pmatrix}$ und errechnet hiermit die jeweils zugeordneten Werte von x_1 und x_2. Auf diese Weise erhält man das Fundamentalsystem

$$\mathbf{x}_1 = \begin{pmatrix} -2 \\ 2 \\ 1 \\ 0 \\ 0 \end{pmatrix}; \quad \mathbf{x}_2 = \begin{pmatrix} 3 \\ -7 \\ 0 \\ 1 \\ 0 \end{pmatrix}; \quad \mathbf{x}_3 = \begin{pmatrix} 0 \\ 5 \\ 0 \\ 0 \\ 1 \end{pmatrix}$$ und die Lösungsmenge

$L = \{ \mathbf{x} \mid \mathbf{x} = c_1 \mathbf{x}_1 + c_2 \mathbf{x}_2 + c_3 \mathbf{x}_3 \wedge c_1, c_2, c_3 \in \mathbb{R} \}$ des Gleichungssystems.

Die Forderung $x_1 = x_2 = x_3 = 1$ für $\overline{x}$ führt auf die 3 Bedingungsgleichungen

$$\begin{aligned} -2c_1 + 3c_2 &= 1 \\ 2c_1 - 7c_2 + 5c_3 &= 1 \\ c_1 &= 1 \end{aligned}$$

mit der Lösungsmenge $\{ (c_1; c_2; c_3) \mid c_1 = c_2 = 1; c_3 = 1,2 \}$. Daher ist

$$x = \begin{pmatrix} 1 \\ 1 \\ 1 \\ 1 \\ 1,2 \end{pmatrix} .$$

---

58. Für welche **Eigenwerte** $\lambda \in \mathbb{R}$ hat das folgende homogene lineare Gleichungssystem in der Grundmenge $\mathbb{G} = \mathbb{R}^3$ nicht nur triviale Lösungsvektoren? Für jeden dieser Eigenwerte ermittle man die Lösungsmenge $\mathbb{L}_\lambda$ des Systems.

$$(4 - \lambda) x_1 + \quad\quad 3 x_2 + \quad\quad x_3 = 0$$
$$-2 x_1 + (1 - \lambda) x_2 + \quad\quad 9 x_3 = 0$$
$$2 x_1 + \quad\quad 3 x_2 + (3 - \lambda) x_3 = 0$$

Sollen nichttriviale Lösungsvektoren auftreten, muß die Koeffizientenmatrix $A = \begin{pmatrix} 4 - \lambda & 3 & 1 \\ -2 & 1 - \lambda & 9 \\ 2 & 3 & 3 - \lambda \end{pmatrix}$ einen Rang $r(A) < 3$ aufweisen, also $\det A = 0$ sein. Mit $\det A = -\lambda^3 + 8\lambda^2 + 4\lambda - 32$ kommt man nach Multiplikation mit (-1) auf die **charakteristische Gleichung** $\lambda^3 - 8\lambda^2 - 4\lambda + 32 = 0$, in welcher die Lösung $\lambda_1 = 2$ leicht zu erkennen ist. Das **HORNERsche Schema** liefert dann

$$\begin{array}{r|rrrr} & 1 & -8 & -4 & 32 \\ 2 & & 2 & -12 & -32 \\ \hline & 1 & -6 & -16 & — \end{array} ,$$

also $\lambda^2 - 6\lambda - 16 = 0$ mit den Lösungen $\lambda_2 = -2$ und $\lambda_3 = 8$.

Die sich ergebenden drei homogenen linearen Gleichungssysteme können nun wie in den vorangehenden Beispielen behandelt werden; ihre Koeffizientenmatrizen sind

für $\lambda_1 = 2$ $\quad\quad$ für $\lambda_2 = -2$ $\quad\quad$ für $\lambda_3 = 8$

$$\begin{array}{ccc} x_1 & x_2 & x_3 \\ \hline \end{array}
\begin{pmatrix} 2 & 3 & 1 \\ -2 & -1 & 9 \\ 2 & 3 & 1 \end{pmatrix} , \quad
\begin{array}{ccc} x_1 & x_2 & x_3 \\ \hline \end{array}
\begin{pmatrix} 6 & 3 & 1 \\ -2 & 3 & 9 \\ 2 & 3 & 5 \end{pmatrix} , \quad
\begin{array}{ccc} x_1 & x_2 & x_3 \\ \hline \end{array}
\begin{pmatrix} -4 & 3 & 1 \\ -2 & -7 & 9 \\ 2 & 3 & -5 \end{pmatrix} .$$

Nachdem es sich um nur dreireihige Matrizen handelt, kommt man aber schneller zum Ziel, wenn man überprüft, ob sich aus der 2. und 3. Zeile einer jeder dieser Matrizen jeweils mindestens eine von 0 verschiedene zweireihige Determinante herausgreifen läßt, der Rang dieser Matrizen demnach 2 ist. Da dies zutrifft, besteht das Fundamentalsystem jedes der drei Gleichungssysteme aus nur einem beliebigen nichttrivialen Lösungsvektor; alle anderen Lösungsvektoren hängen von diesem Lösungsvektor linear ab. Als Komponenten eines derartigen Vektors können aber nach dem Adjunktensatz der Determinantenlehre die Adjunkten der ersten Zeilen der Determinanten dieser Matrizen verwendet werden. Daher ergeben sich die folgenden Lösungsmengen:

Für $\lambda_1 = 2$ $\quad \mathbb{L}_{\lambda_1} = \left\{ \begin{pmatrix} x_1 \\ x_2 \\ x_3 \end{pmatrix} \middle| \begin{pmatrix} x_1 \\ x_2 \\ x_3 \end{pmatrix} = \begin{pmatrix} -28 \\ 20 \\ -4 \end{pmatrix} \cdot k_1 \wedge k_1 \in \mathbb{R} \right\}$,

für $\lambda_2 = -2$ $\quad \mathbb{L}_{\lambda_2} = \left\{ \begin{pmatrix} x_1 \\ x_2 \\ x_3 \end{pmatrix} \middle| \begin{pmatrix} x_1 \\ x_2 \\ x_3 \end{pmatrix} = \begin{pmatrix} -12 \\ 28 \\ -12 \end{pmatrix} \cdot k_2 \wedge k_2 \in \mathbb{R} \right\}$ und

für $\lambda_3 = 8$ $\quad \mathbb{L}_{\lambda_3} = \left\{ \begin{pmatrix} x_1 \\ x_2 \\ x_3 \end{pmatrix} \middle| \begin{pmatrix} x_1 \\ x_2 \\ x_3 \end{pmatrix} = \begin{pmatrix} 8 \\ 8 \\ 8 \end{pmatrix} \cdot k_3 \wedge k_3 \in \mathbb{R} \right\}$.

---

59. Welche Länge x muß ein Kupferstab mit kreisförmigem Querschnitt vom Durchmesser 2a besitzen, damit aus ihm eine Niete gemäß der Zeichnung mit den angegebenen Abmessungen geformt werden kann?

$H = 15$ mm, $\quad h = 10$ mm,
$R = 10$ mm, $\quad 2a = 5$ mm.

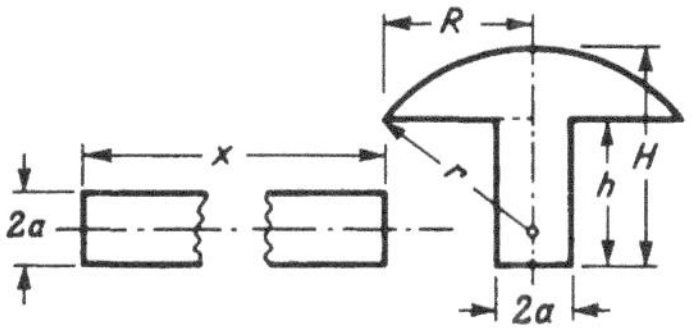

Wegen der Volumengleichheit der beiden Körper kann die gesuchte Länge x durch die Gleichung $a^2 \pi x = a^2 \pi h + \frac{\pi}{3}(H - h)^2 (3r - H + h)$

erfaßt werden. Unter Verwendung der weiteren Beziehung

$r^2 = R^2 + (r - H + h)^2$ oder

$$r = \frac{R^2 + H^2 + h^2 - 2Hh}{2(H - h)}$$ für den Kugelradius

findet man $x = h + \frac{H - h}{6a^2} (3R^2 + H^2 + h^2 - 2Hh)$.

Für die angegebenen Zahlenwerte wird $x = \frac{160}{3}$ mm $\approx 53{,}3$ mm.

---

60. Eine Legierung besteht aus 2 festen, wasserunlöslichen Stoffen A und B mit den Dichten ρ_A und ρ_B. Die skalaren Werte der Gewichtskräfte des Körpers betragen in Luft G' und in Wasser G''. Wieviel von jedem Stoff ist in der Legierung enthalten?

Unter Vernachlässigung des Auftriebs in Luft folgt für die Gewichtskräfte

$$G_A + G_B = G'$$

und für die Volumina

$$\frac{G_A}{\rho_A \cdot g} + \frac{G_B}{\rho_B \cdot g} = \frac{G' - G''}{\rho \cdot g} .$$

Hierbei bedeuten G_A und G_B die skalaren Werte der Gewichtskräfte der Stoffe A und B, ρ die Dichte des Wassers und g den skalaren Wert der Erdbeschleunigung.

Die Elimination von $G_B = G' - G_A$ führt über

$$\frac{G_A}{\rho_A} + \frac{G' - G_A}{\rho_B} = \frac{G' - G''}{\rho}$$

auf

$$G_A = \frac{\rho_A}{\rho \cdot (\rho_B - \rho_A)} [(G' - G'') \cdot \rho_B - G' \rho].$$

Damit wird

$$G_B = \frac{\rho_B}{\rho \cdot (\rho_B - \rho_A)} [(G'' - G') \cdot \rho_A + G'].$$

---

61. Ein Flußdampfer benötigt bei konstanter Geschwindigkeit zwischen zwei Anlegestellen in der Entfernung s für die Bergfahrt die Zeit t_1 und für die Talfahrt die Zeit t_2. Wie groß sind die skalaren Werte v_1 und v_2 der relativen Geschwindigkeit $\vec{v}_1$ des Dampfers gegenüber der Strömung und der Strömungsgeschwindigkeit $\vec{v}_2$?

Es gilt für die Bergfahrt $(v_1 - v_2)t_1 = s \quad \ldots\ 1)$

und für die Talfahrt $(v_1 + v_2)t_2 = s \quad \ldots\ 2)$.

$1)\cdot t_2 + 2)\cdot t_1 \qquad 2v_1t_1t_2 = s(t_1 + t_2)$

$$v_1 = \frac{s(t_1 + t_2)}{2t_1t_2} ,$$

$2)\cdot t_1 - 1)\cdot t_2 \qquad 2v_2t_1t_2 = s(t_1 - t_2)$

$$v_2 = \frac{s(t_1 - t_2)}{2t_1t_2} .$$

---

62. Man berechne die Einzelströme $I_1 \ldots I_5$ in der WHEATSTONEschen Brückenschaltung gemäß der Abbildung.

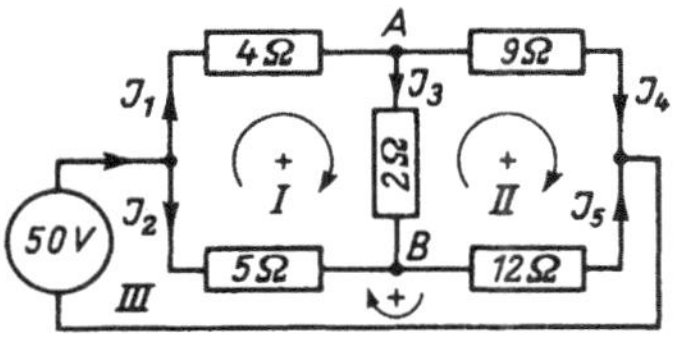

Knotenbedingungen:

$A \mid I_1 = I_3 + I_4$

$B \mid I_2 + I_3 = I_5$

Maschenbedingungen:

$I \mid 4\,\Omega \cdot I_1 + 2\,\Omega \cdot I_3 - 5\,\Omega \cdot I_2 = 0$

$II \mid 9\,\Omega \cdot I_4 - 12\,\Omega \cdot I_5 - 2\,\Omega \cdot I_3 = 0$

$III \mid 5\,\Omega \cdot I_2 + 12\,\Omega \cdot I_5 = 50\text{ V}$

Diese Ansätze ergeben für die Berechnung der Einzelströme nachfolgendes inhomogenes Gleichungssystem von 5 linearen Gleichungen für 5 Unbekannte:

$$\begin{array}{rrrrrl}
I_1 & & - I_3 & - I_4 & & = 0 \\
 & I_2 & + I_3 & & - I_5 & = 0 \\
4I_1 & - 5I_2 & + 2I_3 & & & = 0 \\
 & & - 2I_3 & + 9I_4 & - 12I_5 & = 0 \\
 & 5I_2 & & & + 12I_5 & = 50\text{ A}
\end{array}$$

Bei Verwendung des Gaußschen Algorithmus ergibt sich aus

$$\begin{pmatrix} 1 & 0 & -1 & -1 & 0 & 0 \\ 0 & 1 & 1 & 0 & -1 & 0 \\ 4 & -5 & 2 & 0 & 0 & 0 \\ 0 & 0 & -2 & 9 & -12 & 0 \\ 0 & 5 & 0 & 0 & 12 & 50\,A \end{pmatrix} \qquad 3.\,Z + 1.\,Z \cdot (-4)$$

$$\begin{pmatrix} 1 & 0 & -1 & -1 & 0 & 0 \\ 0 & 1 & 1 & 0 & -1 & 0 \\ 0 & -5 & 6 & 4 & 0 & 0 \\ 0 & 0 & -2 & 9 & -12 & 0 \\ 0 & 5 & 0 & 0 & 12 & 50\,A \end{pmatrix} \qquad \begin{matrix} 3.\,Z + 2.\,Z \cdot 5 \\ 5.\,Z + 2.\,Z \cdot (-5) \end{matrix}$$

$$\begin{pmatrix} 1 & 0 & -1 & -1 & 0 & 0 \\ 0 & 1 & 1 & 0 & -1 & 0 \\ 0 & 0 & 11 & 4 & -5 & 0 \\ 0 & 0 & -2 & 9 & -12 & 0 \\ 0 & 0 & -5 & 0 & 17 & 50\,A \end{pmatrix} \qquad \begin{matrix} 4.\,Z + 3.\,Z \cdot \frac{2}{11} \\ 5.\,Z + 3.\,Z \cdot \frac{5}{11} \end{matrix}$$

$$\begin{pmatrix} 1 & 0 & -1 & -1 & 0 & 0 \\ 0 & 1 & 1 & 0 & -1 & 0 \\ 0 & 0 & 11 & 4 & -5 & 0 \\ 0 & 0 & 0 & \frac{107}{11} & -\frac{142}{11} & 0 \\ 0 & 0 & 0 & \frac{20}{11} & \frac{162}{11} & 50\,A \end{pmatrix} \qquad 5.\,Z + 4.\,Z \cdot \left(-\frac{20}{107}\right)$$

$$\begin{pmatrix} 1 & 0 & -1 & -1 & 0 & 0 \\ 0 & 1 & 1 & 0 & -1 & 0 \\ 0 & 0 & 11 & 4 & -5 & 0 \\ 0 & 0 & 0 & \frac{107}{11} & -\frac{142}{11} & 0 \\ 0 & 0 & 0 & 0 & \frac{1834}{107} & 50\,A \end{pmatrix}$$

Somit ist $I_5 = \frac{50 \cdot 107}{1834}\,A \approx 2{,}917\,A$,

womit der Reihe nach

$I_4 = \frac{50 \cdot 142}{1834}\,A \approx 3{,}871\,A$, $\quad I_2 = \frac{50 \cdot 110}{1834}\,A \approx 2{,}999\,A$,

$I_3 = -\frac{50 \cdot 3}{1834}\,A \approx -0{,}082\,A$, $\quad I_1 = \frac{50 \cdot 139}{1834}\,A \approx 3{,}790\,A$ folgen.

63. Eine Messung der Stromstärke I in Abhängigkeit von der Zeit t ergab folgende Tabelle:

$\frac{t}{s}$	0	1	2	3	4	5
$\frac{I}{mA}$	0	6	4	3	4	10

Welche Werte müssen die Koeffizienten der ganzrationalen Funktion 5. Grades

$$\frac{I}{mA} = a_5\left(\frac{t}{s}\right)^5 + a_4\left(\frac{t}{s}\right)^4 + a_3\left(\frac{t}{s}\right)^3 + a_2\left(\frac{t}{s}\right)^2 + a_1\frac{t}{s} + a_0$$

annehmen, damit deren Graph in einem rechtwinkligen t-I-Koordinatensystem durch die der Wertetabelle zugeordneten Punkte P_0 bis P_5 verläuft?

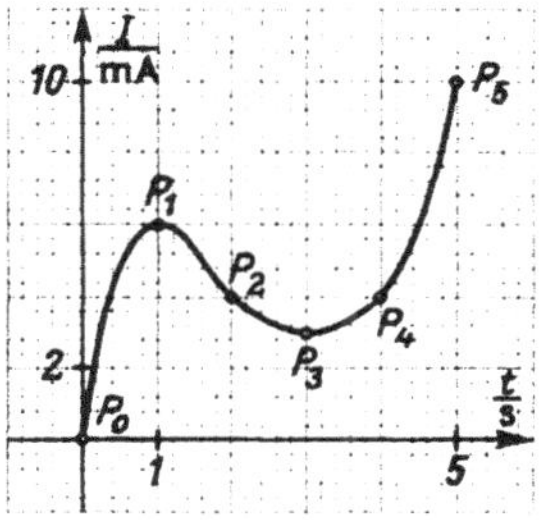

Die Koordinaten der 6 Punkte müssen die vorgelegte Funktion erfüllen, was für die 6 Koeffizienten a_5 bis a_0 die 6 Bedingungsgleichungen liefert:

$P_0(0;0)$ $\quad 0 = a_0$

$P_1(1;6)$ $\quad 6 = a_5 + a_4 + a_3 + a_2 + a_1$

$P_2(2;4)$ $\quad 4 = 32a_5 + 16a_4 + 8a_3 + 4a_2 + 2a_1 \quad | :2$

$P_3(3;3)$ $\quad 3 = 3^5a_5 + 3^4a_4 + 3^3a_3 + 3^2a_2 + 3a_1 \quad | :3$

$P_4(4;4)$ $\quad 4 = 4^5a_5 + 4^4a_4 + 4^3a_3 + 4^2a_2 + 4a_1 \quad | :4$

$P_5(5;10)$ $\quad 10 = 5^5a_5 + 5^4a_4 + 5^3a_3 + 5^2a_2 + 5a_1 \quad | :5$

Hieraus folgt

$$a_5 + a_4 + a_3 + a_2 + a_1 = 6 \quad \ldots 1)$$

$$16a_5 + 8a_4 + 4a_3 + 2a_2 + a_1 = 2 \quad \ldots 2)$$

$$81a_5 + 27a_4 + 9a_3 + 3a_2 + a_1 = 1 \quad \ldots 3)$$

$$256a_5 + 64a_4 + 16a_3 + 4a_2 + a_1 = 1 \quad \ldots 4)$$

$$625a_5 + 125a_4 + 25a_3 + 5a_2 + a_1 = 2 \quad \ldots 5)$$

$$\begin{array}{lrcl}
2) - 1) & 15a_5 + 7a_4 + 3a_3 + a_2 & = & -4 \\
3) - 1) & 80a_5 + 26a_4 + 8a_3 + 2a_2 & = & -5 \\
4) - 1) & 255a_5 + 63a_4 + 15a_3 + 3a_2 & = & -5 \\
5) - 1) & 624a_5 + 124a_4 + 24a_3 + 4a_2 & = & -4 \quad |:4
\end{array}$$

$$\begin{array}{rcll}
15a_5 + 7a_4 + 3a_3 + a_2 & = & -4 & \ldots 6) \\
80a_5 + 26a_4 + 8a_3 + 2a_2 & = & -5 & \ldots 7) \\
255a_5 + 63a_4 + 15a_3 + 3a_2 & = & -5 & \ldots 8) \\
156a_5 + 31a_4 + 6a_3 + a_2 & = & -1 & \ldots 9)
\end{array}$$

$$\begin{array}{lrcl}
7) - 6)\cdot 2 & 50a_5 + 12a_4 + 2a_3 & = & 3 \\
8) - 6)\cdot 3 & 210a_5 + 42a_4 + 6a_3 & = & 7 \\
9) - 6) & 141a_5 + 24a_4 + 3a_3 & = & 3 \quad |:3
\end{array}$$

$$\begin{array}{rcll}
50a_5 + 12a_4 + 2a_3 & = & 3 & \ldots 10) \\
210a_5 + 42a_4 + 6a_3 & = & 7 & \ldots 11) \\
47a_5 + 8a_4 + a_3 & = & 1 & \ldots 12)
\end{array}$$

$$\begin{array}{lrcll}
10) - 12)\cdot 2 & -44a_5 - 4a_4 & = & 1 & \ldots 13) \\
11) - 12)\cdot 6 & -72a_5 - 6a_4 & = & 1 & \ldots 14)
\end{array}$$

13)$\cdot$ 3 - 14) $\cdot$ 2 $\quad 12a_5 = 1, \quad a_5 = \frac{1}{12}$;

aus 14) $\quad a_4 = -\frac{7}{6}$; $\quad$ aus 12) $\quad a_3 = \frac{77}{12}$; $\quad$ aus 9) $\quad a_2 = -\frac{49}{3}$;

aus 1) $\quad a_1 = 17.$

Vgl. auch die Beispiele Nr. 77 und Nr. 78 zu den Interpolationsformeln von LAGRANGE und NEWTON.

---

64. In $n = 5$ Versuchen wurden jeweils 2 Größen x_i; y_i $(i = 1, 2, \ldots, n)$ gemessen, die sich als kartesische Koordinaten von Punkten $P_i(x_i; y_i)$ deuten lassen. Gesucht ist die Regressionsgleichung $y = a\,x + b$ jener Gerade g, die nach der GAUSSschen Methode der kleinsten Quadrate so gelegt werden soll, daß

$U = \sum_{i=1}^{n} d_i^2$ mit $d_i = y_i - (a \cdot x_i + b)$ den kleinstmöglichen Wert annimmt.

Nach den Regeln der Differentialrechnung führt diese Forderung auf die Lösung des Gleichungssystems $\frac{\partial U}{\partial a} = 0$, $\frac{\partial U}{\partial b} = 0$ der N o r m a l g l e i - c h u n g e n

$$a \cdot \sum_{i=1}^{n} x_i^2 + b \cdot \sum_{i=1}^{n} x_i - \sum_{i=1}^{n} x_i \cdot y_i = 0$$

$$a \cdot \sum_{i=1}^{n} x_i + b \cdot n - \sum_{i=1}^{n} y_i = 0$$

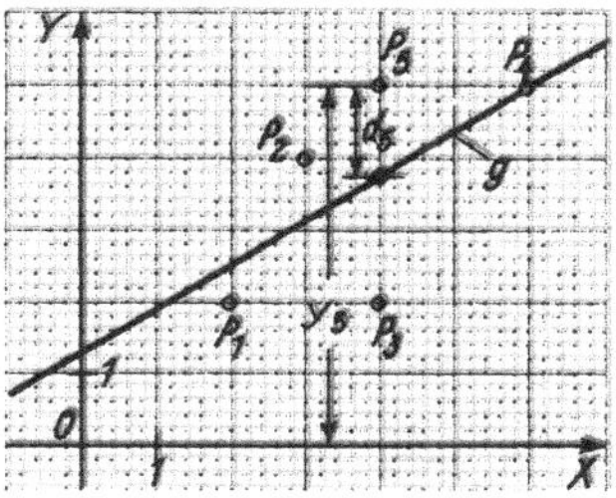

für die Unbekannten a und b.

Für die in der Tabelle

i	1	2	3	4	5
x_i	2	3	4	6	4
y_i	2	4	2	5	5

zusammengestellten Werte errechnen sich

$$\sum_{i=1}^{n} x_i = 19, \quad \sum_{i=1}^{n} y_i = 18, \quad \sum_{i=1}^{n} x_i^2 = 81 \text{ und } \sum_{i=1}^{n} x_i \cdot y_i = 74.$$

Die Normalgleichungen werden damit

$$81\,a + 19\,b - 74 = 0$$
$$19\,a + 5\,b - 18 = 0.$$

Ihre Lösungen

$$a = \frac{\begin{vmatrix} 74 & 19 \\ 18 & 5 \end{vmatrix}}{\begin{vmatrix} 81 & 19 \\ 19 & 5 \end{vmatrix}} = \frac{7}{11} \approx 0{,}636 \quad \text{und} \quad b = \frac{\begin{vmatrix} 81 & 74 \\ 19 & 18 \end{vmatrix}}{\begin{vmatrix} 81 & 19 \\ 19 & 5 \end{vmatrix}} = \frac{13}{11} \approx 1{,}182$$

ergeben die Regressionsgleichung $y \approx 0{,}636\,x + 1{,}182$.

---

65. Die n-malige Messung von je drei Größen ergab die Werte x_i; y_i; z_i mit $i = 1, 2, \ldots, n$. Gesucht ist die R e g r e s s i o n s g l e i c h u n g $z = a \cdot x + b \cdot y + c$ jener Ebene E bezüglich der Punkte $P_i(x_i; y_i; z_i)$ eines kartesischen Koordinatensystems, für die nach der G A U S S s c h e n M e t h o d e d e r k l e i n s t e n Q u a d r a t e der Ausdruck

$U = \sum_{i=1}^{n} d_i^2$ mit $d_i = z_i - (a \cdot x_i + b \cdot y_i + c)$ den kleinstmöglichen Wert annimmt.

Hierzu ist erforderlich, daß die Unbekannten a, b, c dem linearen Gleichungssystem $\frac{\partial U}{\partial a} = 0$, $\frac{\partial U}{\partial b} = 0$, $\frac{\partial U}{\partial c} = 0$ genügen, was sich in der Form

$$a \cdot \sum_{i=1}^{n} x_i^2 + b \cdot \sum_{i=1}^{n} x_i \cdot y_i + c \cdot \sum_{i=1}^{n} x_i = \sum_{i=1}^{n} x_i \cdot z_i$$

$$a \cdot \sum_{i=1}^{n} x_i \cdot y_i + b \cdot \sum_{i=1}^{n} y_i^2 + c \cdot \sum_{i=1}^{n} y_i = \sum_{i=1}^{n} y_i \cdot z_i$$

$$a \cdot \sum_{i=1}^{n} x_i + b \cdot \sum_{i=1}^{n} y_i + c \cdot n = \sum_{i=1}^{n} z_i$$

schreiben läßt.

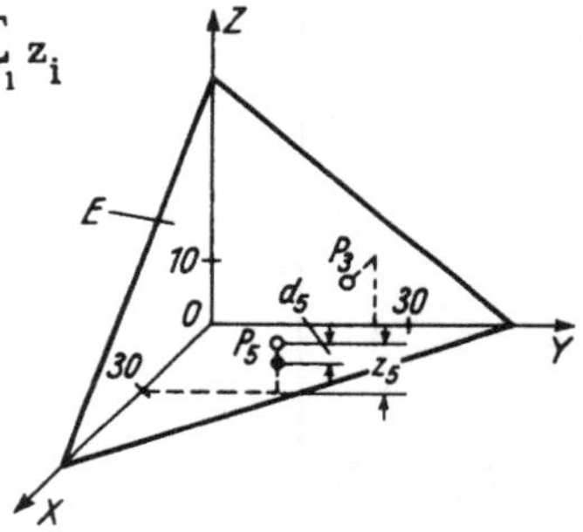

Für die in der Tabelle

i	1	2	3	4	5	6	7	8
x_i	11	25	12	5	30	35	20	30
y_i	13	15	25	15	20	20	10	10
z_i	23	10	11	23	8	0	18,5	14,5

aufgeführten speziellen Werte errechnet sich zunächst

$\sum_{i=1}^{n} x_i = 168$, $\sum_{i=1}^{n} y_i = 128$, $\sum_{i=1}^{n} z_i = 108$. Die Ermittlung der Produktsummen kann wie folgt geschehen:

i	1	2	3	4	5	6	7	8
x_i^2	121	625	144	25	900	1225	400	900
y_i^2	169	225	625	225	400	400	100	100
$x_i \cdot y_i$	143	375	300	75	600	700	200	300
$x_i \cdot z_i$	253	250	132	115	240	0	370	435
$y_i \cdot z_i$	299	150	275	345	160	0	185	145

Hieraus erhält man

$$\sum_{i=1}^{n} x_i^2 = 4340, \quad \sum_{i=1}^{n} y_i^2 = 2444, \quad \sum_{i=1}^{n} x_i y_i = 2693, \quad \sum_{i=1}^{n} x_i z_i = 1795,$$

$\sum_{i=1}^{n} y_i z_i = 1559$ und damit das Gleichungssystem

$$\begin{array}{rcrcrcr|l}
4340\,a &+& 2693\,b &+& 168\,c &=& 1795 & \\
2693\,a &+& 2244\,b &+& 128\,c &=& 1559 & 2.\,Z + 1.\,Z \cdot \left(-\dfrac{2693}{4340}\right) \\
168\,a &+& 128\,b &+& 8\,c &=& 108 & 3.\,Z + 1.\,Z \cdot \left(-\dfrac{168}{4340}\right)
\end{array}$$

Mit Hilfe des GAUSSschen Algorithmus errechnet sich hieraus der Reihe nach

$$\begin{array}{rcrcrcr|l}
4340\,a &+& 2693\,b &+& 168\,c &=& 1795 & \\
 & & 572{,}975\,b &+& 23{,}755\,c &\approx& 445{,}190 & \\
 & & 23{,}755\,b &+& 1{,}497\,c &\approx& 38{,}516 & 3.\,Z + 2.\,Z \cdot \left(-\dfrac{23{,}755}{572{,}975}\right)
\end{array}$$

$$\begin{array}{rcrcrcr}
4340\,a &+& 2693\,b &+& 168\,c &=& 1795 \\
 & & 572{,}975\,b &+& 23{,}755\,c &\approx& 445{,}190 \\
 & & & & 0{,}512\,c &\approx& 20{,}059
\end{array}$$

Damit wird $c \approx 39{,}178$, $b \approx -0{,}847$, $a \approx -0{,}577$. Die Regressionsgleichung lautet demnach $z \approx -0{,}577\,x - 0{,}847\,y + 39{,}178$.

Bei größeren Meßreihen läßt sich das Rechenverfahren durch Verwendung der Mittelwerte der x_i, y_i, z_i numerisch vorteilhafter gestalten.

2. NICHTLINEARE ALGEBRA

2.1 Polynome

66. Die Koeffizienten $a_\nu \in \mathbb{R}$ für $\nu = 0, 1, 2$ des in der Normalform $P_3(x) = x^3 + a_2x^2 + a_1x + a_0$ gegebenen Polynoms dritten Grades sind in Abhängigkeit von den Nullstellen x_1, x_2 und x_3 dieses Polynoms anzugeben.

Nach dem Fundamentalsatz der Algebra läßt sich $P_3(x)$ in der Form $(x - x_1)\cdot(x - x_2)\cdot(x - x_3) = 0$ darstellen, wobei x_1, x_2, x_3 die nicht notwendig voneinander verschiedenen reellen oder komplexen Nullstellen des gegebenen Polynoms sind.

Die Ausrechnung ergibt

$$P_3(x) = x^3 - (x_1 + x_2 + x_3)\cdot x^2 + (x_1\cdot x_2 + x_1\cdot x_3 + x_2\cdot x_3)\cdot x - x_1\cdot x_2\cdot x_3,$$

woraus durch Vergleich der Koeffizienten gleichhoher Potenzen von x in $P_3(x) = x^3 + a_2x^2 + a_1x + a_0$

$$a_2 = -(x_1 + x_2 + x_3)$$

$$a_1 = x_1\cdot x_2 + x_1\cdot x_3 + x_2\cdot x_3$$

$$a_0 = -x_1\cdot x_2\cdot x_3$$

folgt.

---

67. Es ist dasjenige Polynom kleinsten Grades $P_n(x) = x^n + a_{n-1}x^{n-1} + \dots + a_1x + a_0$ mit $a_\nu \in \mathbb{R}$ für $\nu = 0, 1, 2, \dots, n-1$ zu bestimmen, das die Nullstellen $x_1 = -4$, $x_2 = 1$ und $x_3 = 5$ besitzt.

Da sämtliche gegebenen 3 Nullstellen reell sind, hat das gesuchte Polynom den Grad 3. Es ist das Produkt der Linearfaktoren $(x - x_1)\cdot(x - x_2)\cdot(x - x_3)$.

Für die speziellen gegebenen Nullstellen findet man

$$P_3(x) = (x + 4)\cdot(x - 1)\cdot(x - 5) = x^3 - 2x^2 - 19x + 20.$$

68. Man ermittle das Polynom kleinsten Grades $P_n(x) = x^n + a_{n-1}x^{n-1} + \ldots + a_1x + a_0$ mit $a_\nu \in \mathbb{R}$ für $\nu = 0, 1, 2, \ldots, n-1$, dessen Nullstellen $x_1 = -3 + 2i$, $x_2 = -i$, $x_3 = 2$ sind.

Wegen der Voraussetzung $a_\nu \in \mathbb{R}$ müssen zu den gegebenen komplexen Nullstellen x_1 und x_2 auch die dazu konjugiert komplexen Nullstellen $\bar{x}_1 = -3 - 2i$ und $\bar{x}_2 = i$ vorhanden sein.

Das gesuchte Polynom ist daher vom Grad 5 und kann in der Form $(x + 3 - 2i)\cdot(x + 3 + 2i)\cdot(x + i)\cdot(x - i)\cdot(x - 2)$ dargestellt werden. Die Ausrechnung führt über

$(x^2 + 6x + 9 + 4)\cdot(x^2 + 1)\cdot(x - 2)$

auf $P_5(x) = x^5 + 4x^4 + 2x^3 - 22x^2 + x - 26.$

---

69. Das Polynom $P_4(x) = 144x^4 - 17x^2 - 36$ ist im Körper der komplexen Zahlen vollständig in Linearfaktoren zu zerlegen.

Die Gleichung $144x^4 - 17x^2 - 36 = 0$ geht durch die Substitution $x^2 = z$ über in die quadratische Gleichung $144z^2 - 17z - 36 = 0$ mit den Lösungen $z_{1;2} = \dfrac{17 \pm \sqrt{289 + 20736}}{288} = \dfrac{17 \pm \sqrt{21025}}{288} = \dfrac{17 \pm 145}{288}$, also

$z_1 = \dfrac{162}{288} = \dfrac{9}{16}$ und $z_2 = -\dfrac{4}{9}$. Aus diesen folgt $x_{1;2} = \pm\dfrac{3}{4}$ und $x_{3;4} = \pm\dfrac{2}{3}i$. Demnach ist $P_4(x) = 144\left(x - \dfrac{3}{4}\right)\left(x + \dfrac{3}{4}\right)\left(x - \dfrac{2}{3}i\right)\left(x + \dfrac{2}{3}i\right)$ oder $P_4(x) = (4x - 3)(4x + 3)(3x - 2i)(3x + 2i)$.

---

70. Im Polynom $P_3(x) = 3x^3 + cx^2 - 7x + 2$ soll $c \in \mathbb{R}$ so bestimmt werden, daß $P_3(x)$ den Linearfaktor $x + 2$ enthält. Anschließend soll $P_3(x)$ vollständig in Linearfaktoren zerlegt werden.

Die Gleichung $P_3(-2) = 0$, also $3\cdot(-2)^3 + c\cdot(-2)^2 - 7\cdot(-2) + 2 = 0$ liefert $c = 2$. Das HORNERsche Schema

	3	2	-7	2
-2		-6	8	-2
	3	-4	1	—

bringt zunächst die Zerlegung $P_3(x) = (x + 2)(3x^2 - 4x + 1)$. Nun hat die Gleichung $3x^2 - 4x + 1 = 0$ die Lösungen 1 und $\frac{1}{3}$. Demnach ist

$3x^2 - 4x + 1 = 3(x - 1)\left(x - \frac{1}{3}\right)$, was schließlich auf

$P_3(x) = (x + 2)(x - 1)(3x - 1)$ führt.

---

71. Die Gleichung der Koppelkurve für die Punkte P bzw. P' des Parallel- bzw. Antiparallelkurbelgetriebes gemäß der Abbildung lautet: $U^2 + V^2 - W^2 = 0$.

Hierbei bedeuten

$$U = -\frac{k}{2}\left\{(x - k)\left(x^2 + y^2 + \frac{k^2}{4} - r^2\right) + x\left[(x - k)^2 + y^2 + \frac{k^2}{4} - r^2\right]\right\};$$

$$V = \frac{k}{2}y\left\{x^2 + y^2 + \frac{k^2}{4} - r^2 + (x - k)^2 + y^2 + \frac{k^2}{4} - r^2\right\};$$

$$W = \frac{k^3}{2}y.$$

Zur Untersuchung des Kurvenverlaufs *) muß die linke Seite der Gleichung in zwei Faktoren zerlegt werden.

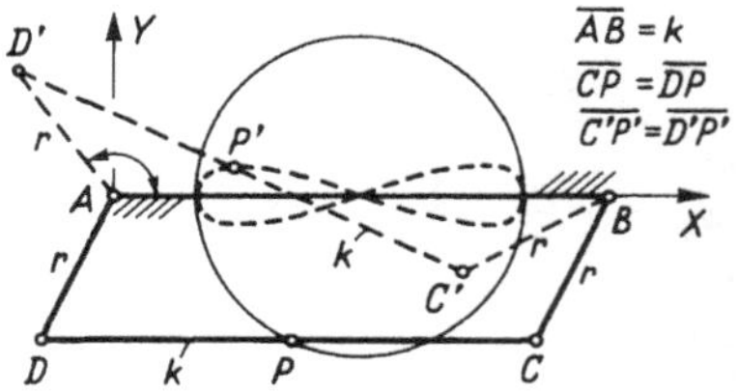

Dies kann folgendermaßen geschehen:

$$\frac{4}{k^2}(U^2 + V^2 - W^2) = \left\{x\left[x^2 + y^2 + \frac{k^2}{4} - r^2 + x^2 - 2kx + k^2 + y^2 + \frac{k^2}{4} - r^2\right] - k\left(x^2 + y^2 + \frac{k^2}{4} - r^2\right)\right\}^2 + y^2\left\{x^2 + y^2 + \frac{k^2}{4} - r^2 + x^2 - 2kx + k^2 + y^2 + \frac{k^2}{4} - r^2\right\}^2 - k^4y^2 = \left\{2x\left[x^2 - kx + \frac{k^2}{4} + y^2 - r^2\right] - k\left(-kx + x^2 + y^2 + \frac{k^2}{4} - r^2\right)\right\}^2 + 4y^2\left\{x^2 - kx + \frac{k^2}{4} + y^2 - r^2 + \frac{k^2}{2}\right\}^2 - k^4y^2 = (2x - k)^2\left(x^2 - kx + \frac{k^2}{4} + y^2 - r^2\right)^2 + 4y^2(x^2 - kx +$$

*) Siehe Band II, Nr. 261

$$+\frac{k^2}{4} + y^2 - r^2\Big)^2 + 4k^2y^2\left(x^2 - kx + \frac{k^2}{4} + y^2 - r^2\right) =$$

$$= \left\{x^2 - kx + \frac{k^2}{4} + y^2 - r^2\right\} \cdot \left\{(2x - k)^2\left(x^2 - kx + \frac{k^2}{4} + y^2 - r^2\right) +\right.$$

$$\left. + 4y^2\left(x^2 - kx + \frac{k^2}{4} + y^2 - r^2\right) + 4k^2y^2\right\} =$$

$$= \left\{x^2 - kx + \frac{k^2}{4} + y^2 - r^2\right\} \cdot \left\{4\left(x^2 - kx + \frac{k^2}{4} + y^2\right)^2 - 4r^2(y^2 +\right.$$

$$\left. + x^2 - kx + \frac{k^2}{4}\Big) + 4k^2y^2\right\} =$$

$$= \left\{x^2 - kx + \frac{k^2}{4} + y^2 - r^2\right\} \cdot 4 \cdot \left\{\left(x^2 - kx + \frac{k^2}{4} + y^2\right)^2 - r^2(x^2 - kx +\right.$$

$$\left. + \frac{k^2}{4} + y^2\Big) + \frac{r^4}{4} - \frac{r^4}{4} + k^2y^2\right\} =$$

$$= 4\left\{x^2 - kx + \frac{k^2}{4} + y^2 - r^2\right\} \cdot \left\{\left[x^2 - kx + \frac{k^2}{4} + y^2 - \frac{r^2}{2}\right]^2 + k^2y^2 -\right.$$

$$\left. - \frac{r^4}{4}\right\} = 4\left\{\left(x - \frac{k}{2}\right)^2 + y^2 - r^2\right\} \cdot \left\{\left[\left(x - \frac{k}{2}\right)^2 + y^2 - \frac{r^2}{2}\right]^2 +\right.$$

$$\left. + k^2y^2 - \frac{r^4}{4}\right\}.$$

---

72. Man weise nach, daß das Polynom

$$P_3(x) = x^3 - 3tx^2 + 3t^2x - 1 - t^3$$

mit $x \in \mathbb{C}$ und dem Parameter $t \in \mathbb{R}$ die Nullstelle $1 + t$ besitzt und ermittle hierauf sämtliche Nullstellen. Für welche Werte von t liegt ein HURWITZ-Polynom vor, d.h. sind alle Nullstellen entweder negativ oder im Besitz negativer Realteile?

Das HORNERsche Schema

	1	$-3t$	$3t^2$	$-1 - t^3$
$1 + t$		$1 + t$	$1 - t - 2t^2$	$1 + t^3$
	1	$1 - 2t$	$1 - t + t^2$	—

läßt $x_1 = 1 + t$ als Nullstelle erkennen und liefert zugleich die Produktdarstellung

$P_3(x) = [x - (1 + t)] \cdot [x^2 + (1 - 2t)x + 1 - t + t^2]$.

Die übrigen Nullstellen erhält man daher als Lösungen der quadratischen Gleichung $x^2 + (1 - 2t)x + 1 - t + t^2 = 0$ über

$$x_{2;3} = \frac{-1 + 2t \pm \sqrt{(1 - 2t)^2 - 4(1 - t + t^2)}}{2}$$

zu $x_{2;3} = \dfrac{2t - 1 \pm i\sqrt{3}}{2}$.

Soll $P_3(x)$ ein HURWITZ-Polynom sein, so erfordert dies $1 + t < 0 \wedge \dfrac{2t - 1}{2} < 0$, was schließlich auf $t < -1$ führt.

---

73. Gegeben ist das Polynom 4. Grades $P_4(x) = 2x^4 - 3x^3 + 5x^2 - 16x + 9$. Es soll $P_4(2 - 3i)$ berechnet werden.

Die etwas mühsame direkte Berechnung mit Hilfe des HORNERschen Schemas kann vereinfacht werden, indem man mit $z = 2 - 3i$ und der zugeordneten konjugiert-komplexen Zahl $\bar{z} = 2 + 3i$ zunächst $h(x) = (x - z)(x - \bar{z}) = x^2 - (z + \bar{z})x + z\bar{z} = x^2 - 4x + 13$ bildet. Die Division $P_4(x) : h(x)$, also

$$(2x^4 - 3x^3 + 5x^2 - 16x + 9) : (x^2 - 4x + 13) = 2x^2 + 5x - 1$$

$$\begin{array}{l}
\overset{-}{}2x^4 \overset{+}{(-)} 8x^3 \overset{-}{(+)} 26x^2 \\
\hline
\text{——} \quad 5x^3 - 21x^2 - 16x \\
\qquad \overset{-}{}5x^3 \overset{+}{(-)} 20x^2 \overset{-}{(+)} 65x \\
\hline
\qquad \text{——} \quad -x^2 - 81x + 9 \\
\qquad\qquad \overset{+}{(-)} x^2 \overset{-}{(+)} 4x \overset{+}{(-)} 13 \\
\hline
\qquad\qquad \text{——} \quad -85x + 22
\end{array}$$

liefert $P_4(x) = h(x) \cdot w(x) + r(x)$ mit $w(x) = 2x^2 + 5x - 1$ und $r(x) = -85x + 22$. Wegen $h(z) = 0$ ist $P_4(z) = r(z)$, also auch $P_4(2 - 3i) = r(2 - 3i) = -85(2 - 3i) + 22 = -148 + 255i$.

Die Division $P_4(x) : h(x)$ läßt sich unter Verwendung eines etwas abgewandelten HORNERschen Schemas stark verkürzen:

	2	-3	5	-16	9
-13			-26	-65	13
4		8	20	-4	
	2	5	-1	-85	22

Hierbei sind die ganz links angeordneten Zahlen -13 und 4 die mit umgekehrten Vorzeichen versehenen Koeffizienten von h(x), während die unter dem Strich ganz rechts befindlichen beiden Werte -85 und 22 die Koeffizienten von r(x) ergeben. Die übrigen Zahlenwerte unter dem Strich liefern die Koeffizienten von w(x).

---

74. Mit Hilfe des HORNERschen Schemas soll $P_4(x) = 5x^4 - 7x^3 + 8x^2 + 16x + 25$ nach Potenzen von $(x - 2)$ entwickelt werden.

Aus

	5	-7	8	16	25
2		10	6	28	88
	5	3	14	44	113
		10	26	80	
	5	13	40	124	
		10	46		
	5	23	86		
		10			
	5	33			

ergibt sich die Darstellung

$$P_4(x) = 5(x-2)^4 + 33(x-2)^3 + 86(x-2)^2 + 124(x-2) + 113.$$

---

75. Man wandle die im Dualsystem (Binärsystem) gegebene Zahl LOLOLLOLL ins Dezimalsystem um.

Die Aufgabe kann als Berechnung von $P_8(2)$ mit

$$P_8(x) = 1\cdot x^8 + 0\cdot x^7 + 1\cdot x^6 + 0\cdot x^5 + 1\cdot x^4 + 1\cdot x^3 + 0\cdot x^2 + 1\cdot x + 1$$

aufgefaßt werden. Das HORNERsche Schema liefert

	1	0	1	0	1	1	0	1	1
2		2	4	10	20	42	86	172	346
	1	2	5	10	21	43	86	173	347

Demnach ist LOLOLLOLL = 347.

76. Die Zahl 357 ist im Dualsystem darzustellen.

Man rechne der Reihe nach

357 : 2 = 178 Rest 1
178 : 2 = 89 Rest 0
89 : 2 = 44 Rest 1
44 : 2 = 22 Rest 0
22 : 2 = 11 Rest 0
11 : 2 = 5 Rest 1
5 : 2 = 2 Rest 1
2 : 2 = 1 Rest 0
1 : 2 = 0 Rest 1

Die Reste ergeben von unten nach oben gelesen die Ziffern der Dualdarstellung, also 357 = L0LL00L0L. Man kann mit den beim Dividieren erhaltenen Zahlen das HORNERsche Schema unter Weglassung der 2. Zeile von rechts unten her füllen und so das Ergebnis bestätigen.

	1	0	1	1	0	0	1	0	1
2									
	1	2	5	11	22	44	89	178	357

---

77. Man stelle die ganzrationale Funktion 3. Grades $y = f(x)$ auf, deren Graph durch die Punkte $A_1(-3; -6)$, $A_2(-1; 6)$, $A_3(0; 3)$ und $A_4(2; 39)$ eines rechtwinkligen XY-Koordinatensystems verläuft.

Die Anwendung der LAGRANGEschen Interpolationsformel

$$y = y_1 \cdot f_1(x) + y_2 \cdot f_2(x) + y_3 \cdot f_3(x) + y_4 \cdot f_4(x)$$

mit

$$f_1(x) = \frac{(x - x_2)(x - x_3)(x - x_4)}{(x_1 - x_2)(x_1 - x_3)(x_1 - x_4)},$$

$$f_2(x) = \frac{(x - x_1)(x - x_3)(x - x_4)}{(x_2 - x_1)(x_2 - x_3)(x_2 - x_4)},$$

$$f_3(x) = \frac{(x - x_1)(x - x_2)(x - x_4)}{(x_3 - x_1)(x_3 - x_2)(x_3 - x_4)},$$

$$f_4(x) = \frac{(x - x_1)(x - x_2)(x - x_3)}{(x_4 - x_1)(x_4 - x_2)(x_4 - x_3)},$$

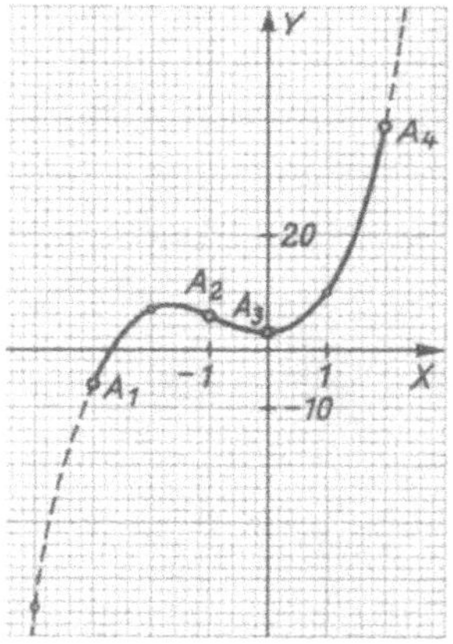

auf die Punkte $A_1(x_1;\ y_1)$ bis $A_4(x_4;\ y_4)$ liefert über

$$f_1(x) = \frac{(x+1)x(x-2)}{(-3+1)(-3)(-3-2)} = \frac{(x+1)x(x-2)}{-30},$$

$$f_2(x) = \frac{(x+3)x(x-2)}{(-1+3)(-1)(-1-2)} = \frac{(x+3)x(x-2)}{6},$$

$$f_3(x) = \frac{(x+3)(x+1)(x-2)}{3\cdot 1\cdot(-2)} = \frac{(x+3)(x+1)(x-2)}{-6},$$

$$f_4(x) = \frac{(x+3)(x+1)x}{(2+3)(2+1)2} = \frac{(x+3)(x+1)x}{30}$$

die ganze rationale Funktion 3. Grades

$$y = \frac{-6}{-30}(x+1)x(x-2) + \frac{6}{6}(x+3)x(x-2) + \frac{3}{-6}(x+3)(x+1)(x-2) + \frac{39}{30}(x+3)(x+1)x.$$

Hieraus folgt

$$y = f(x) = 2x^3 + 5x^2 + 3.$$

x	... -4	-3	-2	-1	0	1	2 ...
y	... -45	-6	7	6	3	10	39 ...

.

---

78. Gegeben sind die Punkte $A_1(0;\ 6)$, $A_2(1;\ 13)$, $A_3(2;\ 14)$ und $A_4(3;\ 15)$ eines rechtwinkligen Koordinatensystems. Wie lautet die ganzrationale Funktion 3. Grades $y = f(x)$, deren Graph durch diese Punkte verläuft?

Einsetzen der gegebenen Koordinaten der Punkte $A_1(x_1;\ y_1)$ bis $A_4(x_4;\ y_4)$ in die NEWTONsche Interpolationsformel

$$y = y_1 + k_1(x - x_1) + k_2(x - x_1)(x - x_2) + k_3(x - x_1)(x - x_2)(x - x_3)$$

mit $k_\nu \in \mathbb{R}$ und $\nu = 1,\ 2,\ 3$ liefert zunächst

$$y = 6 + k_1 x + k_2 x(x-1) + k_3 x(x-1)(x-2).$$

Die Konstanten k_1 bis k_3 ermittelt man, in dem man der Reihe nach die gegebenen Wertepaare einsetzt:

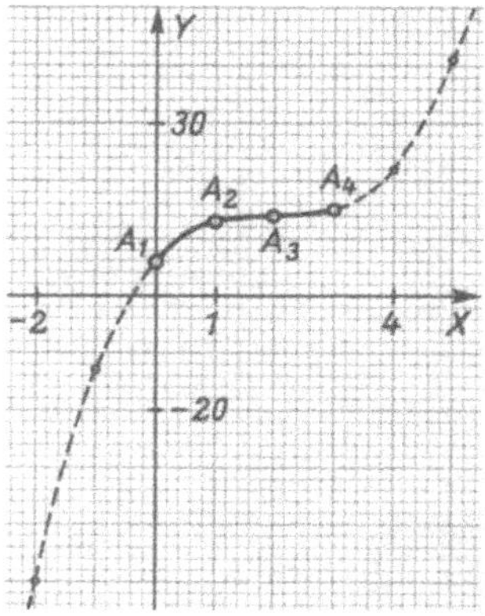

$x = x_2 = 1 \mid y_2 = 13 = 6 + k_1$

$k_1 = 7;$

$x = x_3 = 2 \mid y_3 = 14 = 6 + 7 \cdot 2 + k_2 \cdot 2 \cdot (2 - 1)$

$k_2 = -3;$

$x = x_4 = 3 \mid y_4 = 15 = 6 + 7 \cdot 3 - 3 \cdot 3(3 - 1) + k_3 \cdot 3(3 - 1)(3 - 2)$

$k_3 = 1;$

Dies ergibt

$$y = 6 + 7x - 3x(x - 1) + x(x - 1)(x - 2) = 6 + 7x - 3x^2 + 3x + x^3 - 3x^2 + 2x;$$

$$y = f(x) = x^3 - 6x^2 + 12x + 6.$$

x	... -2	-1	0	1	2	3	4	5 ...
y	... -50	-13	6	13	14	15	22	41 ...

.

79. Das Polynom $P_2(x; y) = 11x^2 + 24xy + 4y^2 + 84x + 88y + 160$ soll in seine Linearfaktoren bezüglich x zerlegt werden.

Faßt man y als Parameter auf, so kann die gesuchte Zerlegung durch $11 \cdot (x - x_1) \cdot (x - x_2)$ angegeben werden, wobei x_1 und x_2 die Lösungen der in x quadratischen Gleichung

$$11x^2 + 12(7 + 2y) \cdot x + 4(y^2 + 22y + 40) = 0 \text{ sind.}$$

Es ergibt sich über

$$x_{1;2} = \frac{2}{11}\left(-21 - 6y \pm \sqrt{9(7 + 2y)^2 - 11(y^2 + 22y + 40)}\right) = \frac{2}{11}\left(-21 - 6y \pm |5y + 1|\right)$$

$$x_1 = \frac{2}{11}(-20 - y) \quad \text{und} \quad x_2 = -4 - 2y.$$

Somit ist $P_2(x;y) = (11x + 2y + 40) \cdot (x + 2y + 4)$.

Die Zerlegung kann in gleicher Weise bei Verwendung von x als Parameter durchgeführt werden.

---

80. Welche Lösungsmenge $\mathbb{L}$ hat die Ungleichung $12x^2 + 7xy - 45y^2 > 0$ in der Grundmenge $\mathbb{R}$?

Mit y als Parameter hat die Gleichung $12x^2 + 7xy - 45y^2 = 0$ die Lösungen $x_{1;2} = \frac{-7y \pm \sqrt{49y^2 + 2160y^2}}{24} = \frac{-7y \pm 47|y|}{24}$, also $x_1 = \frac{5}{3}y$ und $x_2 = -\frac{9}{4}y$. Demnach ist

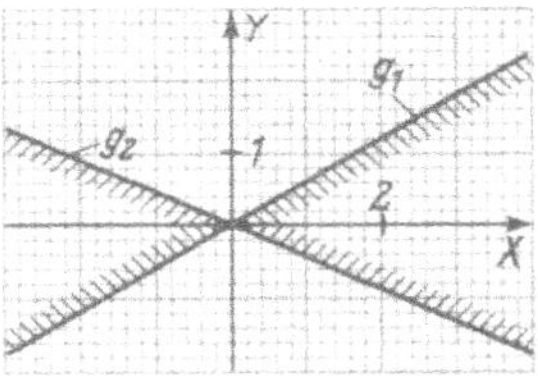

$$12x^2 + 7xy - 45y^2 =$$
$$= 12(x - x_1)(x - x_2) =$$
$$= 12\left(x - \frac{5}{3}y\right)\left(x + \frac{9}{4}y\right) =$$
$$= (3x - 5y)(4x + 9y).$$

$12x^2 + 7xy - 45y^2 > 0$ ist somit äquivalent $(3x - 5y)(4x + 9y) > 0$.

Diese Ungleichung ist offenbar nur erfüllt, wenn beide Faktoren der linken Seite zugleich kleiner oder größer 0 sind. Es ist also

$$\mathbb{L} = \{(x; y) \mid 3x - 5y > 0 \wedge 4x + 9y > 0\} \cup$$
$$\cup \{(x; y) \mid 3x - 5y < 0 \wedge 4x + 9y < 0\}.$$

In einem kartesischen Koordinatensystem entsprechen den Wertepaaren x, y von $\mathbb{L}$ die Punkte des Inneren der schraffierten Winkelfelder, die durch die Geraden $g_1 \equiv 3x - 5y = 0$ und $g_2 \equiv 4x + 9y = 0$ begrenzt werden.

---

81. Es sei $\mathbf{A} = \begin{pmatrix} a_{11} & a_{12} & a_{13} \\ a_{12} & a_{22} & a_{23} \\ a_{13} & a_{23} & a_{33} \end{pmatrix}$ eine reelle symmetrische Matrix und $\mathbf{x} = \begin{pmatrix} x \\ y \\ 1 \end{pmatrix}$ eine Spaltenmatrix mit $x, y \in \mathbb{C}$. Man weise nach, daß $P_2(x; y) = \mathbf{x}^T\mathbf{A}\,\mathbf{x}$ ein Polynom 2. Grades der Veränderlichen x und y darstellt, wenn der triviale Fall $a_{11} = a_{12} = a_{22} = 0$ ausgeschlossen wird.

$P_2(x;\, y)$ läßt sich dann und nur dann in ein Produkt zweier Polynome ersten Grades von x und y mit i. allg. komplexen Koeffizienten zerlegen, wenn $\det \mathbf{A} = 0$ ist.

Man überprüfe, ob $\mathbf{A} = \begin{pmatrix} 8 & -1 & 11 \\ -1 & -21 & -16 \\ 11 & -16 & 5 \end{pmatrix}$ dieser Voraussetzung genügt und stelle ggf. eine derartige Zerlegung her.

Über $\mathbf{x}^T\mathbf{A} = (a_{11}x + a_{12}y + a_{13};\, a_{12}x + a_{22}y + a_{23};\, a_{13}x + a_{23}y + a_{33})$

erhält man $\mathbf{x}^T\mathbf{A}\,\mathbf{x} = (a_{11}x + a_{12}y + a_{13})x + (a_{12}x + a_{22}y + a_{23})y +$

$$+ (a_{13}x + a_{23}y + a_{33})$$

$$= a_{11}x^2 + 2a_{12}xy + a_{22}y^2 + 2a_{13}x + 2a_{23}y + a_{33} = P_2(x;y).$$

Mit der speziellen Matrix **A** ergibt sich

$P_2(x;y) = 8x^2 - 2xy - 21y^2 + 22x - 32y + 5$ und

$$\det \mathbf{A} = \begin{vmatrix} 8 & -1 & 11 \\ -1 & -21 & -16 \\ 11 & -16 & 5 \end{vmatrix} = \begin{vmatrix} 0 & -169 & -117 \\ -1 & -21 & -16 \\ 0 & -247 & -171 \end{vmatrix} = \begin{vmatrix} -169 & -117 \\ -247 & -171 \end{vmatrix} = 0.$$

Faßt man vorerst $P_2(x;y)$ als Polynom von x allein auf, was sich in der Form $P_2(x;y) = 8x^2 - 2(y - 11)x - (21y^2 + 32y - 5)$ ausdrücken läßt, so existiert nach dem Fundamentalsatz der Algebra die Zerlegung $P_2(x;y) = 8\cdot[x - x_1(y)]\cdot[x - x_2(y)]$, wobei i. allg. $x_1(y);\, x_2(y) \in \mathbb{C}$ ist. $x_1(y)$ und $x_2(y)$ ergeben sich als Lösungen der quadratischen Gleichung $P_2(x;y) = 0$ in x zu

$$x_{1;2}(y) = \frac{2(y - 11) \pm \sqrt{4\cdot(y - 11)^2 + 32\cdot(21y^2 + 32y - 5)}}{16}$$

$$= \frac{y - 11 \pm \sqrt{169y^2 + 234y + 81}}{8}.$$

Sollen nun auch $x_1(y)$ und $x_2(y)$ Polynome 1. Grades und zwar in y sein, so muß der Radikand das Quadrat einer Linearform in y sein. Tatsächlich ist $169y^2 + 234y + 81 = (13y + 9)^2$. Dies führt auf

$x_{1;2}(y) = \dfrac{y - 11 \pm |13y + 9|}{8}$, also $x_1(y) = \dfrac{7y - 1}{4}$ und $x_2(y) = \dfrac{-3y - 5}{2}$.

Damit ist also $P_2(x;y) = 8\cdot[x - x_1(y)]\cdot[x - x_2(y)] =$

$$= 8\cdot\frac{4x - 7y + 1}{4}\cdot\frac{2x + 3y + 5}{2} = (4x - 7y + 1)\cdot(2x + 3y + 5).$$

2.2 Nichtlineare Gleichungen

82. Welche Lösungen hat die quadratische Gleichung

$2x^2 - 5x + 2 = 0$ in der Grundmenge $\mathbb{C}$?

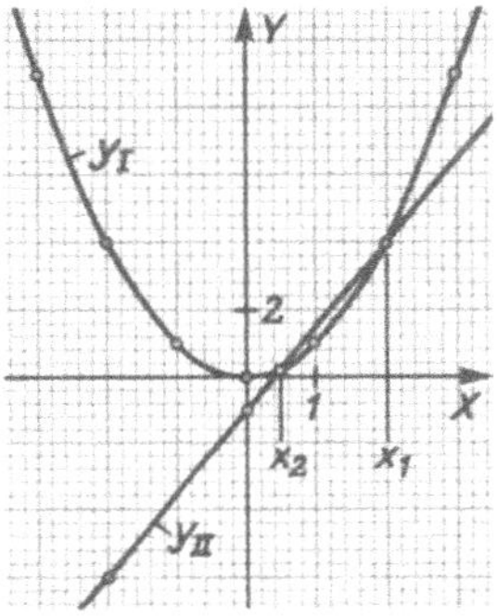

$$x_{1;2} = \frac{5 \pm \sqrt{25 - 16}}{4} = \frac{5 \pm 3}{4};$$

$$x_1 = 2,\ x_2 = \frac{1}{2} \Rightarrow \mathbb{L} = \left\{2; \frac{1}{2}\right\}$$

$$x^2 = \frac{5}{2}x - 1;$$

$y_I = x^2$

x	...	±3	±2	±1	0 ...
y_I	...	9	4	1	0 ...

$y_{II} = \frac{5}{2}x - 1$

x	...	-2	0	2 ...
y_{II}	...	-6	-1	4 ...

Die vorgelegte quadratische Gleichung hat zwei relle Lösungen.

---

83. Man bestimme die Lösungsmenge $\mathbb{L}$ der Gleichung $\frac{1}{3} \cdot x^2 - 4x + 12 = 0$ in der Grundmenge $\mathbb{C}$.

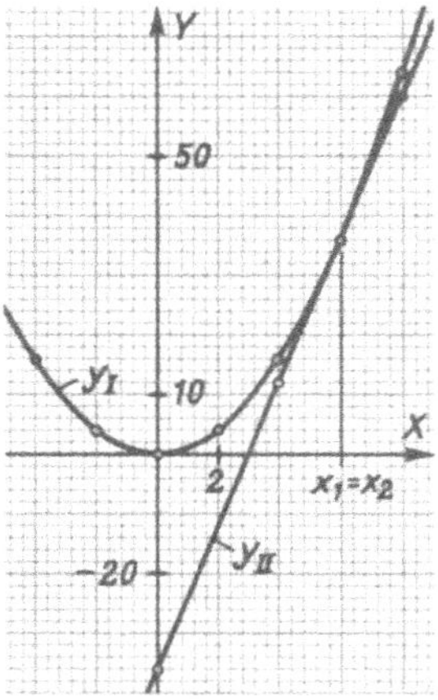

$$x_{1;2} = \frac{4 \pm \sqrt{16 - 16}}{\frac{2}{3}} = 6 \Rightarrow \mathbb{L} = \{6\}.$$

$$x^2 = 12x - 36;$$

$y_I = x^2$

x	...	±8	±6	±4	±2	0 ...
y_I	...	64	36	16	4	0 ...

$y_{II} = 12x - 36$

x	...	0	4	8 ...
y_{II}	...	-36	12	60 ...

Die gegebene quadratische Gleichung hat eine reelle Doppellösung.

84. Man bestimme die Lösungsmenge $\mathbb{L}$ der Gleichung $2 \cdot x^2 - x + 4 = 0$ in der Grundmenge $\mathbb{C}$.

$$x^2 - \frac{x}{2} + \frac{1}{16} = -2 + \frac{1}{16}$$

$$\left(x - \frac{1}{4}\right)^2 = -\frac{31}{16}$$

$$x - \frac{1}{4} = \pm \sqrt{\frac{31}{16}} \cdot i \;;$$

$$x_{1;2} = \frac{1}{4} \pm \frac{1}{4}\sqrt{31} \cdot i \Rightarrow$$

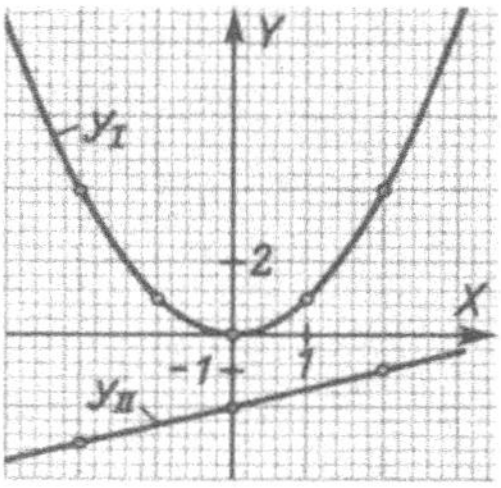

$$\mathbb{L} = \left\{ \frac{1}{4} + \frac{1}{4}\sqrt{31} \cdot i \,;\, \frac{1}{4} - \frac{1}{4}\sqrt{31} \cdot i \right\}.$$

$x^2 = \frac{x}{2} - 2;$ $\quad y_I = x^2$

x	...	±2	±1	0 ...
y_I	...	4	1	0 ...

,

$y_{II} = \frac{x}{2} - 2$

x	...	-2	0	2 ...
y_{II}	...	-3	-2	-1 ...

.

Diese quadratische Gleichung hat zwei konjugiert komplexe Lösungen.

---

85. Für welchen Wert von $\lambda \in \mathbb{R}$ fallen die beiden Lösungen der Gleichung $3x^2 - 4x + \lambda = 0$ in $\mathbb{G} = \mathbb{C}$ zusammen?

$x_{1;2} = \frac{4 \pm \sqrt{16 - 12\lambda}}{6}$. Da eine Doppellösung nur bei Verschwinden der Diskriminante auftreten kann, muß λ der Bedingung $16 - 12\lambda = 0$ genügen.

Für $\lambda = \frac{4}{3}$ wird $x_1 = x_2 = \frac{2}{3}$.

---

86. Wie lautet diejenige quadratische Gleichung in der Normalform, deren Lösungsmenge $\mathbb{L} = \{5; -3\}$ ist?

Nach dem Fundamentalsatz der Algebra wird die gesuchte Gleichung durch $(x - x_1)(x - x_2) = (x - 5)(x + 3) = x^2 - 2x - 15 = 0$ angegeben.

87. Man bestimme die Lösungsmenge $\mathbb{L}$ von

$$\frac{a - x}{a + x} - \frac{b + x}{b - x} + \frac{2(a + b)x}{ab - x^2} = 0$$

mit a, b $\in \mathbb{R}$ in der Grundmenge $\mathbb{R}$.

Wegen der Nullstellen der Nenner ist die Definitionsmenge *)

$\mathbb{D} = \mathbb{R} \setminus \{ -a; b; \pm\sqrt{ab} \}$.

Nacheinander entstehen die der gegebenen Gleichung gleichwertigen Aussageformen

$$[(a - x)(b - x) - (b + x)(a + x)] \cdot (ab - x^2) + 2(a + b)x(a + x)(b - x) = 0$$

$$(ab - ax - bx + x^2 - ab - bx - ax - x^2)(ab - x^2) +$$
$$+ 2(a + b)x(ab - ax + bx - x^2) = 0$$

$$-2x(a + b)(ab - x^2) + 2(a + b)x(ab - ax + bx - x^2) = 0$$

$$2(a + b)x(-ab + x^2 + ab - ax + bx - x^2) = 0$$

$$2(a + b)x(b - a)x = 0$$

$$2x^2(b^2 - a^2) = 0.$$

Somit ist $\mathbb{L} = \{0\} \cap \mathbb{D}$, falls $|a| \neq |b|$ ist, und insbesondere $\mathbb{L} = \{ \}$, wenn darüber hinaus $a = 0$, $b \neq 0$ oder $a \neq 0$, $b = 0$. Für $|a| = |b|$ ist $\mathbb{L} = \mathbb{D}$ (identische Gleichung).

---

88. Welche Lösungsmenge $\mathbb{L}$ in der Grundmenge $\mathbb{R}$ hat die Gleichung

$$\frac{a}{x - b} - 1 = \frac{b}{x + a} \quad \text{mit } a, b \in \mathbb{R}.$$

Die Definitionsmenge ist $\mathbb{D} = \mathbb{R} \setminus \{ -a; b \}$.

$$a(x + a) - (x + a)(x - b) = b(x - b)$$

$$ax + a^2 - x^2 + bx - ax + ab = bx - b^2$$

$$x^2 = a^2 + ab + b^2 \text{ , wobei } a^2 + ab + b^2 = \left(a + \frac{b}{2}\right)^2 + \frac{3}{4}b^2 \geqslant 0$$

$$x_{1;2} = \pm\sqrt{a^2 + ab + b^2}\,.$$

Daraus folgt $\mathbb{L} = \{ \pm\sqrt{a^2 + ab + b^2} \} \cap \mathbb{D}$.

---

*) Unter Definitionsmenge wird, soweit nicht anders vermerkt, stets die maximal zulässige Definitionsmenge verstanden.

89. Für welche Werte von $x \in \mathbb{R}$ ist die Ungleichung

$x^2 + x - 2 > 0$ erfüllt?

$$x^2 + x + \frac{1}{4} > 2 + \frac{1}{4}$$

$$\left(x + \frac{1}{2}\right)^2 > \frac{9}{4}$$

$$\left|x + \frac{1}{2}\right| > \frac{3}{2};$$

diese Ungleichung gilt für $x + \frac{1}{2} > \frac{3}{2}$ und $x + \frac{1}{2} < -\frac{3}{2}$, woraus für die Lösungsmenge $\mathbb{L} =]-\infty; -2[\cup]1; +\infty[$ folgt.

---

90. Welche Werte kann $x \in \mathbb{R}$ annehmen, damit die Ungleichung

$x - 2 > -\frac{5}{x}$ erfüllt ist?

Die Definitionsmenge ist $\mathbb{D} = \mathbb{R} \setminus \{0\}$.

Für $x > 0$ ergibt sich $x^2 - 2x > -5$

oder $(x - 1)^2 > -4$,

was stets zutrifft.

Für $x < 0$ wird $x^2 - 2x < -5$

oder $(x - 1)^2 < -4$;

diese Bedingung ist für kein x erfüllt.

Somit ist $\mathbb{L} = \mathbb{R}^+$.

---

91. Welche Lösungsmenge $\mathbb{L}$ hat die Ungleichung

$\sqrt{x + 2} < \sqrt{1 - 3x}$ in der Grundmenge $\mathbb{R}$?

Beschränkt man sich auf solche Werte von x, für die keine negativen Radikanden auftreten, muß $x + 2 \geqslant 0$ oder $x \geqslant -2$ und $1 - 3x \geqslant 0$ oder $x \leqslant \frac{1}{3}$ sein. Dann ist die Definitionsmenge $\mathbb{D} = \left\{x \mid -2 \leqslant x \leqslant \frac{1}{3}\right\} = \left[-2; \frac{1}{3}\right]$.

Aus $\sqrt{x + 2} < \sqrt{1 - 3x}$ folgen nacheinander die gleichwertigen Aussageformen $x + 2 < 1 - 3x$

$$4x < -1$$
$$x < -\frac{1}{4}.$$

Somit ist $\mathbb{L} = \left\{ x \mid x < -\frac{1}{4} \wedge x \in \mathbb{D} \right\} = \left[-2; -\frac{1}{4} \right[$

---

92. Von einer Papierrolle mit $2R = 1{,}20$ m Außendurchmesser und einem Hülsendurchmesser von $2r = 0{,}20$ m soll $\frac{1}{3}$ des Papiers abgewikkelt werden. Bei welchem Rollendurchmesser ρ ist dies der Fall?

Es gilt $\frac{2}{3}(R^2 \pi b - r^2 \pi b) = \rho^2 \pi b - r^2 \pi b$, wobei mit b die Breite der Papierbahn bezeichnet ist.

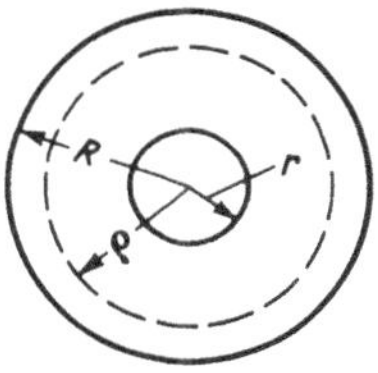

Daraus folgt $\frac{2}{3}(R^2 - r^2) = \rho^2 - r^2$

$$\text{und } \rho = \sqrt{\frac{2}{3}R^2 + \frac{r^2}{3}}.$$

Für die angegebenen speziellen Zahlenwerte wird

$$\rho = \sqrt{\frac{2}{3} \cdot 0{,}36 + \frac{0{,}01}{3}}\ \text{m} = \sqrt{\frac{0{,}73}{3}}\ \text{m} \approx 0{,}4933\ \text{m}.$$

---

93. Aus einem Draht von der Länge $l = 25$ cm soll ein Rechteck mit dem Flächeninhalt $A = 36\ \text{cm}^2$ gebildet werden. Welche Längen a und b müssen für die Seiten des Rechtecks genommen werden?

Gemäß der Abbildung kann die Rechteckfläche durch $A = a \cdot \left(\frac{l}{2} - a\right)$ angegeben werden, was auf $a^2 - \frac{l}{2}a + A = 0$ führt.

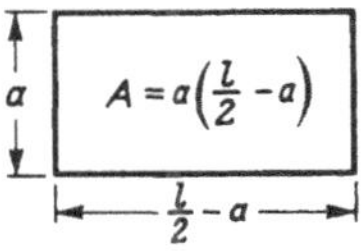

Aus den Lösungen

$$a_{1;2} = \frac{l \pm \sqrt{l^2 - 16A}}{4} = \frac{25 \pm \sqrt{625 - 16 \cdot 36}}{4}\ \text{cm} = \frac{25 \pm 7}{4}\ \text{cm},$$

oder $a_1 = 8$ cm und $a_2 = 4{,}5$ cm folgen mit $b = \frac{l}{2} - a$ noch $b_1 = 4{,}5$ cm und $b_2 = 8$ cm. Wegen $a_1 = b_2$ und $a_2 = b_1$ gibt es aber nur ein Ergebnis, etwa $a = 8$ cm und $b = 4{,}5$ cm.

94. Welcher Durchmesser x ist für eine zylindrische Welle zu wählen, damit nach Durchbohrung vom Durchmesser d = 15 mm gemäß der Abbildung die aus Festigkeitsgründen vorgeschriebene Restfläche A = 1000 mm^2 beträgt?

Wird näherungsweise die Querschnittsfläche der Bohrung als ein Rechteck mit den Seiten d und x aufgefaßt, dann gilt

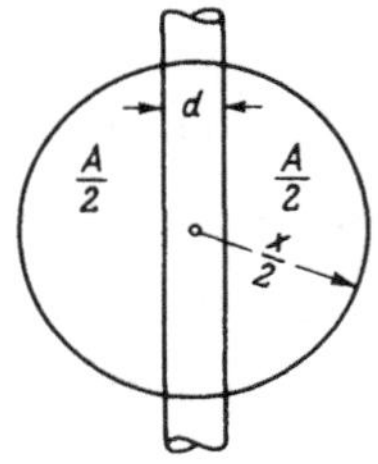

$A + dx = \frac{x^2\pi}{4}$. Die Auflösung dieser in x quadratischen Gleichung liefert in der Grundmenge $\mathbb{G} = \mathbb{R}$

$$x = \frac{2}{\pi}(d + \sqrt{d^2 + \pi A}).$$

Die numerische Auswertung ergibt

$$x \approx \frac{2}{\pi}(15 + \sqrt{3141{,}6 + 225})\ mm \approx 46{,}49\ mm.$$

95. Eine Stahlkugel vom Durchmesser D = 10 mm wird auf eine ebene Platte gedrückt und erzeugt dadurch eine Druckstelle in Form einer Kugelkalotte vom Durchmesser d = 8 mm.
Wie groß ist die Oberfläche O dieser Kalotte? (Härtemessung der Platte nach BRINELL.)

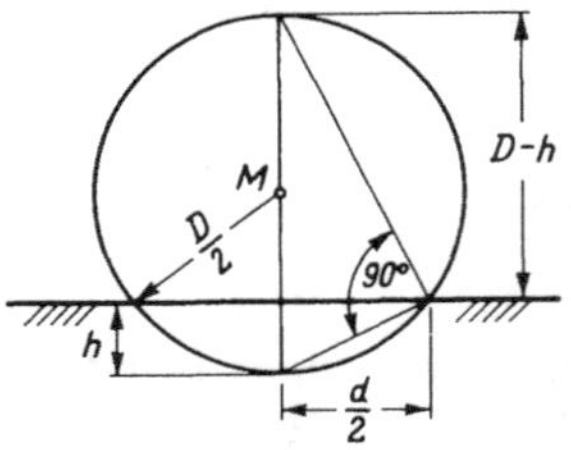

Aus $\left(\frac{d}{2}\right)^2 = (D - h) \cdot h$ (Höhensatz)

berechnet sich mit der Grundmenge $\mathbb{G} = \{ h \mid 0 < h < D \}$ über

$$h^2 - D \cdot h + \left(\frac{d}{2}\right)^2 = 0$$

die Kalottenhöhe zu $h = \frac{D \overset{(+)}{-} \sqrt{D^2 - d^2}}{2}$.

Damit wird

$$O = D\pi h = \frac{D\pi}{2}(D - \sqrt{D^2 - d^2}) = 5\pi(10 - \sqrt{100 - 64})\ mm^2 =$$
$$= 5\pi(10 - 6)\ mm^2 = 20\pi\ mm^2 \approx 62{,}8\ mm^2.$$

96. Der Punkt P ist längs der Normale n auf die Gerade g verschiebbar. In welchem Abstand x von g erscheinen von P aus die beiden Punkte A und B auf g unter dem Winkel 45°, wenn $\overline{OA} = a = 2$ cm und $\overline{OB} = b =$ = 15 cm sind?

Mit $\tan\beta = \frac{b}{x}$ und $\tan\alpha = \frac{a}{x}$ wird

$$\tan 45^o = \tan(\beta - \alpha) = \frac{\tan\beta - \tan\alpha}{1 + \tan\alpha \cdot \tan\beta} = \frac{\frac{b}{x} - \frac{a}{x}}{1 + \frac{ab}{x^2}}$$, was wegen

$\tan 45^o = 1$ über

$$1 + \frac{ab}{x^2} = \frac{b}{x} - \frac{a}{x}$$ für $x > 0$ auf

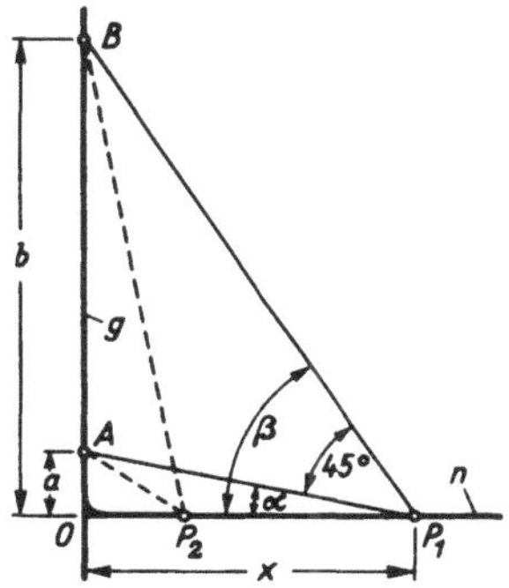

die quadratische Gleichung
$x^2 + (a - b)x + ab = 0$
gebracht werden kann.

Die beiden Lösungen

$$x_{1;2} = \frac{b - a \pm \sqrt{(a - b)^2 - 4ab}}{2} =$$

$$= \frac{b - a \pm \sqrt{a^2 - 6ab + b^2}}{2} =$$

$$= \frac{15 - 2 \pm \sqrt{4 - 180 + 225}}{2}\ \text{cm} = \frac{13 \pm 7}{2}\ \text{cm}$$

liefern zwei Abstände $\overline{OP_1} = 10$ cm und $\overline{OP_2} = 3$ cm des Punktes P von der Geraden g, bei welchen die Strecke $\overline{AB}$ unter dem Winkel 45° erscheint.

---

97. Zwei Punkte A und B auf den beiden Schenkeln eines rechten Winkels in den Abständen $a = 70$ cm und $b = 60$ cm vom Scheitel S bewegen sich, im gleichen Zeitpunkt beginnend, mit den Geschwindigkeiten $\vec{v}_A$ und $\vec{v}_B$ auf S zu. Nach wieviel Sekunden sind die beiden Punkte $e = 30$ cm von einander entfernt, wenn die skalaren Werte der Geschwindigkeiten $v_A = 20$ cm s^{-1} und $v_B = 16$ cm s^{-1} betragen?

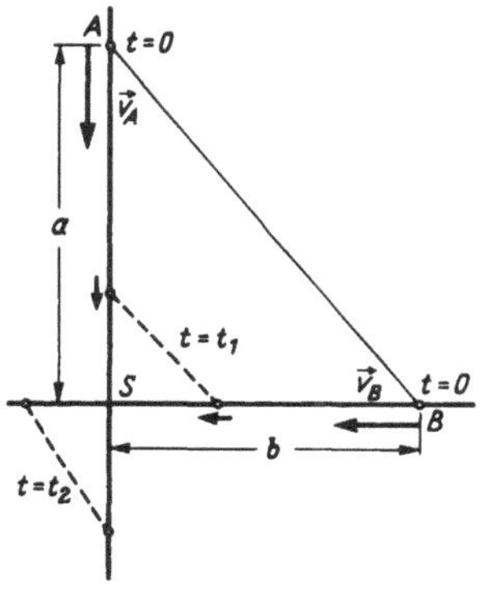

Der Abstand der beiden Punkte in Abhängigkeit von der Zeit t kann durch

$$\overline{AB} = e = \sqrt{(a - v_A t)^2 + (b - v_B t)^2}$$

angegeben werden.

Zur Ermittlung der Zeiten, in denen ein bestimmter Abstand e vorliegt, muß nach t aufgelöst werden:

$$e^2 = a^2 + b^2 - 2(a \cdot v_A + b \cdot v_B)t + (v_A^2 + v_B^2)t^2$$

$$(v_A^2 + v_B^2)t^2 - 2(a \cdot v_A + b \cdot v_B)t + a^2 + b^2 - e^2 = 0$$

$$t_{1;2} = \frac{a \cdot v_A + b \cdot v_B \pm \sqrt{(a \cdot v_A + b \cdot v_B)^2 - (v_A^2 + v_B^2)(a^2 + b^2 - e^2)}}{v_A^2 + v_B^2};$$

die numerische Auswertung kann wie folgt geschehen:

$$\frac{t_{1;2}}{s} = \frac{2360 \pm \sqrt{2360^2 - 656 \cdot 7600}}{656} = \frac{2360 \pm 40\sqrt{59^2 - 164 \cdot 19}}{656} =$$

$$= \frac{590 \pm 10\sqrt{3481 - 3116}}{164} = \frac{590 \pm 10\sqrt{365}}{164};$$

daraus findet man $t_1 \approx 2{,}43$ s und $t_2 \approx 4{,}76$ s.

---

98. Eine Versuchsperson läßt an der Außenseite eines Turmes einen Stein senkrecht hinunterfallen. Welchen Weg $\vec{s}$ legt der Stein zurück, wenn der Aufprall $t = 5{,}5$ s nach dem Loslassen des Körpers von der den Versuch ausführenden Person gehört wird?

Die gesamte Beobachtungszeit t setzt sich aus der Fallzeit des Steins, $t_1 = \sqrt{\frac{2s}{g}}$ (bei Vernachlässigung des Luftwiderstandes) und der Rücklaufzeit des Schalls, $t_2 = \frac{s}{v}$ zusammen, wobei $g = 9{,}81 \text{ m s}^{-2}$ der skalare Wert der Erdbeschleunigung und $v = 340 \text{ m s}^{-1}$ der skalare Wert der Schallgeschwindigkeit (bei 18° C) sind.

Der skalare Wert s der gesuchten Fallstrecke $\vec{s}$ kann somit aus der Gleichung $t_1 + t_2 = t$ oder $\sqrt{\frac{2s}{g}} + \frac{s}{v} = t$ ermittelt werden:

$$\sqrt{\frac{2s}{g}} = t - \frac{s}{v}, \quad \frac{2s}{g} = t^2 - \frac{2t}{v}s + \frac{s^2}{v^2},$$

$$gs^2 - 2v(gt + v)s + v^2gt^2 = 0,$$

$$s_{1;2} = \frac{v}{g}\left[gt + v \pm \sqrt{v(2gt + v)}\right].$$

Für die gegebenen Zahlenwerte folgt:

$$\frac{s_{1;2}}{m} = \frac{340}{9{,}81}\left[9{,}81 \cdot 5{,}5 + 340 \pm \sqrt{340(11 \cdot 9{,}81 + 340)}\,\right] =$$

$$= \frac{340}{9{,}81}\left(393{,}955 \pm \sqrt{340 \cdot 447{,}91}\right).$$

$s_1 \approx 27179$ m ist keine Lösung, da hierdurch die Ausgangsgleichung

$\sqrt{\frac{2s}{g}} + \frac{s}{v} = t$ nicht erfüllt ist:

$$\sqrt{\frac{54360}{9{,}81}} + \frac{27179}{340} \neq 5{,}5.$$

$s_2 \approx 128{,}66$ m erfüllt die gegebene Wurzelgleichung:

$$\sqrt{\frac{257{,}52}{9{,}81}} + \frac{128{,}66}{340} \approx 5{,}1235 + 0{,}3784 \approx 5{,}5019.$$

Die Fallhöhe des Steines beträgt somit $s \approx 128{,}76$ m.

---

99. Der in der abgebildeten Schaltung fließende Strom entwickelt im Verbraucherwiderstand R_a die Leistung $P = f(R_a) = \frac{U_0^2 R_a}{(R + R_a)^2}$, wenn in R der Widerstand der Zuleitung und der innere Widerstand der Stromquelle mit der Spannung U_0 zusammengefaßt wird.

Welche Werte kommen für R_a bei einer gewünschten Leistungsaufnahme von $P = 80$ VA in Frage, wenn $U_0 = 50$ V und $R = 5\,\Omega$ ist?

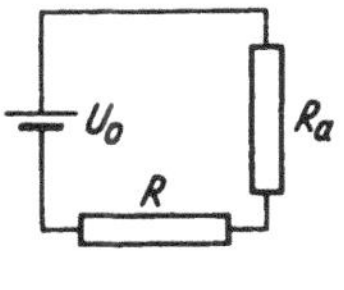

Welche Höchstleistung P_{max} kann in R_a entwickelt werden?

$$P = \frac{2500\,V^2 \cdot R_a}{(5\,\Omega + R_a)^2}$$

$\frac{R_a}{\Omega}$	0	2,5	5	7,5	10	15	20 ...
$\frac{P}{VA}$	0	111	125	120	111	94	80 ...

Die Auflösung von $P = \frac{U_0^2 R_a}{(R + R_a)^2}$ nach R_a führt über die quadratische

Gleichung $PR_a^2 + (2\,PR - U_o^2)\,R_a + PR^2 = 0$ auf

$$(R_a)_{1;2} = \frac{-(2\,PR - U_o^2) \pm \sqrt{(2\,PR - U_o^2)^2 - 4\,P^2R^2}}{2\,P}$$

$$= \frac{U_o^2 - 2\,PR \pm U_o \cdot \sqrt{U_o^2 - 4\,PR}}{2\,P}.$$

Für die angeführten Größen können somit $(R_a)_1 = 20\,\Omega$ und $(R_a)_2 = 1{,}25\,\Omega$ gewählt werden.

Der höchste Wert P_{max} von P, der noch auf reelles R_a führt, ergibt sich aus $U_o^2 - 4\,PR = 0$ (verschwindende Diskriminante)

zu $P_{max} = \dfrac{U_o^2}{4\,R}$, und zwar für

$$R_a = \frac{U_o^2 - 2\,P_{max} \cdot R}{2\,P_{max}} = R.$$

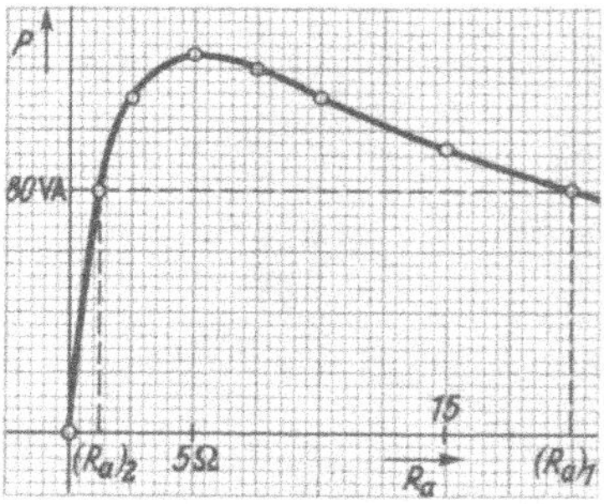

Speziell ist demnach $P_{max} = 125$ VA bei $R_a = 5\,\Omega$.

---

100. Man berechne die Lösungsmenge $\mathbb{L}$ der algebraischen Gleichung $x^3 - 7x^2 + 9x + 5 = 0$ in der Grundmenge $\mathbb{C}$.

Etwa vorhandene ganzzahlige Lösungen von $x^3 - 7x^2 + 9x + 5 = 0$ müssen Teiler des konstanten Gliedes sein:

$$x = 1 \mid 1 - 7 + 9 + 5 \neq 0$$

$$x = -1 \mid -1 - 7 - 9 + 5 \neq 0$$

$$x = 5 \mid 125 - 175 + 45 + 5 = 0$$

$$x_1 = 5.$$

Die Division der gegebenen Gleichung mit $(x - 5)$ liefert eine quadratische Gleichung:

$$(x^3 - 7x^2 + 9x + 5) : (x - 5) = x^2 - 2x - 1;$$

$$\begin{array}{l} -x^3 \overset{+}{(-)} 5x^2 \\ \hline \quad — \quad - 2x^2 + 9x + 5 \\ \quad\quad \overset{+}{(-)} 2x^2 \overset{-}{(+)} 10x \\ \hline \quad\quad\quad — \quad - x + 5 \\ \quad\quad\quad \overset{+}{(-)} x \overset{-}{(+)} 5 \\ \hline \quad\quad\quad — \quad\quad — \end{array}$$

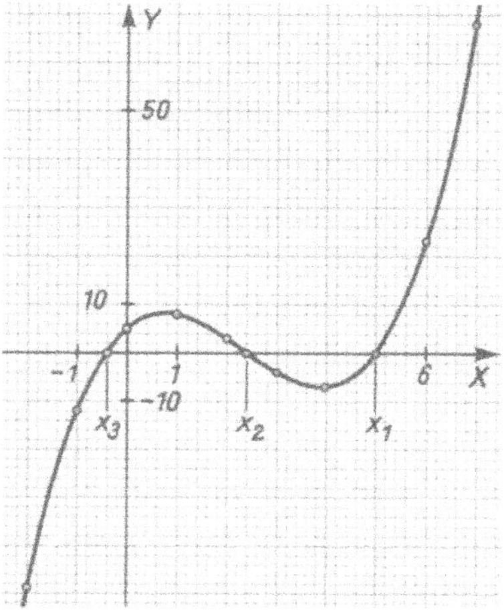

Die zwei weiteren Lösungen ergeben sich aus

$x^2 - 2x - 1 = 0$ zu

$x_{2;3} = 1 \pm \sqrt{2}.$

Somit ist $\mathbb{L} = \{5; 1 \pm \sqrt{2}\}$.

$y = x^3 - 7x^2 + 9x + 5;$

x	...	-2	-1	0	1	2	3	4	5	6	7 ...
y	...	-49	-12	5	8	3	-4	-7	0	23	68 ...

101. Welche Lösungsmenge $\mathbb{L}$ genügt für $\mathbb{G} = \mathbb{C}$ der algebraischen Gleichung dritten Grades $-x^3 + 4x^2 - x + 4 = 0$?

$x = 1 \mid -1 + 4 - 1 + 4 \neq 0$

$x = -1 \mid 1 + 4 + 1 + 4 \neq 0$

$x = 2 \mid -8 + 16 - 2 + 4 \neq 0$

$x = 4 \mid -64 + 64 - 4 + 4 = 0$

$x_1 = 4;$

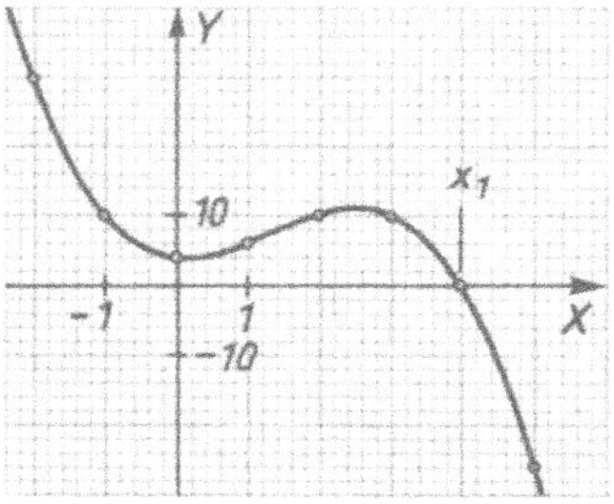

Division nach HORNER:

$$\begin{array}{l|rrrr} & -x^3 & + 4x^2 & - x & + 4 \\ \hline & -1 & 4 & -1 & 4 \\ 4 & & -4 & 0 & -4 \\ \hline & -1 & 0 & -1 & — \end{array}$$

$-x^2 - 1 = 0, \quad x^2 = -1, \quad x_{2;3} = \pm i.$

Es ist also $\mathbb{L} = \{ 4; \pm i \}$.

$y = -x^3 + 4x^2 - x + 4;$

x	...	-3	-2	-1	0	1	2	3	4	5	6 ...
y	...	70	30	10	4	6	10	10	0	-26	-74 ...

.

102. Man bestimme die Lösungsmenge $\mathbb{L}$ von $2x^3 + 5x^2 - 4x - 12 = 0$ für $\mathbb{G} = \mathbb{C}$.

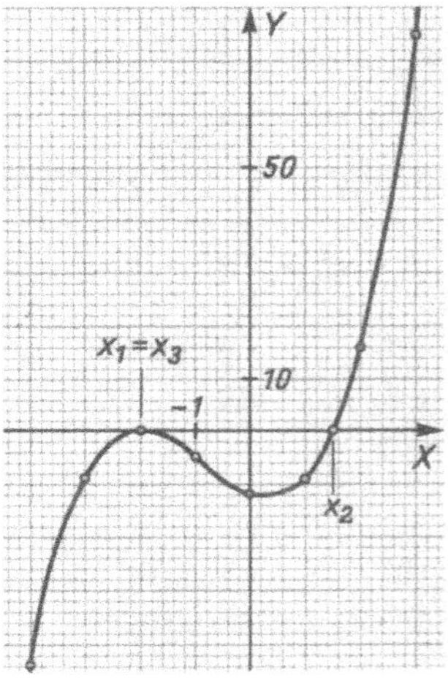

$x = 1 \mid 2 + 5 - 4 - 12 \neq 0$

$x = -1 \mid -2 + 5 + 4 - 12 \neq 0$

$x = 2 \mid 16 + 20 - 8 - 12 \neq 0$

$x = -2 \mid -16 + 20 + 8 - 12 = 0$

$x_1 = -2.$

Division nach HORNER:

	2	5	-4	-12
-2		-4	-2	12
	2	1	-6	—

$2x^2 + x - 6 = 0$

$$x_{2;3} = \frac{-1 \pm \sqrt{1+48}}{4} = \frac{-1 \pm 7}{4}, \quad x_2 = \frac{3}{2}, \quad x_3 = -2 = x_1.$$

Demnach ist $\mathbb{L} = \left\{ -2; \frac{3}{2} \right\}$.

$y = 2x^3 + 5x^2 - 4x - 12;$

x	...	-4	-3	-2	-1	0	1	2	3 ...
y	...	-44	-9	0	-5	-12	-9	16	75 ...

.

103. Man bestimme die Lösungsmenge $\mathbb{L}$ der algebraischen Gleichung $x^3 - x^2 - 12x - 6 = 0$ in der Grundmenge $\mathbb{G} = \mathbb{C}$.

Diese algebraische Gleichung 3. Grades der Form $x^3 + px^2 + qx + r = 0$ wird zunächst durch die Substitution $x = z - \frac{p}{3} = z + \frac{1}{3}$ in eine reduzierte kubische Gleichung der Form $z^3 - 3az - 2b = 0$ übergeführt:

$$\left(z+\frac{1}{3}\right)^3 - \left(z+\frac{1}{3}\right)^2 - 12\left(z+\frac{1}{3}\right) - 6 = 0$$

$$z^3 + z^2 + \frac{1}{3}z + \frac{1}{27} - z^2 - \frac{2}{3}z - \frac{1}{9} - 12z - 10 = 0$$

$$z^3 - \frac{37}{3}z - \frac{272}{27} = 0, \text{ wobei } -\frac{37}{3} = -3a, \text{ also } a = \frac{37}{9}$$

und $-\frac{272}{27} = -2b$, also $b = \frac{136}{27}$ ist.

Wegen $b^2 - a^3 = \left(\frac{136}{27}\right)^2 - \left(\frac{37}{9}\right)^3 < 0$ und $b > 0$ liegt der irreduzible Fall vor mit den drei reellen Lösungen

$$z_1 = 2\sqrt{a}\cdot\cos\left(\frac{\varphi}{3}\right), \quad z_2 = 2\sqrt{a}\cdot\cos\left(\frac{\varphi}{3} + 120^\circ\right),$$

$$z_3 = 2\sqrt{a}\cdot\cos\left(\frac{\varphi}{3} + 240^\circ\right) \text{ und } \varphi = \arccos\frac{b}{a\cdot\sqrt{a}}.$$

Es folgt:

$$\varphi = \arccos\frac{\frac{136}{27}}{\frac{37}{9}\cdot\sqrt{\frac{37}{9}}} \approx 0{,}921937 \mathrel{\hat{\approx}} 52{,}8231^\circ.$$

$$z_1 \approx 2\cdot\sqrt{\frac{37}{9}}\cdot\cos\left(\frac{52{,}8231^\circ}{3}\right) \approx 3{,}8652,$$

$$x_1 \approx 3{,}8652 + 0{,}3333 = 4{,}1985 \approx 4{,}20;$$

Probe:

	1	-1	-12	-6
4,2		4,20	13,44	6,048
		3,20	1,44	0,048

;

$$z_2 \approx \frac{2}{3}\cdot\sqrt{37}\cdot\cos 137{,}6077^\circ \approx -2{,}9949,$$

$$x_2 \approx -2{,}9949 + 0{,}3333 = -2{,}6616 \approx -2{,}66;$$

Probe:

	1	- 1	- 12	- 6
- 2,66		- 2,66	9,7356	6,0233
		- 3,66	- 2,2644	0,0233 ;

$z_3 \approx \frac{2}{3} \cdot \sqrt{37} \cdot \cos 257{,}6077^\circ \approx -0{,}8703,$

$x_3 \approx -0{,}8703 + 0{,}3333 = -0{,}5370 \approx -0{,}54;$

Probe:

	1	- 1	- 12	- 6
- 0,54		- 0,54	0,8316	6,0309
		- 1,54	- 11,1684	0,0309 .

Die Lösungsmenge ist somit

$\mathbb{L} = \{\approx 4{,}20;\ \approx -2{,}66;\ \approx -0{,}54\}$.

Die Lösungsmenge der zugehörigen reduzierten kubischen Gleichung

$$z^3 - \frac{37}{3} z - \frac{272}{27} = 0$$

kann näherungsweise als die Abszissen der Schnittpunkte der Graphen von

$$y_I = z^3 \text{ und } y_{II} = \frac{37}{3} z + \frac{272}{27}$$

gefunden werden.

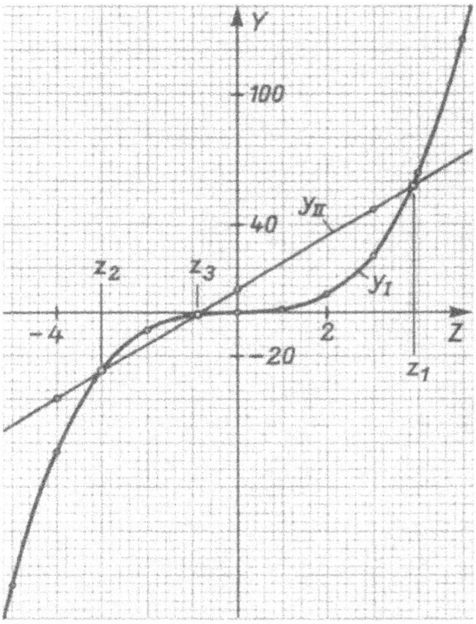

z	...	0	± 1	± 2	± 3	± 4	± 5 ...
y_I	...	0	± 1	± 8	± 27	± 64	± 125 ... .

z	...	- 4	0	3 ...
y_{II}	...	- 39,26	10,07	47,07 ... . *)

104. Welche Lösungsmenge $\mathbb{L}$ in $\mathbb{G} = \mathbb{C}$ genügt der algebraischen Gleichung $48 x^3 - 88 x^2 - 333 x + 648 = 0$?

*) Bei Wertetabellen wird nicht zwischen genauen und gerundeten Werten unterschieden.

Division durch 48 führt auf die Normalform

$x^3 - \frac{11}{6}x^2 - \frac{111}{16}x + \frac{27}{2} = 0$, die durch die Substitution $x = z + \frac{11}{18}$ auf eine reduzierte algebraische Gleichung 3. Grades der Form $z^3 - 3az - 2b = 0$ gebracht werden kann:

$$z^3 + \frac{11}{6}z^2 + \frac{121}{108}z + \left(\frac{11}{18}\right)^3 - \frac{11}{6}z^2 - \frac{121}{54}z - \frac{11^3}{6\cdot 324} - \frac{111}{16}z -$$

$$- \frac{11\cdot 37}{6\cdot 16} + \frac{27}{2} = 0,$$

$$z^3 - \frac{1}{3}\cdot\left(\frac{59}{12}\right)^2\cdot z + \frac{2}{27}\cdot\left(\frac{59}{12}\right)^3 = 0,$$ wobei $a = \left(\frac{59}{36}\right)^2$ und $b = -\left(\frac{59}{36}\right)^3$

sind.

Wegen $b^2 - a^3 = 0$ (Grenzfall von CARDANO) fallen zwei reelle Lösungen zusammen, und es wird

$$z_1 = 2\cdot \operatorname{sgn}(b)\cdot\sqrt{a} = -\frac{59}{18},$$

$$z_2 = z_3 = -\operatorname{sgn}(b)\cdot\sqrt{a} = \frac{59}{36}.$$

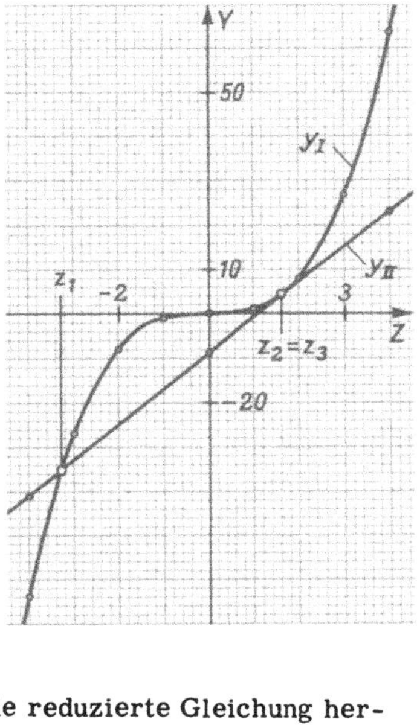

Mit $x_1 = z_1 + \frac{11}{18} = -\frac{8}{3}$ und

$x_2 = x_3 = z_2 + \frac{11}{18} = \frac{9}{4}$

ergibt sich die Lösungsmenge zu

$$\mathbf{L} = \left\{-\frac{8}{3}; \frac{9}{4}\right\}.$$

Zur näherungsweisen Ermittlung von **L** kann die reduzierte Gleichung herangezogen werden. Deren Lösungen sind die Schnittpunktsabszissen der

Graphen von $y_I = z^3$ und $y_{II} = \frac{1}{3}\cdot\left(\frac{59}{12}\right)^2\cdot z - \frac{2}{27}\cdot\left(\frac{59}{12}\right)^3$.

z	...	0	±1	±2	±3	±4	...
y_I	...	0	±1	±8	±27	±64	...

;

z	...	-4	0	4	...
y_{II}	...	-41,04	-8,80	23,43	...

105. Es ist die Lösungsmenge $\mathbb{L}$ von $x^3 + 3x - 5 = 0$ für $\mathbb{G} = \mathbb{C}$ zu bestimmen.

Der Vergleich der Koeffizienten dieser reduzierten kubischen Gleichung mit denjenigen von $x^3 - 3ax - 2b = 0$ liefert $a = -1$ und $b = \frac{5}{2}$; es ist also $b^2 - a^3 = \frac{25}{4} + 1 = \frac{29}{4} > 0$, weshalb der Fall von CARDANO vorliegt. Dieser hat die Lösungen $x_1 = u + v$, $x_{2;3} = -\frac{u+v}{2} \pm$ $\pm\, i\, \frac{u-v}{2}\sqrt{3}$, wobei $u = \operatorname{sgn}(b + \sqrt{b^2 - a^3}) \cdot \sqrt[3]{|b + \sqrt{b^2 - a^3}|}$ und

$v = \operatorname{sgn}(b - \sqrt{b^2 - a^3}) \cdot \sqrt[3]{|b - \sqrt{b^2 - a^3}|}$ sind.

Es wird

$$u = \sqrt[3]{\frac{5}{2} + \frac{5{,}3852}{2}} \approx \sqrt[3]{\frac{10{,}3852}{2}} = \sqrt[3]{5{,}1926} \approx 1{,}7317$$

und

$$v \approx -\sqrt[3]{\left|\frac{5}{2} - \frac{5{,}3852}{2}\right|} = -\sqrt[3]{\frac{0{,}3852}{2}} = -\sqrt[3]{0{,}1926} \approx -0{,}5775.$$

Somit ergibt sich $x_1 \approx 1{,}7317 - 0{,}5775 \approx 1{,}154$,

$$x_{2;3} \approx -\frac{1{,}154}{2} \pm \frac{2{,}309}{2}\sqrt{3}\, i = -0{,}577 \pm 2{,}000\, i.$$

Die Lösungsmenge ist demnach $\mathbb{L} = \{\approx 1{,}154;\ \approx -0{,}577 \pm 2{,}000\, i\}$.

Probe:

$x_1 \approx 1{,}154$

	1	0	3	-5
1,154		1,154	1,3317	4,9988 ;
		1,154	4,3317	0,0012

$(x - x_2)(x - x_3) \approx x^2 + 1{,}154x + 4{,}333$;

Division nach HORNER:

	1	0	3	-5
-4,33			-4,333	5,000
-1,154		-1,154	1,332	;
	1	-1,154	-0,001	0

$(x_{2;3})^3 + 3 \cdot x_{2;3} - 5 \approx -0{,}001 \cdot x_{2;3} + 0 \approx 0{,}001 \mp 0{,}002\, i$. *)

Durch Darstellung der Graphen von $y_I = x^3$ und $y_{II} = 5 - 3x$ können die reellen Elemente der Lösungsmenge zeichnerisch erhalten werden.

*) Siehe Beispiel Nr. 73.

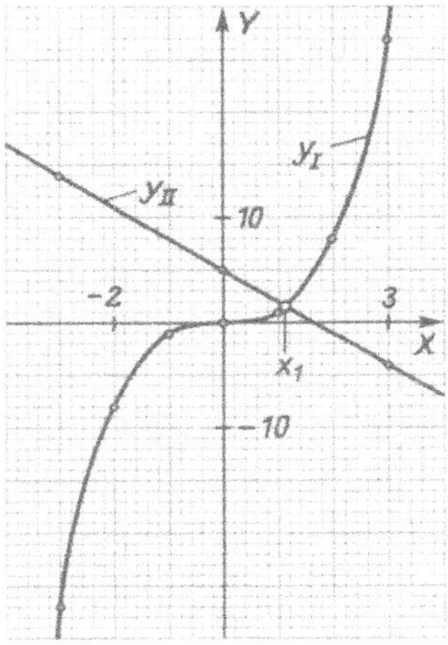

x		0	±1	±2	±3 ...
y_I	...	0	±1	±8	±27 ... ,

x	...	-3	0	3 ...
y_{II}	...	14	5	-4 ... .

---

106. Von einer algebraischen Gleichung 3. Grades $x^3 + ax^2 + bx + c = 0$ und a, b, c $\in \mathbb{R}$ sind die reelle Lösung $x_1 = -2$ und die komplexe Lösung $x_2 = 3 + 4i$ bekannt. Wie lautet die Gleichung?

Die gesuchte algebraische Gleichung ergibt sich zu $(x - x_1)(x - x_2)(x - \overline{x}_2) = 0$, wobei $\overline{x}_2$ die zu x_2 konjugiert komplexe Lösung ist:

$$(x + 2)(x - 3 - 4i)(x - 3 + 4i) = 0$$

$$(x + 2)[(x - 3)^2 + 16] = 0$$

$$x^3 - 4x^2 + 13x + 50 = 0.$$

---

107. In der Grundmenge $\mathbb{C}$ ermittle man die Lösungsmenge $\mathbb{L}$ der algebraischen Gleichung $3x^3 + 18x^2 - 2x - 80 = 0$ unter Verwendung des NEWTONschen Näherungsverfahrens.

x	...	-6	-5,5	-5	-4	-3	-2	-1	0	1	1,5	2 ...
y	...	-68	-23,6	5	24	7	-28	-63	-80	-61	-32,4	12 ...

Der Graph von $y = P_3(x) = 3x^3 + 18x^2 - 2x - 80$ läßt eine Lösung x_1 in der Umgebung von $x_{1,1} = 2$ erkennen. Mit dem HORNERschen Schema

	3	18	-2	-80
2		6	48	92
	3	24	46	12
		6	60	
	3	30	106	

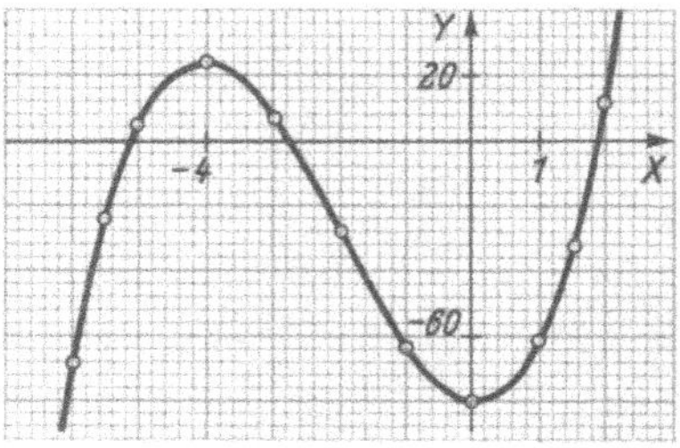

findet man $P_3(2) = 12$ und $P_3'(2) = 106$, womit sich für x_1 der neue Näherungswert

$$x_{1,2} = x_{1,1} - \frac{P_3(x_{1,1})}{P_3'(x_{1,1})} = 2 - \frac{12}{106} \approx 1{,}89 \text{ ergibt.}$$

Die Wiederholung des Verfahrens liefert über das Schema

	3	18	-2	-80
1,89		5,67	44,74	80,78
	3	23,67	42,74	0,78
		5,67	55,45	
	3	29,34	98,19	

$$x_{1,3} = x_{1,2} - \frac{P_3(x_{1,2})}{P_3'(x_{1,2})} \approx 1{,}89 - \frac{0{,}78}{98{,}19} \approx 1{,}89 - 0{,}0079 = 1{,}8821.^{*)}$$

Um die Genauigkeit des so erhaltenen Näherungswertes $x_{1,3}$ beurteilen zu können, wird zunächst mittels

	3	18	-2	-80
1,8821		5,6463	44,504701	79,998098
	3	23,6463	42,504701	-0,001902

$P_3(1{,}8821) \approx -0{,}001902 < 0$ und dann über

	3	18	-2	-80
1,88215		5,64645	44,506166	80,002980
	3	23,64645	42,506166	0,002980

$P_3(1{,}88215) \approx 0{,}002980 > 0$ errechnet.

Somit ist die Angabe $x_1 \approx 1{,}8821$ berechtigt.

*) Im Hinblick auf größere Übersichtlichkeit werden hier und bei ähnlichen Aufgaben die mit Taschenrechnern gefundenen Werte auf wenige Stellen gerundet. Die praktische Durchführung wird jedoch zweckmäßig unter Ausnutzung der vollen Stellenzahl des Rechners bei interner Speicherung der Zwischenergebnisse erfolgen.

Wegen $3x^3 + 18x^2 - 2x - 80 \approx (x - 1{,}8821)\cdot(3x^2 + 23{,}6463x + 42{,}5047)$ kann man die übrigen Lösungen x_2 und x_3 genähert als Lösungen der quadratischen Gleichung $3x^2 + 23{,}6463x + 42{,}5047 = 0$ erhalten. Über

$$x_{2;3} \approx \frac{-23{,}6463 \pm \sqrt{23{,}6463^2 - 4\cdot 3\cdot 42{,}5047}}{6} \approx$$

$$\approx \frac{23{,}6463 \pm \sqrt{559{,}1475 - 510{,}0564}}{6} \approx \frac{-23{,}6463 \pm \sqrt{49{,}0911}}{6} \approx$$

$$\approx \frac{-23{,}6463 \pm 7{,}0065}{6}$$ folgt $x_2 \approx -2{,}7733$ und $x_3 \approx -5{,}1088$.

Wegen $P_3(-2{,}7733) \approx -0{,}001884 < 0$, $P_3(-2{,}77335) \approx -0{,}000253 < 0$
und $P_3(-2{,}7734) \approx 0{,}001378 > 0$
sowie $P_3(-5{,}1088) \approx -0{,}001875 < 0$ und
$P_3(-5{,}10875) \approx 0{,}000574 > 0$

ist die Angabe $\mathbb{L} = \{\approx 1{,}8821; \approx -2{,}7734; \approx -5{,}1088\}$ auf vier Stellen nach dem Komma gesichert.

---

108. Aus einem rechteckigen Blech mit den Abmessungen $a = 60$ cm und $b = 40$ cm soll nach Abschneiden von vier gleichgroßen Quadraten an sämtlichen Ecken ein oben offener Behälter mit dem Rauminhalt $V = 8000\ \text{cm}^3$ gefertigt werden. Welche Längen x können für diese quadratischen Abschnitte gewählt werden?

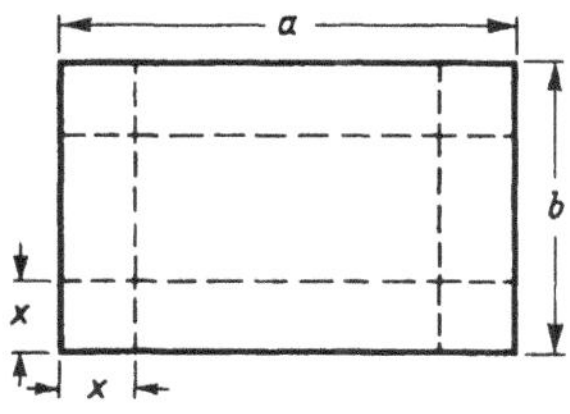

Das Volumen des Behälters kann durch die Gleichung $V = (a - 2x)\times(b - 2x)x$ erfaßt werden.

Für die speziellen Zahlenwerte ergibt sich über $8000\ \text{cm}^3 = (60\ \text{cm} - 2x)\times(40\ \text{cm} - 2x)x$ die algebraische Gleichung 3. Grades $\left(\frac{x}{\text{cm}}\right)^3 - 50\left(\frac{x}{\text{cm}}\right)^2 + 600\frac{x}{\text{cm}} - 2000 = 0$ mit den Lösungen $x_1 = 10$ cm und $x_{2;3} = 10\cdot(2 \pm \sqrt{2})$ cm.

Hiervon scheidet $x_2 = 10(2 + \sqrt{2})$ cm wegen $2x_2 > b$ aus, so daß für die Länge der gesuchten Quadratseiten nur die beiden Möglichkeiten $x_1 = 10$ cm und $x_3 \approx 5{,}86$ cm bestehen.

109. Am freien Ende einer Blattfeder von der Länge l greift gemäß der Abbildung die Kraft $\vec{F}$ an. Dann kann bei nicht zu großer Auslenkung die Durchbiegung x im Abstand y vom freien Ende durch

$$x = \frac{F}{6EJ}\left[3l(l-y)^2 - (l-y)^3\right]$$

erfaßt werden, wobei E den Elastizitätsmodul und J das axiale Trägheitsmoment der Feder bedeuten.

In welchem Abstand y vom freien Ende ist die Auslenkung x gleich der Hälfte der Auslenkung f am freien Ende?

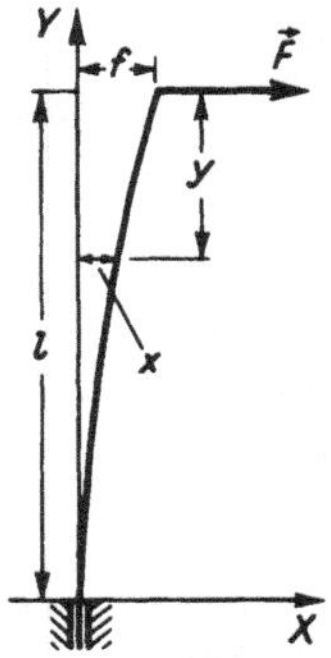

Die maximale Auslenkung f ergibt sich aus der Biegegleichung für $y = 0$ zu $f = \frac{F}{6EJ}(3l^3 - l^3) = \frac{F}{3EJ}l^3$. Zur Bestimmung des gesuchten Abstandes y muß in der Biegegleichung $x = \frac{f}{2}$ gesetzt werden.

Damit folgt

$$\frac{1}{2}\cdot\frac{F}{3EJ}l^3 = \frac{F}{6EJ}\left[3l(l-y)^2 - (l-y)^3\right]$$

$$l^3 = 3l^3 - 6l^2y + 3ly^2 - l^3 + 3l^2y - 3ly^2 + y^3$$

$$y^3 - 3l^2y + l^3 = 0.$$

Bei dieser **kubischen Gleichung** der Form $y^3 - 3ay - 2b = 0$ liegt wegen $b = -\frac{l^3}{2} < 0$

und $b^2 - a^3 = -\frac{3}{4}l^6 < 0$

der **irreduzible Fall** vor. Die Lösungen sind

$$y_1 = 2l\cdot\cos\left(\frac{\varphi}{3}\right),$$

$$y_2 = 2l\cdot\cos\left(\frac{\varphi}{3} + 120^\circ\right) \text{ und}$$

$$y_3 = 2l\cdot\cos\left(\frac{\varphi}{3} + 240^\circ\right)$$

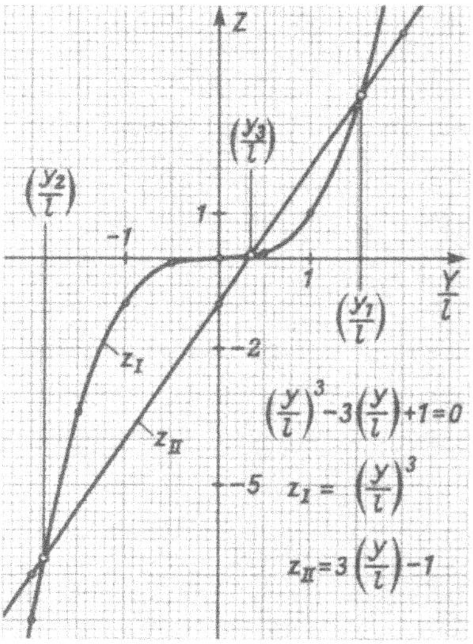

mit $\varphi = \arccos \dfrac{b}{a\cdot\sqrt{a}} = \arccos \dfrac{-\frac{l^3}{2}}{l^2\cdot\sqrt{l^2}} = \arccos\left(-\frac{1}{2}\right) = \frac{2\pi}{3} \mathrel{\hat{=}} 120^o$,

oder $y_1 = 2l\cdot\cos(40^o)$, $y_2 = 2l\cdot\cos(160^o)$ und $y_3 = 2l\cdot\cos(280^o)$.

Hiervon scheiden $y_1 = 2l\cdot\cos(40^o) \approx 1{,}531 > 1$ und $y_2 = -2l\cdot\cos(20^o) < 0$ als unbrauchbar aus.

Der gesuchte Abstand y, in dem die Durchbiegung gleich der halben Durchbiegung am freien Ende ist, beträgt somit $y = 2l\cdot\cos(280^o) = 2l\cdot\cos(80^o) \approx$ $\approx 2l\cdot 0{,}17365 = 0{,}3473l$.

---

110. In der abgebildeten Schaltung weist bei Schließung des Schalters zur Zeit $t = 0$ von den Kondensatoren mit den Kapazitäten C_a und C_b nur der erste die Spannung U_o auf, während der andere ungeladen ist. Zur Zeit $t > 0$ tritt am Ausgang die Spannung $u_b = u(t)$ auf. Diese wird durch verschiedenartige arithmetische Ausdrücke beschrieben, je nachdem bei der charakteristischen Gleichung 3. Grades in λ

$$LC_aC_bR_b\lambda^3 + (LC_a + R_aR_bC_aC_b)\lambda^2 + (R_aC_a + R_bC_a + R_bC_b)\lambda + 1 = 0$$

der Casus Cardani, dessen Grenzfall oder der irreduzible Fall auftritt. (vgl. Nr. 103-105).

Liegen im Falle des Casus Cardani die Lösungen $\lambda_1 = \delta_1$ und $\lambda_{2;3} = \delta_2 \pm j\omega_2$ mit $j = i$ als imaginärer Einheit vor, so ist

$$u(t) = \frac{U_o}{LC_b\,[(\delta_1 - \delta_2)^2 + \omega_2^2]} \cdot e^{\delta_1 t} + \frac{U_o}{LC_b\,\omega_2\sqrt{(\delta_1 - \delta_2)^2 + \omega_2^2}} \times$$

$$\times\, e^{\delta_2 t} \cdot \sin(\omega_2 t + \varphi)$$

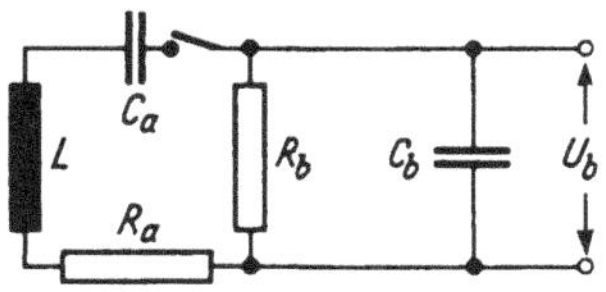

$$\text{mit } \varphi = \arctan \frac{\delta_2 - \delta_1}{\omega_2} - \frac{\pi}{2}.$$

Man überzeuge sich, daß dieser Fall für die speziellen Werte $U_o = 1000$ V, $R_a = 7\,\Omega$, $R_b = 12{,}5\,\Omega$, $C_a = 1\,\mu$F, $C_b = 5{,}5\,\mu$F, $L = 0{,}4$ mH zutrifft und stelle hierfür $u_b = u(t)$ auf.

Mit den gegebenen Zahlenwerten lautet die charakteristische Gleichung $2{,}75\cdot 10^{-14}\cdot\lambda^3\cdot s^3 + 0{,}88125\cdot 10^{-9}\,\lambda^2\cdot s^2 + 8{,}825\cdot 10^{-5}\,\lambda\cdot s + 1 = 0$. Die Substitution $\lambda = 10^5\cdot x s^{-1}$ unterdrückt die Zehnerpotenzen und ergibt $f(x) \equiv 27{,}5x^3 + 8{,}8125x^2 + 8{,}825x + 1 = 0$. Es handelt sich um eine

HURWITZ-Gleichung (vgl. Nr. 114), weil nur positive Koeffizienten auftreten und $\begin{vmatrix} a_2 & a_0 \\ a_3 & a_1 \end{vmatrix} = \begin{vmatrix} 8{,}8125 & 1 \\ 27{,}5 & 8{,}825 \end{vmatrix} > 0$ ist. Die Dämpfungskonstanten δ_1 und δ_2 fallen demnach - was auch physikalisch zu erwarten ist - negativ aus und zeigen so ein Abklingen des Vorgangs mit zunehmendem t an.

x		-2	-1	0	1	2	...
y	...	-201,4	-26,51	1	46,14	273,9	...

Dem Graph von $y = f(x)$ entnimmt man, daß die Gleichung $f(x) = 0$ in der Umgebung von 0 eine Lösung x_1 besitzen muß. Mit $x_{1,1} = -0{,}1$ als Ausgangswert liefert das NEWTONsche Näherungsverfahren unter Verwendung des HORNERschen Schemas

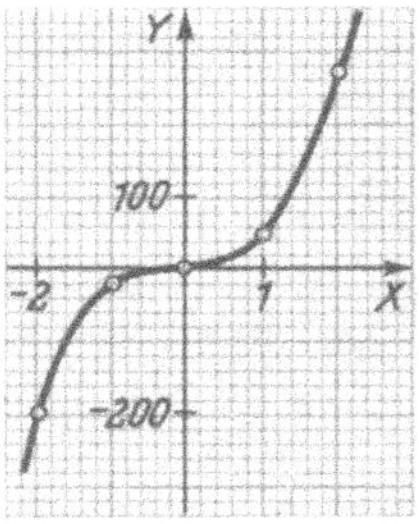

	27,5	8,8125	8,825	1
-0,1		-2,75	-0,60625	-0,821875
	27,5	6,0625	8,21875	0,178125
		-2,75	-0,33125	
	27,5	3,3125	7,88750 .	

$$x_{1,2} = x_{1,1} - \frac{f(x_{1,1})}{f'(x_{1,1})} \approx -0{,}1 - \frac{0{,}178125}{7{,}88750} \approx$$

$$\approx -0{,}1 - 0{,}023 = -0{,}123.$$

Wiederholung des Verfahrens mit $x_{1,2} \approx -0{,}123$ ergibt

	27,5	8,8125	8,825	1
-0,123		-3,3825	-0,66789	-1,00332
	27,5	5,4300	8,15711	-0,00332
		-3,3825	-0,25184	
	27,5	2,0475	7,90527 ,	

also $x_{1,3} = x_{1,2} - \frac{f(x_{1,2})}{f'(x_{1,2})} \approx -0{,}123 - \frac{-0{,}00332}{7{,}90527} \approx -0{,}123 + 0{,}00042 =$ $= -0{,}12258$. Die Kontrolle der Lösung $x_1 \approx -0{,}12258$ der Gleichung $f(x) = 0$ in der Form

	27,5	8,8125	8,825	1
-0,12258		-3,37095	-0,66703	-1,00000
	27,5	5,44155	8,15797	0,00000

erbringt noch die Zerlegung

$$f(x) \approx (x + 0{,}12258)\cdot(27{,}5x^2 + 5{,}44155x + 8{,}15797) \approx$$
$$\approx 27{,}5\cdot(x + 0{,}12258)\cdot(x^2 + 0{,}197875x + 0{,}296653).$$

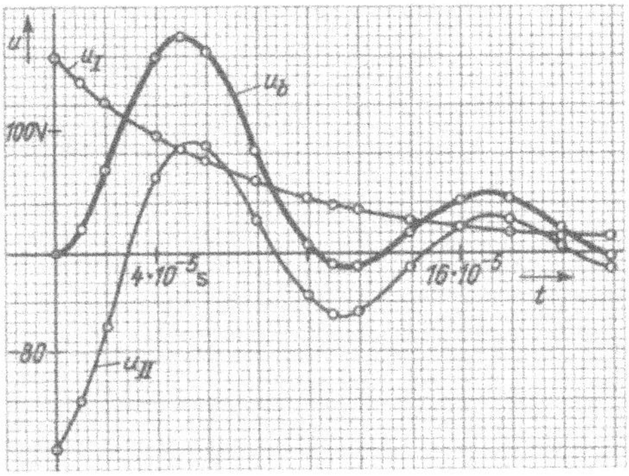

Aus der quadratischen Gleichung $x^2 + 0{,}197875\,x + 0{,}296653 = 0$ findet man die restlichen Lösungen $x_{2;3} \approx \dfrac{-0{,}197875 \pm 1{,}07119\,j}{2} \approx$
$\approx 0{,}09894 \pm 0{,}53560\,j$.

Somit ist $\lambda_1 = \delta_1 \approx -1{,}2258\cdot 10^4\cdot s^{-1}$ und $\lambda_{2;3} = \delta_2 \pm j\,\omega_2 \approx$
$\approx (-0{,}9894 \pm 5{,}3560\,j)\cdot 10^4\cdot s^{-1}$. Daraus folgt (gerundet)

$$u_b = 158{,}14\cdot e^{-1{,}2258\cdot 10^4\cdot\frac{t}{s}}\ V + 158{,}30\cdot e^{-0{,}9894\cdot 10^4\cdot\frac{t}{s}}\cdot$$
$$\cdot\sin(5{,}3560\cdot 10^4\,\frac{t}{s} - 87{,}47^o)\ V.$$

Für die Zeichnung des Graphen zerlegt man zweckmäßig $u_b = u_I + u_{II}$
mit $u_I = 158{,}14\cdot e^{-1{,}2258\cdot 10^4\,\frac{t}{s}}\ V$
und $u_{II} = 158{,}30\cdot e^{-0{,}9894\cdot 10^4\,\frac{t}{s}}\cdot\sin(5{,}3560\cdot 10^4\cdot\frac{t}{s} - 87{,}47^o)\ V$.

$\frac{t}{10^{-5}s}$	0	1	2	4	5	6	8	10	11	12	14	16	18	20	22	...
$\frac{u_I}{V}$	158	140	124	97	86	76	59	46	41	36	28	22	17	14	11	...
$\frac{u_{II}}{V}$	-158	-120	-57	62	88	87	27	-37	-50	-47	-12	22	26	5	-13	...
$\frac{u_b}{V}$	0	20	67	159	174	163	86	9	-9	-11	16	44	43	19	-2	...

111. Man bestimme die Lösungsmenge $\mathbb{L}$ der Gleichung

$x^4 - 2x^3 - 8x^2 - 3x + 12 = 0$ in der Grundmenge $\mathbb{C}$.

$x = 1 \mid \; 1 \; -2 \; -8 \; -3 \; +12 = 0 \Rightarrow x_1 = 1;$

Division nach HORNER

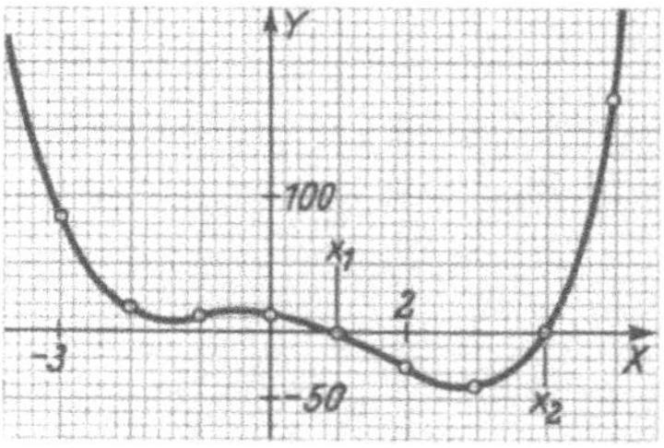

$$\begin{array}{r|rrrrr} & 1 & -2 & -8 & -3 & 12 \\ 1 & & 1 & -1 & -9 & -12 \\ \hline & 1 & -1 & -9 & -12 & — \end{array};$$

$x^3 - x^2 - 9x - 12 = 0$

$$\begin{array}{rr|rrrl} x = & 2 & 8 & -4 & -18 & -12 \neq 0 \\ x = & -2 & -8 & +4 & +18 & -12 \neq 0 \\ x = & 3 & 27 & -9 & -27 & -12 \neq 0 \\ x = & -3 & -27 & -9 & +27 & -12 \neq 0 \\ x = & 4 & 64 & -16 & -36 & -12 = 0 \Rightarrow x_2 = 4; \end{array}$$

$$\begin{array}{r|rrrr} & 1 & -1 & -9 & -12 \\ 4 & & 4 & 12 & 12 \\ \hline & 1 & 3 & 3 & — \end{array};$$

$x^2 + 3x + 3 = 0;$ $\qquad x_{3;4} = \dfrac{-3 \pm i\sqrt{3}}{2}$.

Somit ist $\mathbb{L} = \left\{ 1;\, 4;\, \dfrac{-3 \pm i\sqrt{3}}{2} \right\}$.

$y = x^4 - 2x^3 - 8x^2 - 3x + 12$

x	...	-3	-2	-1	0	1	2	3	4	5 ...
y	...	84	18	10	12	0	-26	-42	0	172 ...

.

---

112. Welche Lösungsmenge $\mathbb{L}$ in der Grundmenge $\mathbb{C}$ genügt der algebraischen Gleichung vierten Grades $x^4 - 2x^2 - 8 = 0$?

Diese spezielle Gleichung läßt sich durch die Substitution $x^2 = z$ auf die in z quadratische Gleichung $z^2 - 2z - 8 = 0$ reduzieren.

Aus $z_{1;2} = 1 \pm 3$ folgt $z_1 = 4$ und $z_2 = -2$,
womit sich $x_{1;2} = \pm 2$ und $x_{3;4} = \pm i\sqrt{2}$ ergeben.

Es ist daher $\mathbb{L} = \{ \pm 2;\; \pm i\sqrt{2} \}$.

---

113. Von der algebraischen Gleichung vierten Grades $x^4 + 4x^3 - 23x^2 - 62x + 270 = 0$ ist die komplexe Lösung $x_1 = 3 + i$ bekannt. Man bestimme die übrigen Lösungen in der Grundmenge $\mathbb{C}$.

Die Division der gegebenen algebraischen Gleichung mit $(x - x_1)\cdot(x - x_2) = x^2 - 6x + 10$, wobei $x_2 = \bar{x}_1 = 3 - i$ die zu x_1 konjugiert komplexe Lösung ist, kann nach HORNER wie folgt geschehen:

	1	4	-23	-62	270
-10			-10	-100	-270
6		6	60	162	
	1	10	27	0	0 .

Damit liegt noch die quadratische Gleichung

$x^2 + 10x + 27 = 0$ vor, deren Lösungen $x_{3;4} = -5 \pm \sqrt{2}\,i$ sind.

Es ist demnach die Lösungsmenge $\mathbb{L} = \{3 \pm i;\ -5 \pm \sqrt{2}\,i\}$.

---

114. Es ist festzustellen, ob jeweils sämtliche Lösungen der algebraischen Gleichungen

a) $2x^2 + 6x + 21 = 0$

b) $x^3 + 7x^2 + 17x + 15 = 0$

c) $5x^4 + 36x^3 + 51x^2 + 42x + 10 = 0$

d) $1458x^4 - 243x^3 - 468x^2 + 198x - 20 = 0$

e) $2x^5 + 5x^4 + 6x^3 + 22x^2 + 60x + 25 = 0$

in der Grundmenge $\mathbb{C}$ negativ sind oder negative Realteile besitzen.

Eine Gleichung $a_n x^n + a_{n-1}x^{n-1} + \ldots + a_1 x + a_0 = 0$ mit der angeführten Eigenschaft wird als HURWITZ-Gleichung bezeichnet. Setzt man $\{a_n; a_{n-1}; \ldots; a_1; a_0\} \subset \mathbb{R}$ voraus, so kann $a_n > 0$ angenommen werden, was sich nötigenfalls durch Multiplikation der Gleichung mit (-1) erreichen läßt. In diesem Falle kann eine HURWITZ-Gleichung nur vorliegen, wenn ausschließlich positive Koeffizienten $a_n, a_{n-1}, \ldots, a_1, a_0$ auftreten. Diese Bedingung ist jedoch nur für Gleichungen 1. und 2. Grades auch hinreichend. Eine Gleichung dritten oder höheren Grades ist dann und nur dann eine HURWITZ-Gleichung, wenn mit

$$D_1 = a_{n-1}\ ;\ D_2 = \begin{vmatrix} a_{n-1} & a_{n-3} \\ a_n & a_{n-2} \end{vmatrix}\ ;\ D_3 = \begin{vmatrix} a_{n-1} & a_{n-3} & a_{n-5} \\ a_n & a_{n-2} & a_{n-4} \\ a_{n+1} & a_{n-1} & a_{n-3} \end{vmatrix}\ ;\ \ldots$$

$$D_n = \begin{vmatrix} a_{n-1} & a_{n-3} & a_{n-5} & \cdots & a_{1-n} \\ a_n & a_{n-2} & a_{n-4} & \cdots & a_{2-n} \\ \vdots & & & & \vdots \\ a_{2n-3} & a_{2n-5} & a_{2n-7} & \cdots & a_{-1} \\ a_{2n-2} & a_{2n-4} & a_{2n-6} & \cdots & a_0 \end{vmatrix}$$

$\{D_1; D_2; \ldots; D_n\} \subset \mathbb{R}^+$ ist, wobei $a_\nu = 0$ gesetzt wird, falls $\nu < 0$ oder $\nu > n$ sein sollte. (HURWITZ-Kriterium).

a) ist eine HURWITZ-Gleichung, weil $\{2; 6; 21\} \subset \mathbb{R}^+$.

Die notwendige Bedingung für eine HURWITZ-Gleichung 3. Grades, $\{a_3; a_2; a_1; a_0\} \subset \mathbb{R}^+$ reicht hin, falls noch $D_2 = \begin{vmatrix} a_2 & a_0 \\ a_3 & a_1 \end{vmatrix} > 0$ ist.

Unter Beachtung von $D_1 = a_2$ und $D_3 = \begin{vmatrix} a_2 & a_0 & 0 \\ a_3 & a_1 & 0 \\ 0 & a_2 & a_0 \end{vmatrix} = a_0 \cdot D_2$

wird dann nämlich $D_1 > 0$ und $D_3 > 0$.

b) ist also wegen $\{1; 7; 17; 15\} \subset \mathbb{R}^+$ und $\begin{vmatrix} a_2 & a_0 \\ a_3 & a_1 \end{vmatrix} = \begin{vmatrix} 7 & 15 \\ 1 & 17 \end{vmatrix} = 104 > 0$

eine HURWITZ-Gleichung.

Soll eine Gleichung 4. Grades eine HURWITZ-Gleichung sein, so ist neben $\{a_4; a_3; a_2; a_1; a_0\} \subset \mathbb{R}^+$ nur noch $D_3 > 0$ notwendig und hinreichend.

Wegen $D_3 = \begin{vmatrix} a_3 & a_1 & 0 \\ a_4 & a_2 & a_0 \\ 0 & a_3 & a_1 \end{vmatrix}$ und $D_2 = \begin{vmatrix} a_3 & a_1 \\ a_4 & a_2 \end{vmatrix}$ ist nämlich

$D_3 = a_1 D_2 - a_0 a_3^2$ und deshalb ist mit $D_3 > 0$ auch $D_2 > 0$. Darüberhinaus

ist mit $D_3 > 0$ auch $D_4 = \begin{vmatrix} a_3 & a_1 & 0 & 0 \\ a_4 & a_2 & a_0 & 0 \\ 0 & a_3 & a_1 & 0 \\ 0 & a_4 & a_2 & a_0 \end{vmatrix} = a_0 D_3 > 0$ und $D_1 = a_3 > 0$.

Hiernach ist c) mit $\{5; 36; 51; 42; 10\} \subset \mathbb{R}^+$ und $D_3 = \begin{vmatrix} 36 & 42 & 0 \\ 5 & 51 & 10 \\ 0 & 36 & 42 \end{vmatrix} =$

$= 36 \cdot 51 \cdot 42 - 36 \cdot 10 \cdot 36 - 42 \cdot 5 \cdot 42 > 0$ eine HURWITZ-Gleichung.

Dies gilt nicht für d), weil $\{1458; -243; -468; 198; -20\}$ auch negative Elemente enthält.

Schließlich ist e) keine HURWITZ-Gleichung, weil zwar $\{2; 5; 5; 22; 60; 25\} \subset \mathbb{R}^+$ und damit $D_1 = a_4 = 5 > 0$, jedoch

$D_2 = \begin{vmatrix} a_4 & a_2 \\ a_5 & a_3 \end{vmatrix} = \begin{vmatrix} 5 & 22 \\ 2 & 6 \end{vmatrix} = -14 < 0$ ist.

Der Vollständigkeit halber seien abschließend noch die Lösungsmengen der Gleichungen a) bis e) angeführt: $\mathbb{L}_a = \left\{ -\frac{3}{2} \pm \frac{i}{2}\sqrt{33} \right\}$,

$\mathbb{L}_b = \{-3; -2 \pm i\}$, $\mathbb{L}_c = \{-3 \pm \sqrt{7}; -0{,}6 \pm 0{,}8i\}$,

$\mathbb{L}_d = \left\{ \frac{1}{6}; -\frac{2}{3}; \frac{1}{3} \pm \frac{1}{9} i \right\}$, $\mathbb{L}_e = \left\{ -\frac{1}{2}; 1 \pm 2i; -2 \pm i \right\}$.

---

115. In der Grundmenge $\mathbb{C}$ ermittle man die Lösungsmenge $\mathbb{L}$ der Gleichung $x^4 + 4x^3 - 7x^2 - 26x - 14 = 0$ mit Hilfe einer kubischen Resolvente.

Einer Gleichung $x^4 + a_3x^3 + a_2x^2 + a_1x + a_0 = 0$ mit reellen Koeffizienten kann auf verschiedene Weise eine Gleichung 3. Grades $R(w) = 0$ als kubische Resolvente zugeordnet werden, so etwa

$$R(w) \equiv w^3 - a_2w^2 + (a_1a_3 - 4a_0)w - a_0(a_3^2 - 4a_2) - a_1^2 = 0.$$

Ist nur eine einzige reelle Lösung vorhanden, so werde diese mit w_1 bezeichnet. Andernfalls empfiehlt es sich, die größte reelle Lösung als w_1 zu wählen, wodurch sichergestellt ist, daß die folgenden Zwischenrechnungen weitmöglichst im Bereich reeller Zahlen verlaufen.

Mit den nacheinander zu bestimmenden Hilfsgrößen

$$p = \frac{\sqrt{a_3^2 - 4a_2 + 4w_1}}{2} \quad \text{und}$$

$$q = \begin{cases} \dfrac{a_3w_1 - 2a_1}{4p}, & \text{falls } p \neq 0 \\[2ex] \dfrac{\sqrt{w_1^2 - 4a_0}}{2}, & \text{falls } p = 0 \end{cases}$$

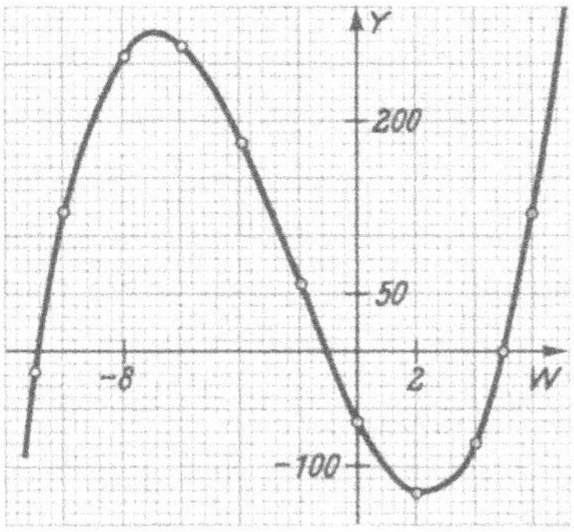

ergeben sich die Lösungen der vorliegenden Gleichung 4. Grades als Lösungen der beiden quadratischen Gleichungen

$$x^2 + \left(\frac{a_3}{2} \pm p\right) x + \frac{w_1}{2} \pm q = 0.$$

Speziell für $a_3 = 4$; $a_2 = -7$; $a_1 = -26$; $a_0 = -14$ erhält man $R(w) = w^3 + 7w^2 - 48w - 60 = 0$.

$y = R(w)$

w	...	-11	-10	-8	-6	-4	-2	0	2	4	5	6 ...
y	...	-16	120	260	264	180	56	-60	-120	-76	0	120 ...

Beim Entwerfen des Graphen von $R(w)$ findet man schnell $w_1 = 5$ als größte Lösung von $R(w) = 0$. Die übrigen, hier nicht benötigten Lösungen sind $w_{2;3} = -6 \pm 2\sqrt{6}$. Mit $w_1 = 5$ wird $p = \frac{\sqrt{4^2 - 4\cdot(-7) + 4\cdot 5}}{2} = 4$ und damit $q = \frac{4\cdot 5 - 2\cdot(-26)}{4\cdot 4} = 4{,}5$. Dies ergibt die quadratischen Gleichungen $x^2 + \left(\frac{4}{2} \pm 4\right)x + \frac{5}{2} \pm 4{,}5 = 0$ mit den Lösungen $x_{1;2} = -3 \pm \sqrt{2}$ und $x_{3;4} = 1 \pm \sqrt{3}$. Daraus folgt $\mathbb{L} = \{-3 \pm \sqrt{2};\ 1 \pm \sqrt{3}\}$.
Kontrolle: $x_1 + x_2 + x_3 + x_4 = -4 = -a_3$ und $x_1x_2x_3x_4 = -14 = a_0$.

---

116. In der Grundmenge $\mathbb{C}$ bestimme man die Lösungsmenge $\mathbb{L}$ der Gleichung $x^4 - 10{,}8x^3 + 47{,}1x^2 - 165x + 250 = 0$.

Mit $a_3 = -10{,}8$; $a_2 = 47{,}1$; $a_1 = -165$; $a_0 = 250$ ist (vgl. Nr. 115)
$R(w) \equiv w^3 - 47{,}1w^2 + 782w - 9285 = 0$. Über die Substitution $w = z + \frac{47{,}1}{3}$, also $w = z + 15{,}7$ erhält man mittels des HORNERschen Schemas

	1	-47,1	782	-9285
15,7		15,7	-492,98	4537,614
	1	-31,4	289,02	4747,386
		15,7	-246,49	
	1	-15,7	42,53	
		15,7		
	1	0		

die reduzierte kubische Resolvente $R_1(z) \equiv z^3 + 42{,}53z - 4747{,}386 = 0$. Eine sicher vorhandene reelle Lösung kann man entweder genähert auf graphischem Wege bestimmen und anschließend durch ein Näherungsverfahren beliebig verbessern oder aber durch Auswertung der Formel von CARDANO erhalten. Vergleichsweise sollen beide Lösungswege bearbeitet werden.

Beim ersten formt man $R_1(z) = 0$ um in das System

$$y_I = z^3$$
$$y_{II} = -42{,}53z + 4747{,}386.$$

z	0	±5	±10	±15	±18 ...
y_I	0	±125	±1000	±3375	±5832 ...

;

z	...	0	20 ...
y_{II}	...	4747	3897 ...

Die graphische Darstellung zeigt, daß nur e i n e reelle Lösung $z_1 \approx 16$ vorhanden ist. Das NEWTONsche Näherungsverfahren liefert unter Verwendung des HORNERschen Schemas

	1	0	42,53	-4747,386
16		16	256	4776,48
	1	16	298,53	29,094
		16	512	
	1	32	810,53	

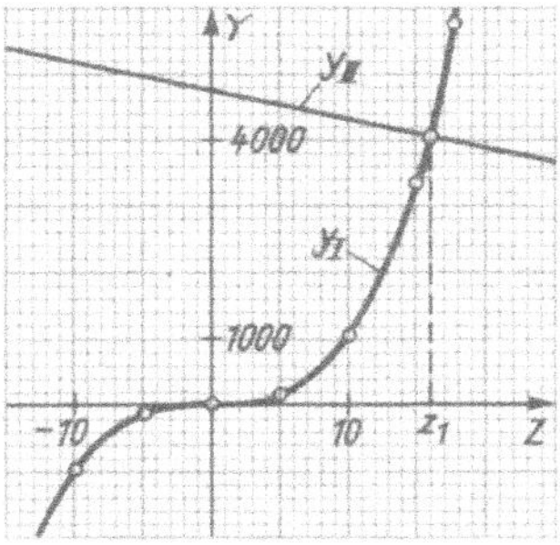

als neue Näherung $z_1 \approx 16 - \dfrac{R_1(16)}{R_1'(16)} =$

$$= 16 - \frac{29{,}094}{810{,}53} \approx 16 - 0{,}0358950316 \approx$$

$\approx 15{,}96410497 \approx 15{,}964.$

Kontrolle:

Wegen $R_1(15{,}964) \approx -0{,}022918656 < 0$

und $R_1(15{,}9645) \approx 0{,}380632261 > 0$

ist somit $z_1 \approx 15{,}964$ bei 3 gültigen Stellen nach dem Komma.

Setzt man beim zweiten Weg zur Lösung $R_1(z) = z^3 - 3az - 2b$, so

ist $a = \dfrac{42{,}53}{-3}$ und $b = \dfrac{-4747{,}386}{-2}$ und hiermit $b^2 - a^3 \approx 5637267{,}655 > 0.$

Es liegt also der F a l l v o n CARDANO (vgl. Nr. 105) vor, für welchen man

$$u = \operatorname{sgn}(b + \sqrt{b^2 - a^3}) \cdot \sqrt[3]{|b + \sqrt{b^2 - a^3}|} \approx \sqrt[3]{4747{,}986085} \approx 16{,}8075$$

und

$$v = \operatorname{sgn}(b - \sqrt{b^2 - a^3}) \cdot \sqrt[3]{|b - \sqrt{b^2 - a^3}|} \approx -\sqrt[3]{|-0{,}600085242|} \approx$$

$\approx -0{,}8435$

oder auch kürzer $v = \dfrac{a}{u} \approx -0{,}8435$

und somit $z_1 = u + v \approx 15{,}9640$ erhält.

Rechnet man einheitlich mit $z_1 \approx 15{,}964$ weiter, dann kommt man wegen $w = z + 15{,}7$ auf $w_1 \approx 15{,}964 + 15{,}7 = 31{,}664$ für die einzige reelle Lösung w_1 der kubischen Resolvente $R(w) = 0$. Die Hilfsgrößen p und q (vgl. Nr. 115) sind damit

$$p \approx \frac{\sqrt{(-10{,}8)^2 - 4\cdot 47{,}1 + 4\cdot 31{,}664}}{2} \approx \frac{\sqrt{54{,}896}}{2} \approx 3{,}7046,$$

$$q \approx \frac{(-10{,}8)\cdot 31{,}664 - 2\cdot(-165)}{4\cdot 3{,}7046} \approx \frac{-11{,}9712}{14{,}8184} \approx -0{,}8079.$$

Näherungswerte für x_1 und x_2 ergeben sich aus der quadratischen Gleichung
$x^2 + \left(\frac{-10{,}8}{2} + 3{,}7046\right) x + \frac{31{,}664}{2} - 0{,}8079 = 0$ oder $x^2 - 1{,}6954x + 15{,}0241 = 0$. Es ist daher $x_{1;2} \approx \frac{1{,}6954 \pm \sqrt{(-1{,}6954)^2 - 4\cdot 15{,}0241}}{2} \approx \frac{1{,}6954 \pm \sqrt{57{,}2220}}{2} \approx \frac{1{,}6954 \pm 7{,}5645\cdot i}{2} \approx 0{,}848 \pm 3{,}782i$. In gleicher Weise genügen Näherungswerte für x_3 und x_4 der quadratischen Gleichung $x^2 + \left(\frac{-10{,}8}{2} - 3{,}7046\right)\cdot x + \frac{31{,}664}{2} + 0{,}8079 = 0$ oder $x^2 - 9{,}1049x + 16{,}6399 = 0$ und es ist deshalb $x_{3;4} \approx \frac{9{,}1049 \pm \sqrt{(-9{,}1049)^2 - 4\cdot 16{,}6399}}{2} \approx \frac{9{,}1049 \pm \sqrt{16{,}3396}}{2} \approx \frac{9{,}1049 \pm 4{,}0422}{2}$, also $x_3 \approx 6{,}574$ und $x_4 \approx 2{,}531$.

Damit ist $\mathbb{L} = \{\approx 0{,}848 \pm 3{,}782i; \approx 6{,}574; \approx 2{,}531\}$.

Kontrolle: $-(x_1 + x_2 + x_3 + x_4) \approx -10{,}801$, was dem Koeffizienten $-10{,}8$ von x^3 sehr nahe kommt.

---

117. In der Grundmenge $\mathbb{R}$ ermittle man die Lösungsmenge $\mathbb{L}$ der Gleichung $x^4 + 4x^3 - 7x^2 - 26x - 14 = 0$ (vgl. Nr. 115) nach einer von SOKOLNIKOFF angegebenen Methode.

Die algebraische Gleichung $x^4 + a_3x^3 + a_2x^2 + a_1x + a_0 = 0$ geht durch die Transformation $x = z - \frac{a_3}{4}$ in die reduzierte Form $z^4 + b_2z^2 + b_1z + b_0 = 0$ über. Läßt man den einfachen Sonderfall $b_2 = 0$ außer acht, so führt die weitere Transformation $z = \sqrt{|b_2|}\cdot w$ auf die Gleichung $w^4 \pm w^2 + c_1w + c_0 = 0$, je nachdem $b_2 \gtrless 0$ ist. Diese läßt sich zum Gleichungssystem

$$y = w^4 \pm w^2$$
$$y = -c_1w - c_0$$

erweitern. Die Graphen von $y = w^4 \pm w^2$ sind von der speziell vorgelegten Gleichung unabhängig, und es ergeben sich die reellen Näherungslösungen als die Abszissen der Schnittpunkte mit der durch $y = -c_1w - c_0$ gegebenen Geraden.

Durch die Transformation $x = z - \frac{a_3}{4}$, hier also $x = z - 1$, wird die vorgelegte Gleichung mittels des HORNERschen Schemas

	1	4	-7	-26	-14
-1		-1	-3	10	16
	1	3	-10	-16	2
		-1	-2	12	
	1	2	-12	-4	
		-1	-1		
	1	1	-13		
		-1			
	1	0			

auf $z^4 - 13z^2 - 4z + 2 = 0$ zurückgeführt. Mit $z = \sqrt{|b_2|} \cdot w$ und $b_2 = -13$, also $z = \sqrt{13}\,w$, kommt man auf $169w^4 - 169w^2 - 4\sqrt{13}\,w + 2 = 0$ oder

$$w^4 - w^2 - \frac{4\sqrt{13}}{169}w + \frac{2}{169} = 0$$

und das Gleichungssystem

$$y_I = w^4 - w^2$$
$$y_{II} \approx 0{,}0853\,w - 0{,}0118.$$

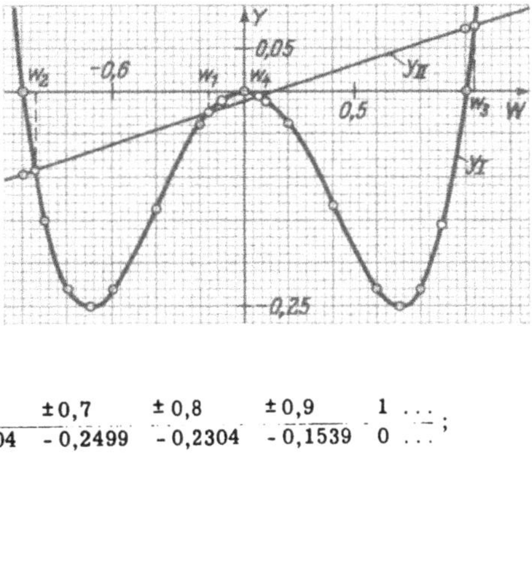

w	0	±0,1	±0,2	±0,4	±0,6	±0,7	±0,8	±0,9	1 ...
y_I	0	-0,0099	-0,0384	-0,1344	-0,2304	-0,2499	-0,2304	-0,1539	0 ...

;

w	... -1	1 ...
y_{II}	... -0,0971	0,0735 ...

.

Mit den Schnittpunktsabszissen $w_1 \approx -0{,}16$, $w_2 \approx -0{,}94$, $w_3 \approx 1{,}04$, $w_4 \approx 0{,}08$ findet man über $z = \sqrt{13}\,w$ und $x = z - 1$ nacheinander $x_1 \approx -1{,}58$; $x_2 \approx -4{,}39$; $x_3 \approx 2{,}75$; $x_4 \approx -0{,}71$ und dadurch

$\mathbb{L} = \{\approx -1{,}58;\ \approx -4{,}39;\ \approx 2{,}75;\ \approx -0{,}71\}$.

---

118. Man ermittle auf zeichnerischem Wege näherungsweise die Lösungen der algebraischen Gleichung $x^4 - x^3 + 4x^2 - 5x - 10 = 0$ in $\mathbb{G} = \mathbb{R}$ und verbessere die gefundenen Werte mit Hilfe der Regula falsi.

$$y = f(x) = x^4 - x^3 + 4x^2 - 5x - 10$$

x	...	-2	-1,5	-1	-0,5	0	0,5	1	1,5	2 ...
y	...	40	14,9	1	-6,3	-10	-11,6	-11	-6,8	4 ...

Zur Verbesserung der bei etwa $x_1 = -1$ liegenden negativen reellen Nullstelle wird zunächst der Funktionswert an der Stelle $x_2 = -0,9$ nach dem HORNERschen Schema

	1	-1	4	-5	-10	
-0,9		-0,9	1,71	-5,139	9,1251	
		-1,9	5,71	-10,139	-0,8749	≈ -0,875

ermittelt.

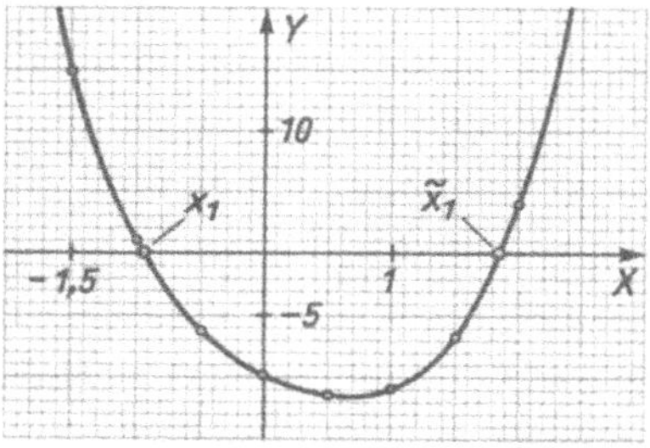

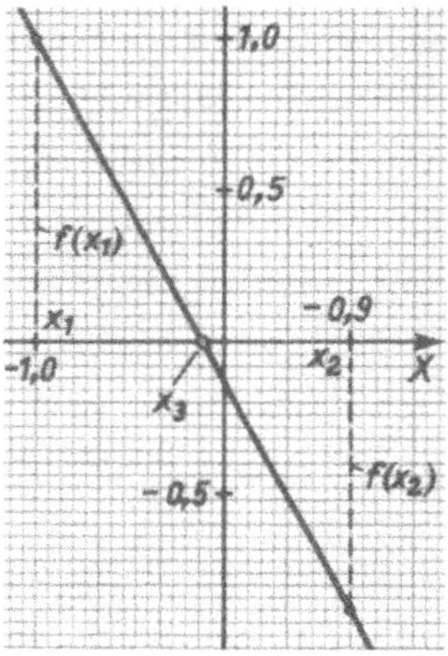

Mit $x_1 = -1$, $f(x_1) = 1$
und $x_2 = -0,9$, $f(x_2) \approx -0,875$
wird die verbesserte Lösung x_3 nach der Regula falsi zu

$$x_3 = x_1 + \frac{(x_1 - x_2) \cdot f(x_1)}{f(x_2) - f(x_1)} \approx -1 + \frac{(-1 + 0,9) \cdot 1}{-0,875 - 1} \approx -1 + 0,053 = -0,947$$

gefunden.

Kontrolle:

	1	-1	4	-5	-10	
-0,947		-0,947	1,844	-5,534	9,976	
		-1,947	5,844	-10,534	-0,024	,

$f(x_3) \approx -0,024$;

Für die positive reelle Nullstelle folgt analog:

$\tilde{x}_1 = 2, \quad f(\tilde{x}_1) = 4$

$\tilde{x}_2 = 1,8, \quad f(\tilde{x}_2) \approx -1,374$

	1	-1	4	-5	-10
1,8		1,8	1,44	9,792	8,6256
		0,8	5,44	4,792	-1,374

$$\tilde{x}_3 \approx 2 + \frac{(2 - 1{,}8)\cdot 4}{-1{,}374 - 4} \approx 2 - 0{,}149 = 1{,}851;$$

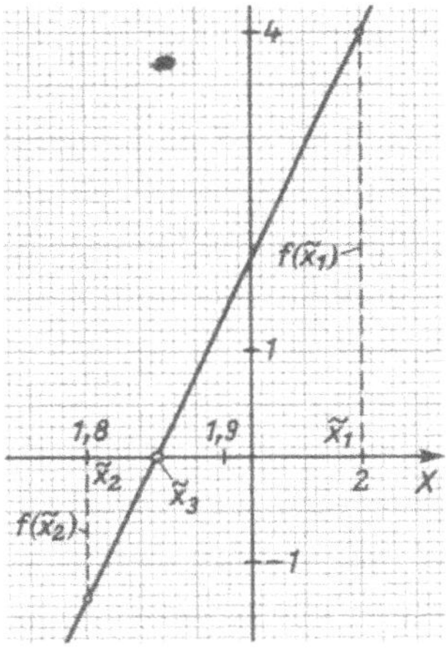

Kontrolle:

	1	-1	4	-5	-10
1,851		1,851	1,575	10,319	9,845
		0,851	5,575	5,319	-0,155

$f(\tilde{x}_3) \approx -0{,}155.$

In der Grundmenge $\mathbb{R}$ ist somit die Lösungsmenge $\mathbb{L} = \{\approx -0{,}947; \approx 1{,}851\}$.

119. Die Lösungen der algebraischen Gleichung 4. Grades $x^4 - 2x - 5 = 0$ sind in $\mathbb{G} = \mathbb{R}$ näherungsweise graphisch zu bestimmen.

$y_I = f_I(x) = x^4$

x	...	0	±0,5	±1	±1,5	±2	...
y_I	...	0	0,06	1	5,06	16	...

$y_{II} = f_{II}(x) = 2x + 5$

x	...	-2	0	2	...
y_{II}	...	1	5	9	...

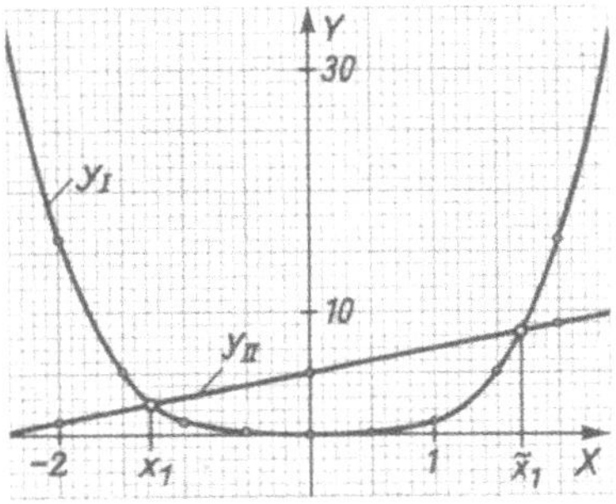

Die gesuchten reellen Lösungen sind die Abszissen der Schnittpunkte beider Kurven.

Aus der Zeichnung ergeben sich die beiden Lösungen zu $x_1 \approx -1{,}28$ und $\tilde{x}_1 \approx 1{,}70$. Zur genaueren Ermittlung wird der Kurvenverlauf in einer kleinen Umgebung der Schnittpunkte in größerem Maßstab herausgezeichnet, wobei das gekrümmte Kurvenstück der Parabel 4. Ordnung mit der Gleichung $y_I = x^4$ näherungsweise durch eine Gerade $\bar{y}_I = \bar{f}_I(x)$ ersetzt wird.

Negative Nullstelle:

$x_1' = -1{,}2 \quad \begin{cases} f_I(x_1') \approx 2{,}07 \\ f_{II}(x_1') = 2{,}6 \end{cases} \qquad x_1'' = -1{,}3 \quad \begin{cases} f_I(x_1'') \approx 2{,}86 \\ f_{II}(x_1'') = 2{,}4. \end{cases}$

Der Schnittpunkt beider Kurven hat angenähert die Abszisse

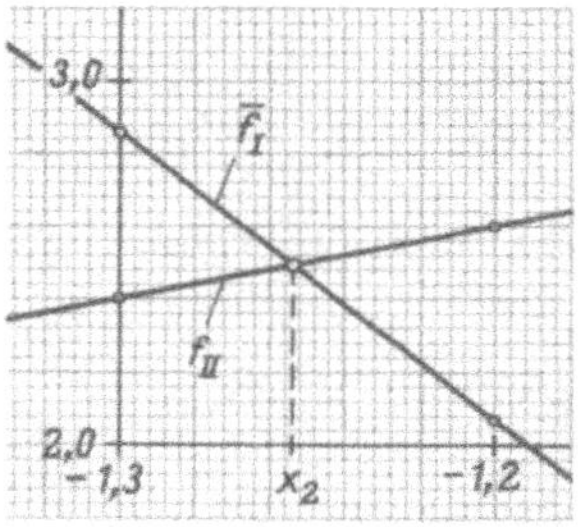

$x_2 \approx -1{,}254;$

Kontrolle:

	1	0	0	-2	-5
-1,254		-1,254	1,573	-1,973	4,982
		-1,254	1,573	-3,973	-0,018

$f_I(x_2) - f_{II}(x_2) \approx -0{,}018.$

Positive Nullstelle:

$\tilde{x}_1' = 1{,}65 \quad \begin{cases} f_I(\tilde{x}_1') \approx 7{,}41 \\ f_{II}(\tilde{x}_1) = 8{,}3 \end{cases} \qquad \tilde{x}_1'' = 1{,}75 \quad \begin{cases} f_I(\tilde{x}_1'') \approx 9{,}38 \\ f_{II}(\tilde{x}_1'') = 8{,}5\ ; \end{cases}$

Aus der Zeichnung kann $\tilde{x}_2 \approx 1{,}700$ entnommen werden.

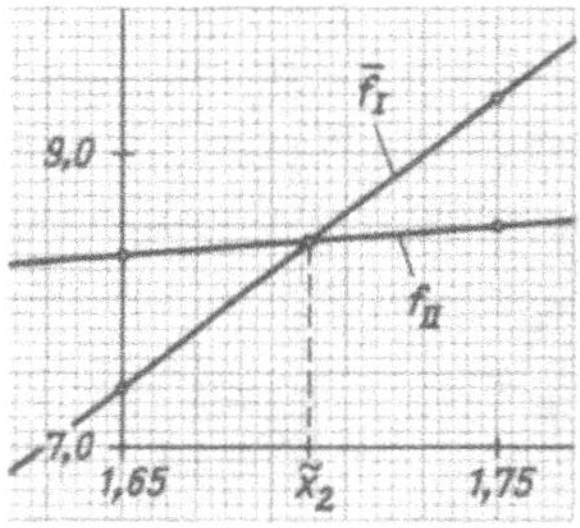

Kontrolle:

	1	0	0	-2	-5
1,7		1,7	2,89	4,913	4,952
		1,7	2,89	2,913	-0,048.

Somit ist die Lösungsmenge in der Grundmenge $\mathbb{R}$

$\mathbb{L} = \{ \approx -1{,}254; \ \approx 1{,}700 \}.$

---

120. In den abgebildeten kapazitiv gekoppelten Schwingungskreisen mit Spulen der Induktivitäten L_1, L_2 und Kondensatoren der Kapazitäten C_1, C_2, C_3, wobei anfangs nur der letztgenannte Kondensator geladen sein soll, werden nach Schließung des Schalters elektrische Schwingungen erregt, die aus 2 Sinusschwingungen mit den Frequenzen f_1 und f_2 additiv zusammengesetzt werden können. Ihre Kreisfrequenzen $\omega_1 = 2\pi f_1$ und $\omega_2 = 2\pi f_2$ ergeben sich als Beträge der Imaginärteile der (komplexen) Lösungen der charakteristischen Gleichung

$$(L_1C_1C_3\ \lambda^2 + C_1 + C_3)\cdot(L_2C_2C_3\ \lambda^2 + C_2 + C_3) - C_1C_2 = 0.$$

Es sollen f_1 und f_2 für $C_1 = 2\ \mu F$, $C_2 = 4\ \mu F$, $C_3 = 2\ \mu F$, $L_1 = 10^{-2} H$, $L_2 = 2 \cdot 10^{-2}$ H ermittelt werden.

Unter Beachtung der Einheitenbeziehungen $H = \frac{Vs}{A}$ und $F = \frac{As}{V}$ lautet die charakteristische Gleichung

$$\left(4 \cdot 10^{-14}\ \lambda^2 \frac{As^3}{V} + 4 \cdot 10^{-6} \frac{As}{V}\right) \cdot \left(16 \cdot 10^{-14}\ \lambda^2 \frac{As^3}{V} + 6 \cdot 10^{-6} \frac{As}{V}\right) -$$

$$- 8 \cdot 10^{-12} \frac{A^2 s^2}{V^2} = 0 \quad \text{oder vereinfacht}$$

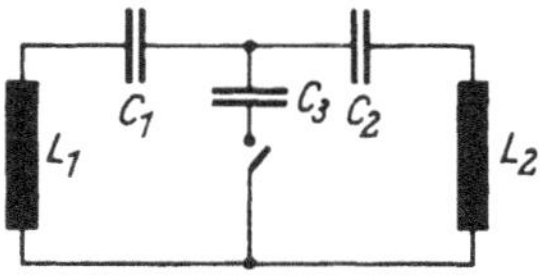

$$8\ \lambda^4 s^4 + 11 \cdot 10^8\ \lambda^2 s^2 + 2 \cdot 10^{16} = 0.$$

Die Substitution $z = \lambda^2 s^2$ führt auf $8 z^2 + 11 \cdot 10^8 z + 2 \cdot 10^{16} = 0$ mit den Lösungen $z_{1;2} = \frac{-11 \pm \sqrt{57}}{16} \cdot 10^8$, also $z_1 \approx -0{,}2156 \cdot 10^8$ und $z_2 \approx -1{,}1594 \cdot 10^8$. Hiermit wird $\lambda_{1;2} \approx \pm\, 0{,}4643 \cdot 10^4\, j\, s^{-1}$ und $\lambda_{3;4} \approx \pm\, 1{,}077 \cdot 10^4\, j\, s^{-1}$ für i = j als imaginärer Einheit. Demnach ergeben sich die Kreisfrequenzen zu $\omega_1 \approx 0{,}4643 \cdot 10^4\ s^{-1}$ und $\omega_2 \approx$ $\approx 1{,}077 \cdot 10^4\ s^{-1}$. Die zugeordneten Frequenzen sind daher $f_1 \approx 739$ Hz und $f_2 \approx 1714$ Hz.

2.3 Nichtlineare Gleichungssysteme

121. Welche Lösungsmenge $\mathbb{L}$ hat das Gleichungssystem

$x \cdot y = 4 \quad \ldots 1)$

$x - 2y - 2 = 0 \quad \ldots 2)$

in der Grundmenge $\mathbb{C}^2$?

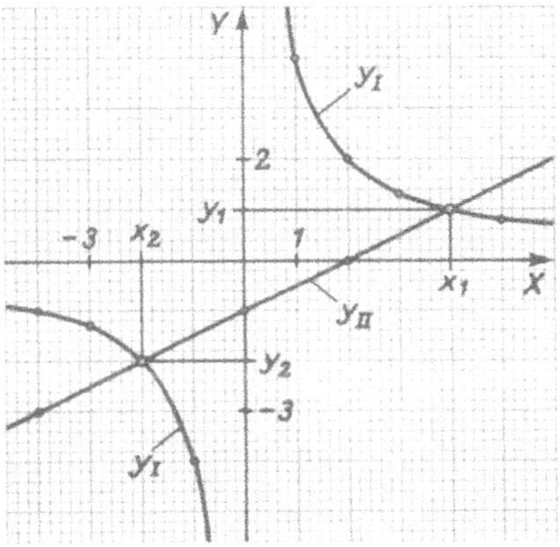

Aus 1) folgt für $x \neq 0 \quad y = \frac{4}{x} \quad \ldots 3)$

eingesetzt in 2)

$$x - \frac{8}{x} - 2 = 0$$

$$x^2 - 2x - 8 = 0$$

$$x_{1;2} = \frac{2 \pm \sqrt{4 + 32}}{2} = \frac{2 \pm 6}{2}$$

$x_1 = 4, \quad x_2 = -2;$

aus 3)

$y_1 = 1, \quad y_2 = -2.$

Mit $(x_k; y_k) \in \mathbb{L}$ und $k = 1,2$ ist somit $\mathbb{L} = \{(4; 1); (-2; -2)\}$.

Die Elemente von $\mathbb{L}$ ergeben sich graphisch als die Koordinaten der Schnittpunkte der beiden zugeordneten Kurven in einem rechtwinkligen Koordinatensystem.

Hyperbel: $y_I = \frac{4}{x}$,

x	0	±1	±2	±3	±4	±5	...
y_I	±∞	±4	±2	±1,33	±1	±0,8	...

;

X-Achse und Y-Achse sind **Asymptoten** der Kurve.

Gerade: $y_{II} = \frac{x-2}{2}$,

x	...	-4	0	2	...
y_{II}	...	-3	-1	0	...

.

---

122. Man bestimme die Lösungsmenge $\mathbb{L}$ des Systems der beiden Gleichungen

$x^3 - 25x - 12y = 0 \quad \ldots 1)$

$x + 3y - 5 = 0 \quad \ldots 2)$

in der Grundmenge $\mathbb{C}^2$.

Aus 2)

$y = \frac{5-x}{3} \quad \ldots 3)$

in 1)

$x^3 - 25x - 20 + 4x = 0$

$x^3 - 21x - 20 = 0$

$x = 1 \,|\; 1 - 21 - 20 \neq 0$

$x = -1 \,|\; -1 + 21 - 20 = 0$

aus 3)

$x_1 = -1;$
$y_1 = 2;$

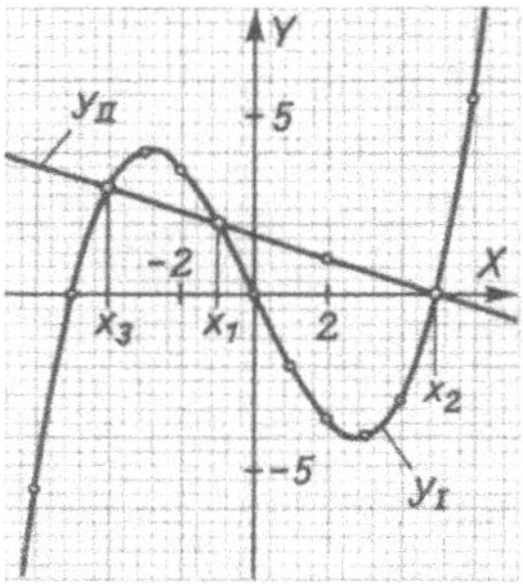

Division nach HORNER

	1	0	-21	-20
-1		-1	1	20
	1	-1	-20	—

$x^2 - x - 20 = 0$

$$x_{2;3} = \frac{1 \pm \sqrt{1 + 80}}{2} = \frac{1 \pm 9}{2}$$

$x_2 = 5, \quad x_3 = -4;$

aus 3)

$y_2 = 0, \quad y_3 = 3;$

Es ist demnach mit $(x_k; y_k) \in \mathbb{L}$ und $k = 1, 2, 3$

$\mathbb{L} = \{(-1; 2); (5; 0); (-4; 3)\}$.

Kubische Parabel:

$y_I = \frac{x}{12}(x^2 - 25)$

x	... ±6	±5	±4	±3	±2	±1	0
y	... ±5,5	0	∓3	∓4	∓3,5	∓2	0

;

Gerade:

$y_{II} = \frac{5 - x}{3}$

x	...	-4	2	5	...
y	...	3	1	0	...

.

---

123. Es soll die Lösungsmenge $\mathbb{L}$ des Systems der zwei quadratischen Gleichungen

$x \cdot y + x - y = 0 \qquad \ldots 1)$

$x^2 + y^2 + x - y - \frac{63}{4} = 0 \quad \ldots 2)$

in der Grundmenge $\mathbb{C}^2$ angegeben werden.

Aus 1)

$2xy + 2(x - y) = 0 \ldots 3)$

2) - 3)

$$x^2 - 2xy + y^2 - (x - y) - \frac{63}{4} = 0$$

$$(x - y)^2 - (x - y) - \frac{63}{4} = 0$$

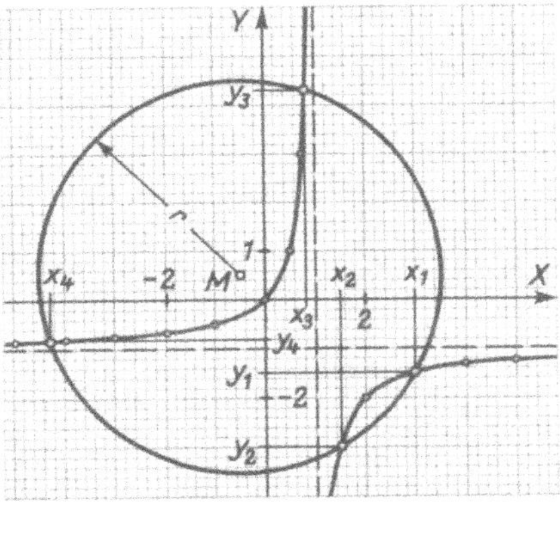

Substitution:

$x - y = z$

$$z^2 - z - \frac{63}{4} = 0$$

$$z_{1;2} = \frac{1 \pm \sqrt{1 + 63}}{2} = \frac{1 \pm 8}{2}$$

$x - y = \frac{9}{2} \quad \ldots \text{ 4a)}$

aus 4a)

$y = x - \frac{9}{2} \quad \ldots \text{ 5a)}$

in 1)

$x\left(x - \frac{9}{2}\right) + \frac{9}{2} = 0$

$2x^2 - 9x + 9 = 0$

$x_{1;2} = \frac{9 \pm \sqrt{81 - 72}}{4} = \frac{9 \pm 3}{4}$

$x_1 = 3, \quad x_2 = \frac{3}{2};$

aus 5a)

$y_1 = -\frac{3}{2}, \quad y_2 = -3;$

$x - y = -\frac{7}{2} \quad \ldots \text{ 4b)}$

aus 4b)

$y = x + \frac{7}{2} \quad \ldots \text{ 5b)}$

in 1)

$x\left(x + \frac{7}{2}\right) - \frac{7}{2} = 0$

$2x^2 + 7x - 7 = 0$

$x_{3;4} = \frac{-7 \pm \sqrt{49 + 56}}{4} = \frac{-7 \pm \sqrt{105}}{4}$

$x_3 \approx 0{,}81, \quad x_4 \approx -4{,}31;$

aus 5b)

$y_3 \approx 4{,}31, \quad y_4 \approx -0{,}81;$

Somit ist mit $(x_k; y_k) \in \mathbb{L}$ und $k = 1, 2, 3, 4$

$\mathbb{L} = \{(3; -1{,}5); (1{,}5; -3); (\approx 0{,}81; \approx 4{,}31); (\approx -4{,}31; \approx -0{,}81)\}$.

Die Gleichung $x^2 + y^2 + x - y - \frac{63}{4} = 0$ läßt sich auf die Form $\left(x + \frac{1}{2}\right)^2 + \left(y - \frac{1}{2}\right)^2 = \frac{65}{4}$ bringen; es liegt somit in bezug auf ein kartesisches XY-Koordinatensystem ein Kreis vom Radius $r = \frac{1}{2} \cdot \sqrt{65}$ mit den Mittelpunktskoordinaten $x_M = -\frac{1}{2}$ und $y_M = \frac{1}{2}$ vor.

Hyperbel: $y = \frac{x}{1 - x}$

x	... -5	-4	-3	-2	-1	0	0,5	0,75
y	... -0,83	-0,80	-0,75	-0,67	-0,5	0	1	3

x	1	1,5	2	3	4	5	...
y	∞	-3	-2	-1,5	-1,33	-1,25	...

Wegen $\lim\limits_{x \to 1 \pm 0}\left(\frac{x}{1 - x}\right) = \mp\infty$ ist die Parallele zur Y-Achse mit der Gleichung $x - 1 = 0$ die eine Asymptote der Hyperbel; die zweite ergibt sich aus $\lim\limits_{x \to \pm\infty}\left(\frac{x}{1 - x}\right) = \lim\limits_{x \to \pm\infty}\left(\frac{1}{\frac{1}{x} - 1}\right) = -1$ als Parallele zur X-Achse mit der Gleichung $y + 1 = 0$.

---

124. Welche Lösungsmenge $\mathbb{L}$ hat das Gleichungssystem

$3x - 2x \cdot y + 3y + 13 = 0 \quad \ldots 1)$

$51x - 6x \cdot y - 11y + 41 = 0 \quad \ldots 2)$

in der Grundmenge $\mathbb{C}^2$?

Aus 1) folgt für $x \neq \frac{3}{2}$

$$y = \frac{3x + 13}{2x - 3} \quad \ldots 3)$$

aus 2) folgt für $x \neq -\frac{11}{6}$

$$y = \frac{51x + 41}{6x + 11} \quad \ldots 4)$$

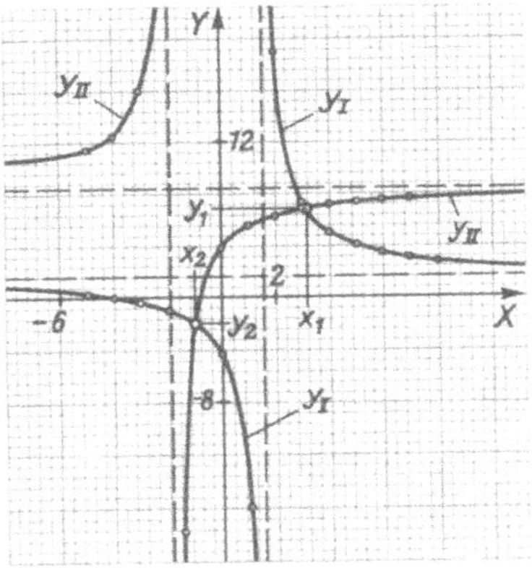

3) = 4)

$(3x + 13)(6x + 11) = (51x + 41)(2x - 3)$

$6x^2 - 13x - 19 = 0$

$$x_{1;2} = \frac{13 \pm \sqrt{169 + 456}}{12} = \frac{13 \pm 25}{12}; \quad x_1 = \frac{19}{6} \approx 3{,}17, \quad x_2 = -1;$$

$$\text{aus 3)} \quad y_1 = \frac{27}{4} = 6{,}75, \quad y_2 = -2.$$

Daraus folgt mit $(x_k; y_k) \in \mathbb{L}$ und $k = 1,2$ die Lösungsmenge

$\mathbb{L} = \{(3{,}17; 6{,}75); (-1; -2)\}$.

Beide Funktionen stellen in bezug auf ein rechtwinkliges XY-Koordinatensystem Hyperbeln dar mit zu den Achsen parallelen Asymptoten.

$$y_I = \frac{3x + 13}{2x - 3}$$

x	...	-5	-4	-3	-2	-1	0
y	...	0,15	-0,09	-0,44	-1	-2	-4,33

x	1	1,5	2	3	4	5	6	7	8	...
y	-16	∓ ∞	19	7,33	5	4	3,44	3,09	2,85	...

,

Asymptoten: $x = \frac{3}{2}$, $y = \frac{3}{2}$;

$$y_{II} = \frac{51x + 41}{6x + 11}$$

x	...	-5	-4	-3	-2	$-\frac{11}{6}$
y	...	11,26	12,54	16	61	$\pm\infty$

x	-1,5	-1	0	1	2	3	4	5	6	7	8	...
y	-17,75	-2	3,73	5,41	6,22	6,69	7	7,22	7,38	7,51	7,61	...

A s y m p t o t e n: $x = -\frac{11}{6}$, $y = \frac{17}{2}$.

---

125. Man ermittle die Lösungsmenge $\mathbb{L}$ von

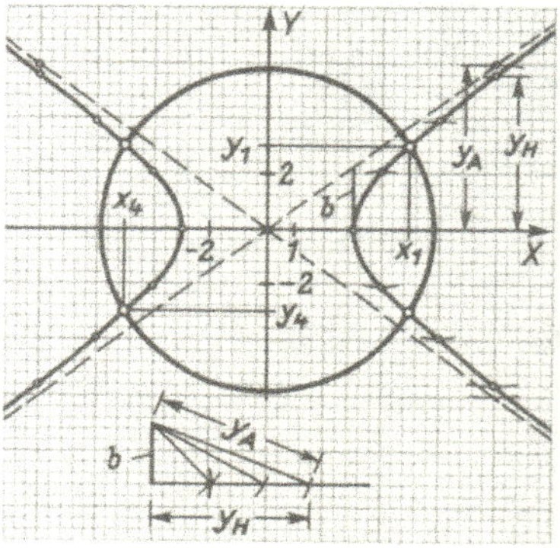

$$x^2 + y^2 - 34 = 0 \quad \ldots 1)$$

$$9x^2 - 16y^2 - 81 = 0 \quad \ldots 2)$$

in der Grundmenge $\mathbb{C}^2$.

2) + 1) · 16

$25x^2 - 625 = 0$

$x^2 = 25, \quad x = \pm 5;$

eingesetzt in 1) folgt $y = \pm 3$.

Es gibt somit vier Wertepaare

$x_1 = 5 \quad x_2 = 5 \quad x_3 = -5 \quad x_4 = -5$

$y_1 = 3 \quad y_2 = -3 \quad y_3 = 3 \quad y_4 = -3$,

die das Gleichungssystem erfüllen.

Mit $(x_k; y_k) \in \mathbb{L}$ und $k = 1, 2, 3, 4$ ist $\mathbb{L} = \{(5; 3); (5; -3); (-5; 3); (-5; -3)\}$.

K r e i s: $x^2 + y^2 = 34$; Radius $r = \sqrt{34} \approx 5{,}83$.

H y p e r b e l: $\frac{x^2}{9} - \frac{y^2}{\frac{81}{16}} = 1$; die r e e l l e H a l b a c h s e $a = 3$ fällt mit der X-Achse, die i m a g i n ä r e H a l b a c h s e $b = \frac{9}{4}$ mit der Y-Achse zusammen; die Gleichungen der A s y m p t o t e n sind $y = \pm\frac{3}{4}x$.

126. Gegeben ist das System von zwei Gleichungen

$x^2 + y^2 + 6y - 4 = 0 \quad \ldots 1)$

$(x + y)^2 = 4 \quad \ldots 2)$

Gesucht ist in der Grundmenge $\mathbb{C}^2$ die Lösungsmenge $\mathbb{L}$.

Aus 2)

$x + y = \pm 2$

$y = 2 - x \quad \ldots 3a)$

in 1)

$x^2 + 4 - 4x + x^2 + 12 - 6x - 4 = 0$

$x^2 - 5x + 6 = 0$

$$x_{1;2} = \frac{5 \pm \sqrt{25 - 24}}{2} = \frac{5 \pm 1}{2}$$

$x_1 = 3, \quad x_2 = 2;$

aus 3a)

$y_1 = -1, \quad y_2 = 0;$

$y = -2 - x \quad \ldots 3b)$

in 1)

$x^2 + 4 + 4x + x^2 - 12 - 6x - 4 = 0$

$x^2 - x - 6 = 0$

$$x_{3;4} = \frac{1 \pm \sqrt{1 + 24}}{2} = \frac{1 \pm 5}{2}$$

$x_3 = 3, \quad x_4 = -2;$

aus 3b)

$y_3 = -5, \quad y_4 = 0.$

Somit ist mit $(x_k; y_k) \in \mathbb{L}$ und $k = 1, 2, 3, 4$ die Lösungsmenge

$\mathbb{L} = \{ (3;-1); (3;-5); (\pm 2;0) \}$.

Die Gleichung 1) läßt sich auf die Form $x^2 + (y + 3)^2 = 13$ bringen. Es liegt ein Kreis vom Radius $r \approx 3{,}61$ mit den Mittelpunktskoordinaten $x_M = 0$, $y_M = -3$ vor.

Die Gleichung 2) stellt ein paralleles Geradenpaar dar.

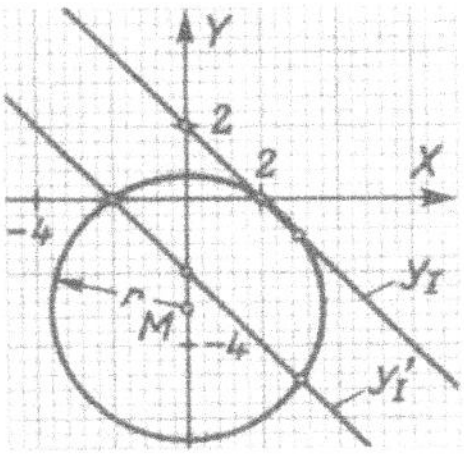

$y_I = 2 - x$,

x	...	0	2	3	...
y_I	...	2	0	-1	...

;

$y_{I'} = -2 - x$,

x	...	-2	0	3	...
$y_{I'}$	...	0	-2	-5	...

.

127. Welche Lösungsmenge $\mathbb{L}$ hat das System

$2x^2 - xy - y^2 - 5x + 8y - 7 = 0 \quad \ldots 1)$

$x^2 + 4xy + 4y^2 - 28x - 56y + 196 = 0 \quad \ldots 2)$

in der Grundmenge $\mathbb{C}^2$?

2) + 1)·4

$$9x^2 - 48x - 24y + 168 = 0$$

$$y = \frac{3x^2 - 16x + 56}{8} \qquad \ldots 3)$$

3) in 1)

$$2x^2 - \frac{3x^3 - 16x^2 + 56x}{8} -$$

$$- \frac{9x^4 + 256x^2 + 3136 - 96x^3 + 336x^2 - 1792x}{64} -$$

$$- 5x + 3x^2 - 16x + 56 - 7 = 0$$

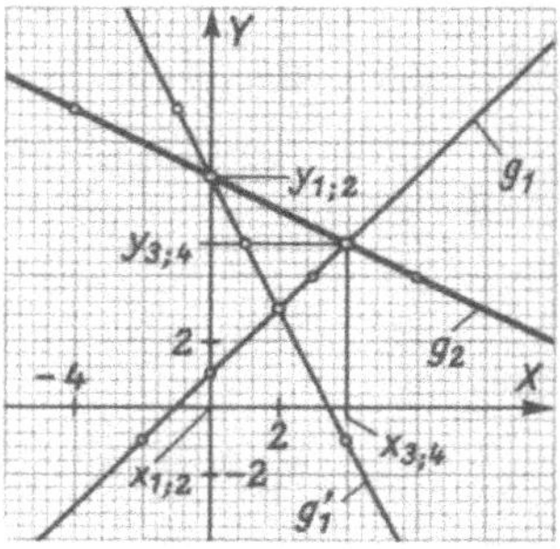

$$9x^4 - 72x^3 + 144x^2 = 0$$

$$x_{1;2} = 0;$$

$$x^2 - 8x + 16 = 0$$

$$(x - 4)^2 = 0$$

$$x_{3;4} = 4;$$

eingesetzt in 3)

$$y_{1;2} = 7, \quad y_{3;4} = 5;$$

Mit $(x;y) \in \mathbb{L}$ ist demnach $\mathbb{L} = \{(0;7); (4;5)\}$.

Durch Auflösung von 1) nach x ergibt sich

$$x = \frac{5 + y \pm 3(y - 3)}{4} = \begin{cases} -1 + y \\ \frac{7}{2} - \frac{1}{2}y, \end{cases}$$

woraus die Produktdarstellung $(x - y + 1)(2x + y - 7) = 0$ gefunden wird. *)

Es liegt ein sich schneidendes G e r a d e n p a a r vor. Die Koordinaten des Schnittpunktes ergeben sich als Lösung des Gleichungssystems

$g_1 \equiv x - y + 1 = 0$ und $g_1' \equiv 2x + y - 7 = 0$ zu $x = 2$, $y = 3$;

g_1 |

x	...	-2	0	3	...
y	...	-1	1	4	...

, g_1' |

x	...	-1	1	4	...
y	...	9	5	-1	...

.

Die Gleichung 2) läßt sich entsprechend in der Form $(x + 2y - 14)^2 = 0$ schreiben. Es handelt sich also um eine Doppelgerade;

x	...	-4	0	6	...
y	...	9	7	4	...

.

*) Vgl. Nr. 79.

128. Man bestimme die Lösungsmenge $\mathbb{L}$ des Gleichungssystems

$(x + y)^2 - 2(x + y) = 0$ ... 1)

$2x^2 + xy + 2y^2 - 4x - y - 6 = 0$ ... 2)

in der Grundmenge $\mathbb{C}^2$.

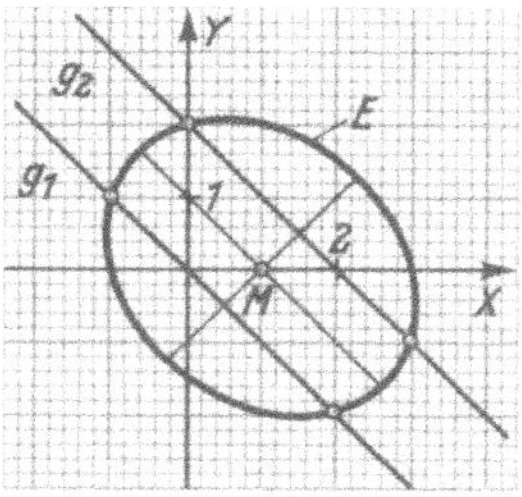

Aus 1)

$(x + y)(x + y - 2) = 0$

$x + y = 0$

$y = -x$ ... 3a)

eingesetzt in 2)

$2x^2 - x^2 + 2x^2 - 4x + x - 6 = 0$

$3x^2 - 3x - 6 = 0$

$x^2 - x - 2 = 0$

$x_{1;2} = \frac{1 \pm 3}{2}$

$x_1 = 2, \quad x_2 = -1;$

aus 3a)

$y_1 = -2, \quad y_2 = 1;$

$x + y - 2 = 0$

$y = 2 - x$ ... 3b)

eingesetzt in 2)

$2x^2 + 2x - x^2 + 8 - 8x + 2x^2 -$
$- 4x - 2 + x - 6 = 0$

$3x^2 - 9x = 0$

$x(x - 3) = 0$

$x = 0, \quad x - 3 = 0$

$x_3 = 0, \quad x_4 = 3;$

aus 3b)

$y_3 = 2, \quad y_4 = -1.$

Daraus folgt mit $(x_k; y_k) \in \mathbb{L}$ und $k = 1, 2, 3, 4$ die Lösungsmenge zu

$\mathbb{L} = \{(2;-2); (-1; 1); (0; 2); (3;-1)\}$.

Die Gleichung 1) läßt sich in das Produkt der 2 Linearfaktoren $(x + y)\cdot(x + y - 2) = 0$ zerlegen. Es liegt ein paralleles Geradenpaar $g_{1;2}$ vor.

Die Gleichung 2) stellt eine Ellipse dar, deren Hauptachsen bezüglich des XY-Koordinatensystems um 45° gedreht sind. Sie hat den Mittelpunkt M(1;0) und die Halbachsen $a = 0{,}8\cdot\sqrt{5}$, $b = \frac{4}{3}\cdot\sqrt{3}$ *).

*) Kegelschnitt-Transformationen siehe Bd. II.

129. **Welche Lösungsmenge $\mathbb{L}$ hat das Gleichungssystem**

$x + y - 1 = 0 \qquad \ldots 1)$

$x^4 - y^4 - 15 = 0 \qquad \ldots 2)$

in der Grundmenge $\mathbb{C}^2$?

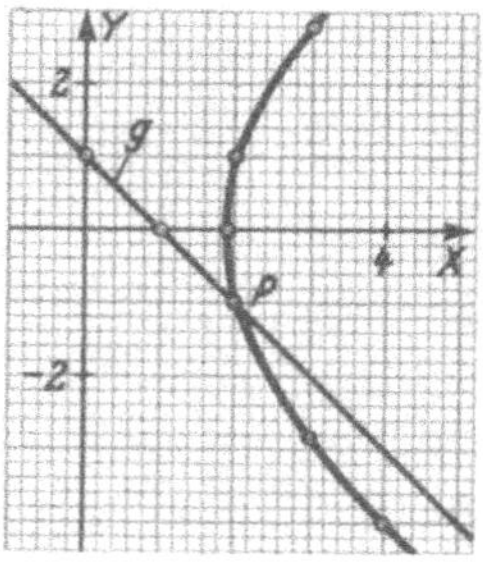

Aus 2)

$(x^2 + y^2)(x - y)(x + y) - 15 = 0 \quad \ldots 3)$

1) in 3)

$(x^2 + y^2)(x - y) - 15 = 0 \qquad \ldots 4)$

aus 1)

$y = 1 - x$

eingesetzt in 4)

$(x^2 + 1 - 2x + x^2)(x - 1 + x) - 15 = 0$

$2x^3 - 3x^2 + 2x - 8 = 0$

$x = 1 \,|\; 2 - 3 + 2 - 8 \neq 0$

$x = 2 \,|\; 16 - 12 + 4 - 8 = 0 \qquad x_1 = 2;$

aus 1) $\quad y_1 = -1;$

Division nach HORNER:

	2	-3	2	-8
2		4	2	8
	2	1	4	—

$2x^2 + x + 4 = 0$

$$x_{2;3} = \frac{-1 \pm \sqrt{31}\,i}{4}; \quad \text{aus 1)} \quad y_{2;3} = \frac{5 \mp \sqrt{31}\,i}{4}.$$

Die Lösungsmenge ist demnach mit $(x_k; y_k) \in \mathbb{L}$ und $k = 1, 2, 3$

$$\mathbb{L} = \left\{(2; -1); \left(\frac{-1 \pm \sqrt{31}\,i}{4}; \frac{5 \mp \sqrt{31}\,i}{4}\right)\right\}.$$

Die Gerade g mit der Gleichung $y_I = 1 - x$ schneidet die Kurve 4. Ordnung mit den Gleichungen $y_{II} = \pm \sqrt[4]{x^4 - 15}$ im Punkt P(2;1).

x	... 0	1	2 ...
y_I	... 1	0	-1 ...

;

x	... 1,97	2	3	4 ...
y_{II}	... 0	±1	±2,85	±3,94 ...

.

130. Ist die Lösungsmenge $\mathbb{L}$ einer algebraischen Gleichung 4. Grades der Form $(x^2 + ax + b)\cdot(x^2 + cx + d) = k$ mit $a, b, c, d, k \in \mathbb{R}$ in der Grundmenge $\mathbb{R}$ nicht leer, so kann $\mathbb{L}$ oftmals zweckmäßig mit Hilfe der Substitutionen

$$u = x^2 + ax + b$$

$$v = x^2 + cx + d$$

ermittelt werden. Die Elimination von x führt dann nämlich (vom einfachen Sonderfall $a = c$ abgesehen) auf die Gleichung eines Kreises K. In Verbindung mit der vorgelegten Gleichung ergibt sich weiterhin durch $uv = k$ die Gleichung einer Hyperbel H.

Jeder Schnittpunkt von K und H liefert schließlich ein Element von $\mathbb{L}$.

Zahlenbeispiel: $(x^2 + 3{,}1x - 1{,}6)\cdot(x^2 + 0{,}9x - 3{,}6) = 2.$

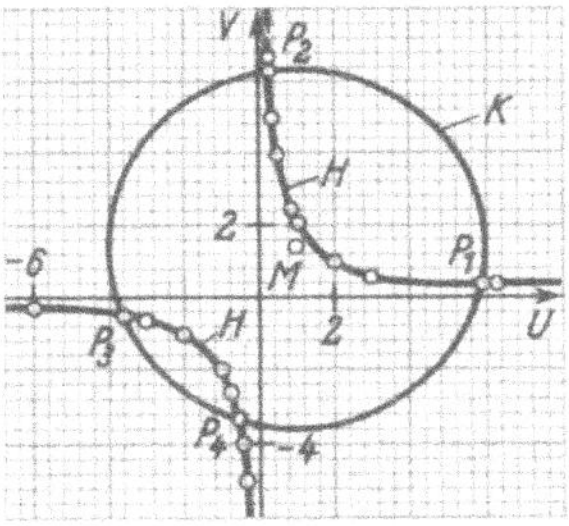

Hier wird

$$u = x^2 + 3{,}1x - 1{,}6$$

$$v = x^2 + 0{,}9x - 3{,}6.$$

Subtraktion führt auf $u - v = 2{,}2x + 2$

und daher $x = \dfrac{u - v - 2}{2{,}2}$.

Dies etwa in die Gleichung für u eingesetzt, bringt

$$u = \frac{u^2 + v^2 + 4 - 2uv - 4u + 4v}{4{,}84} + \frac{3{,}1u - 3{,}1v - 6{,}2}{2{,}2} - 1{,}6.$$

Ersetzt man hierin $2uv$ durch $2\cdot 2 = 4$, so erhält man nach Beseitigung der Nenner $u^2 - 2{,}02u + v^2 - 2{,}82v = 21{,}384$ und mit quadratischer Ergänzung $(u - 1{,}01)^2 + (v - 1{,}41)^2 = 24{,}3922$, also die Gleichung des Kreises K mit Mittelpunkt $M(1{,}01; 1{,}41)$ und Radius $r = \sqrt{24{,}3922} \approx 4{,}9388$. Die Hyperbel H hat die Gleichung $uv = 2$.

u	± 0,3	± 0,4	± 0,5	± 0,8	± 1	± 2	± 3	± 6	...
v	± 6,67	± 5	± 4	± 2,5	± 2	± 1	± 0,67	± 0,33	...

Der Zeichnung entnimmt man die Schnittpunkte $P_1(5{,}8; 0{,}3)$, $P_2(0{,}3; 6{,}3)$, $P_3(-3{,}5; -0{,}6)$, $P_4(-0{,}6; -3{,}3)$, und hiermit folgen über $x = \dfrac{u - v - 2}{2{,}2}$ die Lösungen

$$x_1 \approx \frac{5{,}8 - 0{,}3 - 2}{2{,}2} \approx 1{,}6; \qquad x_2 \approx \frac{0{,}3 - 6{,}3 - 2}{2{,}2} \approx -3{,}6;$$

$$x_3 \approx \frac{-3,5 - (-0,6) - 2}{2,2} \approx -2,2;\ x_4 \approx \frac{-0,6 - (-3,3) - 2}{2,2} \approx 0,3.$$

Die so mit $\mathbb{L} = \{\approx 1,6; \approx -3,6; \approx -2,2; \approx 0,3\}$ erhaltenen Näherungslösungen können bei Bedarf etwa durch die Regula falsi oder das NEWTONsche Näherungsverfahren beliebig verbessert werden.

---

131. Für den zentralen, elastischen und gleichgerichteten Stoß zweier Kugeln mit den Geschwindigkeiten $\vec{v}_1$ und $\vec{v}_2$ und den Massen m_1 und m_2 gemäß der Abbildung gilt der Energiesatz:

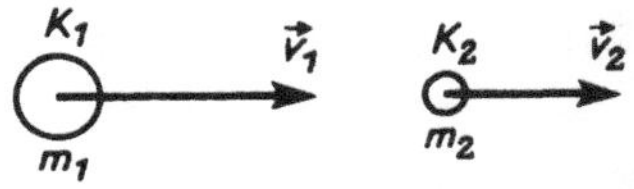

$$\frac{m_1 v_1^2}{2} + \frac{m_2 v_2^2}{2} = $$

$$= \frac{m_1 v_1'^2}{2} + \frac{m_2 v_2'^2}{2} \quad \ldots 1)$$

und der Impulssatz

$$m_1 v_1 + m_2 v_2 = m_1 v_1' + m_2 v_2' \quad \ldots 2)$$

wobei v_1 und v_2 die Skalare der Geschwindigkeiten der Kugeln K_1 und K_2 vor, v_1' und v_2' nach dem Stoß sind.

Man stelle v_1' und v_2' in expliziter Abhängigkeit von m_1, m_2, v_1 und v_2 dar.

Aus 1)

$$m_1(v_1 - v_1')(v_1 + v_1') = m_2(v_2' - v_2)(v_2' + v_2) \quad \ldots 3)$$

aus 2)

$$m_1(v_1 - v_1') = m_2(v_2' - v_2) \quad \ldots 4)$$

4) in 3)

$$v_1 + v_1' = v_2' + v_2$$

$$v_2' = v_1' + v_1 - v_2 \quad \ldots 5)$$

5) in 2)

$$m_1 v_1 + m_2 v_2 = m_1 v_1' + m_2(v_1' + v_1 - v_2)$$

$$v_1'(m_1 + m_2) = m_1 v_1 + m_2 v_2 - m_2 v_1 + m_2 v_2$$

$$v_1'(m_1 + m_2) = 2(m_1 v_1 + m_2 v_2) - m_1 v_1 - m_2 v_1$$

$$v_1' = 2\frac{m_1 v_1 + m_2 v_2}{m_1 + m_2} - v_1;$$

eingesetzt in 5)

$$v_2' = 2\frac{m_1 v_1 + m_2 v_2}{m_1 + m_2} - v_2.$$

---

132. In der abgebildeten Schaltung haben die Kondensatoren mit den Kapazitäten C_1 und C_2 die Spannungen U_1 und U_2. Welche gemeinsame Spannung U nehmen die Kondensatoren nach Betätigung des Schalters schließlich an und welche Energie W tritt im Ohmschen Widerstand R als Wärme auf?

Der Satz von der Erhaltung der Energie liefert die Gleichung $\frac{1}{2}C_1U_1^2 + \frac{1}{2}C_2U_2^2 = \frac{1}{2}C_1U^2 + \frac{1}{2}C_2U^2 + W$. Nachdem keine Ladung nach außen verloren geht, muß weiterhin $C_1U_1 + C_2U_2 = C_1U + C_2U$ gelten, woraus $U = \dfrac{C_1U_1 + C_2U_2}{C_1 + C_2}$ folgt. Dies in die erste Gleichung eingesetzt, ergibt

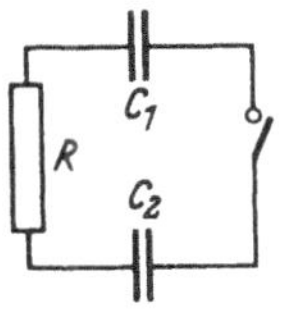

$$2W = C_1U_1^2 + C_2U_2^2 - (C_1 + C_2)\cdot\left(\frac{C_1U_1 + C_2U_2}{C_1 + C_2}\right)^2 =$$

$$= \frac{C_1^2U_1^2 + C_1C_2U_2^2 + C_1C_2U_1^2 + C_2^2U_2^2 - C_1^2U_1^2 - C_2^2U_2^2 - 2C_1C_2U_1U_2}{C_1 + C_2},$$

$$\text{also } W = \frac{C_1C_2(U_2^2 + U_1^2 - 2U_1U_2)}{2(C_1 + C_2)} = \frac{C_1C_2}{2(C_1 + C_2)}(U_2 - U_1)^2.$$

---

133. Ein gerader Kreiskegelstumpf von der Dichte ϱ hat die Höhe h und die beiden Grundkreisradien R und r. Wie tief sinkt er, auf Wasser schwimmend, ein?

Nach dem Archimedischen Prinzip ist die Masse der von einem schwimmenden Körper verdrängten Flüssigkeitsmenge gleich seiner eigenen Masse.

Wird mit ϱ' die Dichte des Wassers bezeichnet, dann besteht die Gleichgewichtsbedingung

$\frac{1}{3}\pi h(R^2 + R\cdot r + r^2)\cdot\varrho = \frac{1}{3}\pi x(R^2 + R\cdot a + a^2)\cdot\varrho'$, wobei x die Eintauchtiefe und a der Schnittkreisradius in Höhe der Wasserlinie sind.

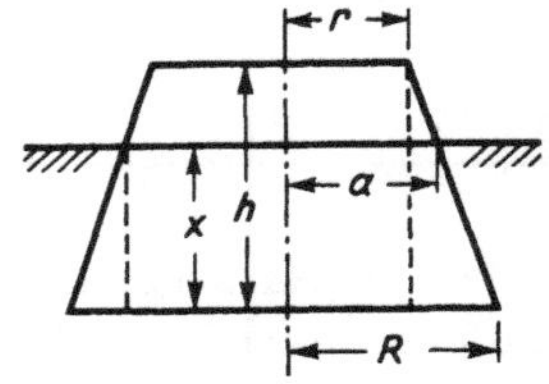

Erweiterung des links des Gleichheitszeichens stehenden Ausdrucks mit (R-r) und des rechtsseitigen mit (R-a) führt auf

$$h\cdot\frac{R^3 - r^3}{R - r}\cdot\varrho = x\cdot\frac{R^3 - a^3}{R - a}\cdot\varrho',$$

was sich wegen

$$\frac{h}{R - r} = \frac{x}{R - a} \quad \text{zu } (R^3 - r^3)\cdot\beta = R^3 - a^3 \quad \text{mit } \beta = \frac{\varrho}{\varrho'}$$

vereinfachen läßt.

Wird schließlich der sich hieraus ergebende Wert

$a = \sqrt[3]{R^3 - \beta\cdot(R^3 - r^3)}$ in $x = \frac{h}{R - r}(R - a)$ eingesetzt, so folgt die gesuchte Eintauchtiefe in Abhängigkeit von den gegebenen Abmessungen des Kegelstumpfs zu

$$x = \frac{h}{R - r}\left[R - \sqrt[3]{r^3\cdot\beta + R^3(1 - \beta)}\right].$$

---

134. Zwischen zwei Punkten A und B im Abstand $\overline{AB} = a$ ist ein Seil von der Länge $\overline{AC} + \overline{CB} = b$ gespannt. Im Punkt C des Seils soll eine Kraft $\vec{F}$ angreifen, deren Wirkungslinie die Strecke $\overline{AB}$ im Punkt D senkrecht schneidet.

Wo muß der Angriffspunkt C gewählt werden, damit

$\overline{BD} = \frac{\overline{AB}}{n} = \frac{a}{n}$ wird?

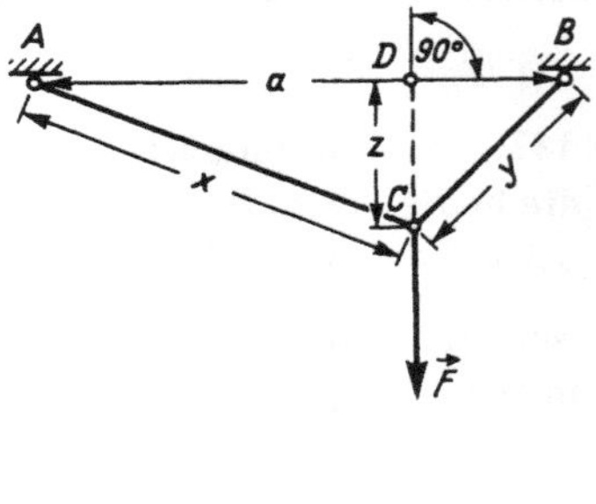

Mit den Bezeichnungen der Figur gilt

$x + y = b$ ... 1)

$y^2 - z^2 = \left(\frac{a}{n}\right)^2$ ... 2)

$$x^2 - z^2 = \left(a - \frac{a}{n}\right)^2 \quad \ldots 3)$$

3) - 2)

$$x^2 - y^2 = a^2\left(1 - \frac{1}{n}\right)^2 - \frac{a^2}{n^2}$$

$$x^2 - y^2 = a^2\left(1 - \frac{2}{n}\right) \quad \ldots 4)$$

1) in 4)

$$(x - y)b = a^2\left(1 - \frac{2}{n}\right) \ldots 5)$$

1)·b + 5)

$$2bx = b^2 + a^2\left(1 - \frac{2}{n}\right)$$

$$x = \frac{1}{2b}\left(a^2 + b^2 - \frac{2a^2}{n}\right);$$

1)·b - 5)

$$2by = b^2 - a^2\left(1 - \frac{2}{n}\right)$$

$$y = \frac{1}{2b}\left(b^2 - a^2 + \frac{2a^2}{n}\right).$$

Im Sonderfall $n = 2$ ergibt sich $x = y = \frac{b}{2}$; der Punkt C ist der Mittelpunkt des Seils.

Aus 2) kann noch die Durchhängung von C in bezug auf die Verbindungsstrecke $\overline{AB}$ ermittelt werden. Für diesen Abstand folgt

$$z = \sqrt{y^2 - \left(\frac{a}{n}\right)^2} = \frac{1}{2b}\cdot\sqrt{\left(b^2 - a^2 + \frac{2a^2}{n}\right)^2 - \left(\frac{2ab}{n}\right)^2}\,.$$

---

135. In der dargestellten räumlichen Zweipunktführung bewegt sich der Punkt A bezüglich des gewählten XYZ-Koordinatensystems längs der Geraden $g \equiv \vec{r} - \begin{pmatrix} 10 \\ 0 \\ 0 \end{pmatrix} - \begin{pmatrix} -2 \\ 0 \\ 1 \end{pmatrix}\cdot t = 0 \wedge t \in \mathbb{R}$ und führt den Punkt B im

Abstand d mit der Maßzahl $d^* = 12$ längs der Parabel $P \equiv \vec{r} - \begin{pmatrix} 0 \\ 10s \\ 5s^2 \end{pmatrix} = 0 \wedge s \in \mathbb{R}_0^+$.

Es sollen die Koordinaten des Punktes B in Abhängigkeit vom Parameter t angegeben werden.

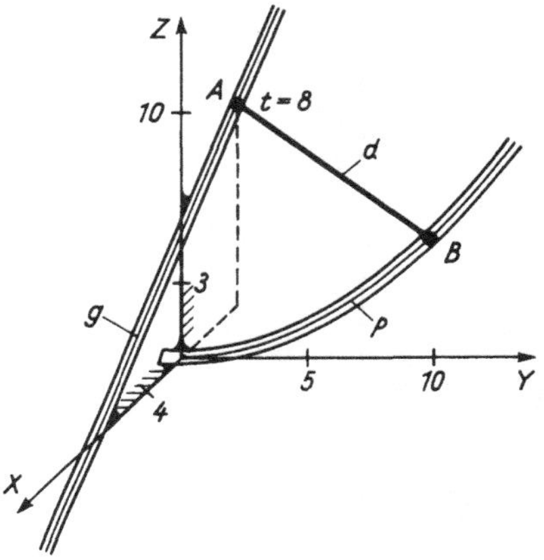

Die Lage von B ist festgelegt als die Durchstoßpunkte der Parabel P mit der Kugel um A vom Radius d.

Einsetzen von $x = 0$, $y = 10s$ und $z = 5s^2$ in die Kugelgleichung

$(x - 10 + 2t)^2 + y^2 + (z - t)^2 = 144$

ergibt

$(2t - 10)^2 + 100s^2 + (5s^2 - t)^2 = 144$,

woraus über

$$25s^4 + 10(10 - t)\cdot s^2 + 5t^2 - 40t - 44 = 0$$

$$s^2 = \frac{2}{5}\left(\frac{t}{2} - 5 \pm \sqrt{36 + 5t - t^2}\right) \quad \text{folgt.}$$

Wegen $s^2 \in \mathbb{R}$ muß die Diskriminante $36 + 5t - t^2 \geqslant 0$ sein, was über $\left(t - \frac{5}{2}\right)^2 \leqslant \frac{169}{4}$ auf die zulässige Definitionsmenge

$\mathbb{D}_1 = \{\, t \mid -4 \leqslant t \leqslant 9 \,\} = [-4; 9]$ führt.

Die weitere Forderung $s^2 \geqslant 0$ bedingt das Bestehen der Ungleichungen $\frac{t}{2} - 5 \pm \sqrt{36 + 5t - t^2} \geqslant 0$ in der Grundmenge $\mathbb{D}_1$.

Da in $\mathbb{D}_1$ die Ungleichung $\frac{t}{2} - 5 < 0$ gilt, ist die Lösungsmenge $\mathbb{L}_1$ von $\frac{t}{2} - 5 - \sqrt{36 + 5t - t^2} \geqslant 0$ leer. Um die Lösungsmenge $\mathbb{L}_2$ von $\frac{t}{2} - 5 + \sqrt{36 + 5t - t^2} \geqslant 0$ zu finden, wird diese Ungleichung in $\mathbb{D}_1$ äquivalent umgeformt, was nacheinander

$$5 - \frac{t}{2} \leqslant \sqrt{36 + 5t - t^2}$$

$$\left(5 - \frac{t}{2}\right)^2 \leqslant 36 + 5t - t^2$$

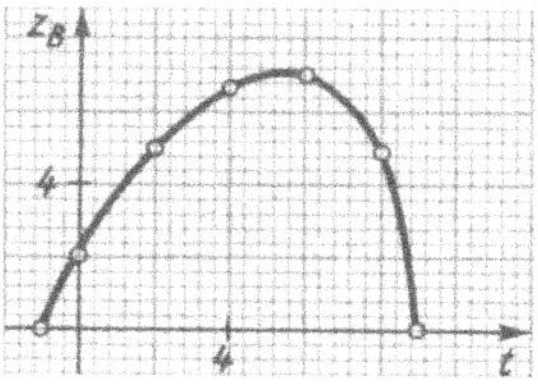

$$t^2 - 8t - \frac{44}{5} \leqslant 0$$

$$(t - 4)^2 \leqslant \frac{124}{5}$$

$$4 - \sqrt{\frac{124}{5}} \leqslant t \leqslant 4 + \sqrt{\frac{124}{5}}$$

ergibt.

Die letzte Ungleichung erfaßt eine Teilmenge von $\mathbb{D}_1$, weshalb

$$\mathbb{L}_2 = \left\{ t \,|\, 4 - \sqrt{\frac{124}{5}} \leqslant t \leqslant 4 + \sqrt{\frac{124}{5}} \right\} = [-0{,}979\ \ldots;\ 8{,}979\ \ldots].$$

$\mathbb{L}_2$ ist daher die Definitionsmenge $\mathbb{D}_2$ der Funktion

$$s = \sqrt{\frac{t - 10 + 2 \cdot \sqrt{36 + 5t - t^2}}{5}}$$

Damit können die Koordinaten des Punktes B durch die Parameterdarstellung $x_B = 0$, $y_B = 10\,s$, $z_B = 5\,s^2$ angegeben werden.

Das Getriebe ist beweglich für alle $t \in \mathbb{D}_2$. Die Grenzlagen der Bewegung treten an den Grenzen des Definitionsbereiches auf. In diesen Stellungen ist $A_1(\approx 11{,}96;\ 0;\ \approx -0{,}98)$, $A_2(\approx -7{,}96;\ 0;\ \approx 8{,}98)$ und $B_1(0;0;0)$, $B_2(0;0;0)$.

t	-0,98	0	2	4	6	8	8,98
z_B	0	2	4,96	6,65	6,95	4,93	0

3. SPEZIELLE TRANSZENDENTE FUNKTIONEN

3.1 Exponential- und logarithmische Gleichungen

136. Welche Lösungsmenge $\mathbb{L}$ besitzt die Exponentialgleichung $4^x = 7$ in der Grundmenge $\mathbb{R}$?

Durch beiderseitiges Logarithmieren zur Basis 10 folgt über $x \cdot \lg 4 = \lg 7$

$$x = \frac{\lg 7}{\lg 4} \approx \frac{0{,}84510}{0{,}60206} \approx 1{,}4037$$

und daraus die Lösungsmenge $\mathbb{L} = \{\approx 1{,}4037\}$.

$y = 4^x$;

x	...	0	1	2	...
y	...	1	4	16	...

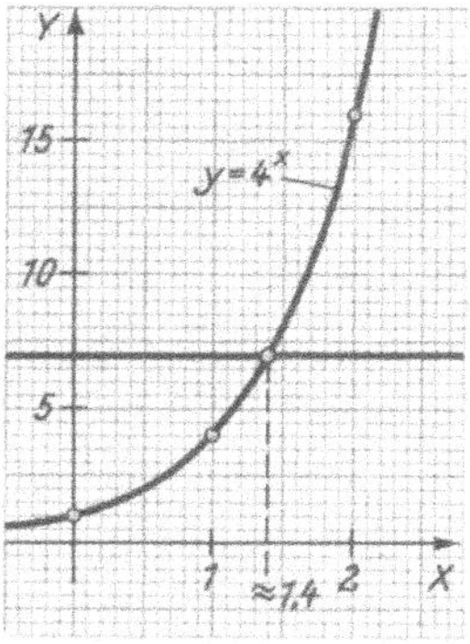

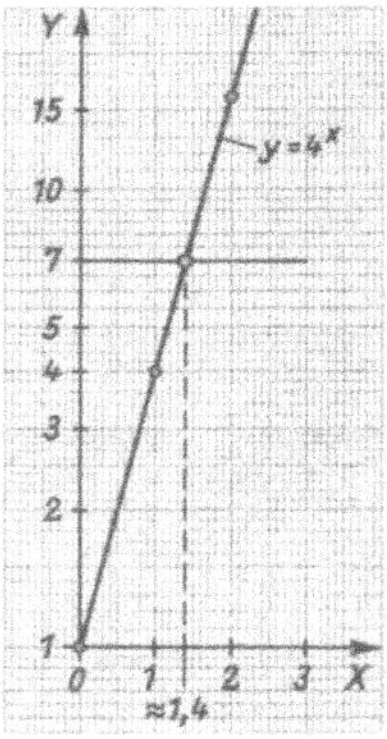

Die Lösung kann zeichnerisch gefunden werden als die Abszisse des Schnittpunktes der Parallelen zur X-Achse im gerichteten Abstand 7 mit dem Graphen von $y = 4^x$. Dieser ist bei Verwendung eines logarithmischen Maßstabes auf der Y-Achse ebenfalls eine Gerade.

---

137. Man ermittle in der Grundmenge $\mathbb{R}$ die Lösungsmenge $\mathbb{L}$ von

$$\frac{1}{2} \cdot 6^{x+1} + 3 \cdot 4^x = \frac{1}{3} \cdot 6^{x+2} - 6 \cdot 4^{x+1}.$$

Es ergibt sich über

$3 \cdot 6^x + 3 \cdot 4^x = 12 \cdot 6^x - 24 \cdot 4^x$

$3 \cdot 4^x = 6^x$,

woraus durch beiderseitiges Logarithmieren zur Basis e die gleichwertigen Aussageformen

$\ln 3 + x \cdot \ln 4 = x \cdot \ln 6$

$x(\ln 6 - \ln 4) = \ln 3$

$x = \dfrac{\ln 3}{\ln 6 - \ln 4} \approx \dfrac{1{,}09861}{1{,}79176 - 1{,}38629} \approx 2{,}70947$ erhalten werden.

Die Lösungsmenge ist somit $\mathbb{L} = \{\approx 2{,}70947\}$.

---

138. Man ermittle die Lösungsmenge $\mathbb{L}$ der Gleichung $2^x - 16 \cdot 2^{-2x} - 3 = 0$ in der Grundmenge $\mathbb{R}$.

$2^x - \dfrac{16}{(2^x)^2} - 3 = 0$

Substitution: $2^x = z$

$z - \dfrac{16}{z^2} - 3 = 0$

$z^3 - 3z^2 - 16 = 0$

$z = 1 \mid 1 - 3 - 16 \neq 0$

$z = 2 \mid 8 - 12 - 16 \neq 0$

$z = 4 \mid 64 - 48 - 16 = 0$ $\qquad z_1 = 2^{x_1} = 4$

$x_1 = 2;$

Division nach HORNER:

	1	-3	0	-16
4		4	4	16
	1	1	4	—

$z^2 + z + 4 = 0$

$z_{2;3} = \dfrac{-1 \pm \sqrt{15}\,i}{2}$;

es gibt somit keine weiteren reellen Lösungen der gegebenen Exponentialgleichung. Die Lösungsmenge ist daher $\mathbb{L} = \{2\}$.

139. Welche Lösungsmenge $\mathbb{L}$ in der Grundmenge $\mathbb{G} = \mathbb{R}^2$ erfüllt die beiden Exponentialgleichungen $y = 0{,}5^x$ und $y = 0{,}5^{-x}$?

Durch Gleichsetzen folgt $0{,}5^x = 0{,}5^{-x}$, woraus sich $x = -x$, also $x = 0$ ergibt. Damit wird $y = 1$. Es ist deshalb $\mathbb{L} = \{(0;1)\}$.

$y = 0{,}5^x$

x	...	-3	-2	-1	0	1	2	3	...
y	...	8	4	2	1	0,5	0,25	0,125	...

;

Das Schaubild der Funktion $y = 0{,}5^{-x}$ folgt aus dem von $y = 0{,}5^x$ durch

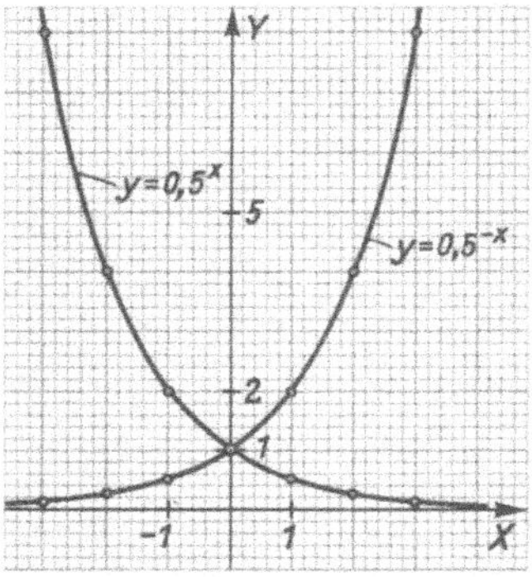

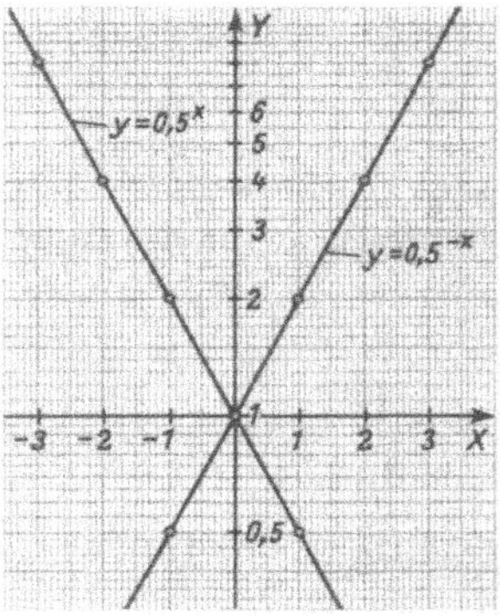

Bei Verwendung eines logarithmischen Maßstabes auf der Y-Achse kann die Lösungsmenge zeichnerisch als die Koordinaten x und y des Schnittpunktes der zugehörigen Geraden gefunden werden.

---

140. Man ermittle die Lösungsmenge $\mathbb{L}$ des Gleichungssystems $y = 2^x$ und $y = 2^{\frac{1}{x}}$ in der Grundmenge $\mathbb{R}^2$.

Durch Gleichsetzen ergibt sich $2^x = 2^{\frac{1}{x}}$ und damit für x die quadratische Gleichung $x = \frac{1}{x}$ oder $x^2 = 1$ mit den Lösungen $x_{1;2} = \pm 1$. Die zugehörigen y-Werte folgen etwa aus $y = 2^x$ zu $y_1 = 2$ und $y_2 = \frac{1}{2}$

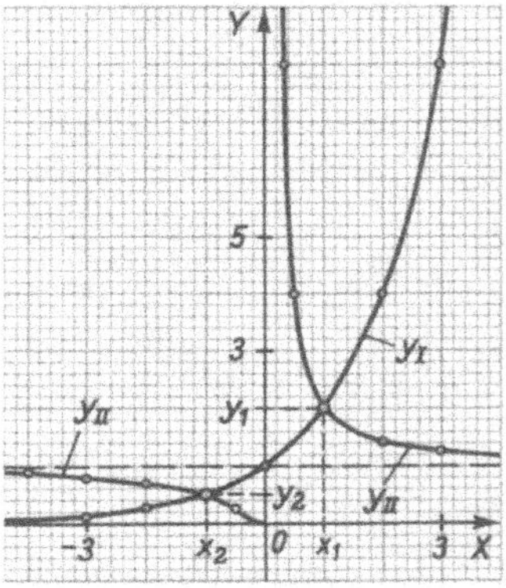

Mit $(x;y) \in \mathbb{L}$ ist daher $\mathbb{L} = \left\{ (1;2);\ \left(-1;\frac{1}{2}\right)\right\}$.

$y_I = 2^x$

x	...	-3	-2	-1	0	1	2	3 ...
y_I	...	0,125	0,25	0,5	1	2	4	8 ...

$y_{II} = 2^{\frac{1}{x}}$

x	...	-3	-2	-1	-0,5	0,5	1	2	3 ...
y_{II}	...	0,794	0,707	0,5	0,25	4	2	1,414	1,26...

$\mathbb{L}$ ergibt sich zeichnerisch als die Koordinaten der Schnittpunkte beider Graphen.

---

141. Es soll die Lösungsmenge $\mathbb{L}$ von $\sinh\left(\frac{x}{3}\right) + 2\cosh\left(\frac{x}{3}\right) - 3 = 0$ in der Grundmenge $\mathbb{R}$ bestimmt werden.

Ersetzt man die Hyperbelfunktion durch Exponentialfunktionen, so ergibt sich

$$\frac{e^{\frac{x}{3}} - e^{-\frac{x}{3}}}{2} + 2\cdot\frac{e^{\frac{x}{3}} + e^{-\frac{x}{3}}}{2} - 3 = 0 \quad \Big|\cdot 2$$

$$3e^{\frac{x}{3}} + e^{-\frac{x}{3}} - 6 = 0 \quad \Big|\cdot e^{\frac{x}{3}}$$

$$3\left(e^{\frac{x}{3}}\right)^2 - 6e^{\frac{x}{3}} + 1 = 0$$

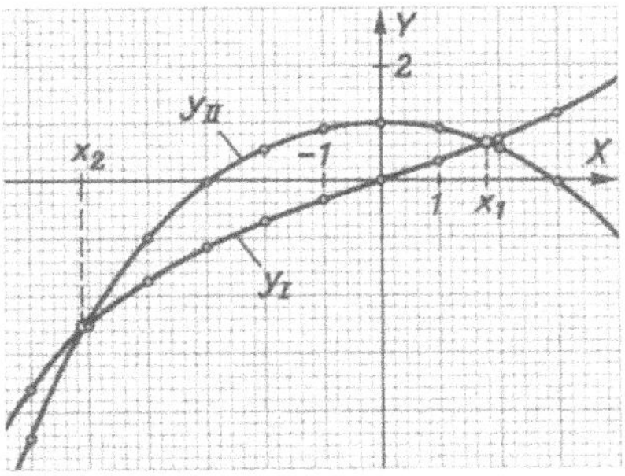

Substitution: $e^{\frac{x}{3}} = z$

$$3z^2 - 6z + 1 = 0$$

$$z_{1;2} = \frac{6 \pm \sqrt{36 - 12}}{6} =$$

$$= 1 \pm \frac{1}{3}\cdot\sqrt{6} \approx 1 \pm 0{,}81650.$$

Hiermit findet man $x_1 = 3\cdot\ln z_1 \approx 3\cdot\ln 1{,}81650 \approx 1{,}7907$ und $x_2 \approx -5{,}0866$. Es ist daher $\mathbb{L} = \{\approx 1{,}7907;\ \approx -5{,}0866\}$.

$$\sinh\left(\frac{x}{3}\right) = 3 - 2\cdot\cosh\left(\frac{x}{3}\right);$$

$$y_I = \sinh\left(\frac{x}{3}\right);$$

x	0	± 1	± 2	± 3	± 4	± 5	± 6	...
y_I	0	$\pm 0{,}34$	$\pm 0{,}72$	$\pm 1{,}18$	$\pm 1{,}77$	$\pm 2{,}55$	$\pm 3{,}63$	... ;

$$y_{II} = 3 - 2\cosh\frac{x}{3};$$

x	0	± 1	± 2	± 3	± 4	± 5	± 6	...
y_{II}	1	0,89	0,54	-0,09	-1,06	-2,48	-4,52	... .

---

142. Man bestimme die Lösungsmenge $\mathbb{L}$ der Gleichung $\sinh(x + 3) + 2 \cdot \cosh x - 11 = 0$ in der Grundmenge $\mathbb{R}$.

Es ergibt sich über

$$\sinh x \cdot \cosh 3 + \cosh x \cdot \sinh 3 + 2 \cdot \cosh x - 11 = 0$$

nacheinander

$$10{,}068 \sinh x + 10{,}018 \cosh x + 2 \cdot \cosh x - 11 \approx 0$$

$$10{,}068 \sinh x + 12{,}018 \cosh x - 11 \approx 0$$

$$12{,}018 \cosh x \approx 11 - 10{,}068 \sinh x$$

$$144{,}432(1 + \sinh^2 x) \approx 121 - 221{,}496 \sinh x + 101{,}365 \sinh^2 x$$

$$43{,}067 \sinh^2 x + 221{,}496 \sinh x + 23{,}432 \approx 0$$

$$\sinh x \approx \frac{-221{,}496 \pm \sqrt{49060{,}478 - 4036{,}584}}{86{,}134} \approx -2{,}572 \pm 2{,}463.$$

$$\sinh x_1 \approx -0{,}109$$

$$e^{x_1} - e^{-x_1} \approx -0{,}218 \quad |\cdot e^{x_1}$$

$$(e^{x_1})^2 + 0{,}218\, e^{x_1} - 1 \approx 0$$

$$e^{x_1} \approx \frac{-0{,}218 \overset{+}{(-)} \sqrt{0{,}047524 + 4}}{2} \approx 0{,}897$$

$$x_1 \approx \ln 0{,}897 \approx -0{,}109;$$

$$\sinh x_2 \approx -5{,}035$$

$$\sinh(-x_2) = 5{,}035$$

$$e^{-x_2} - e^{x_2} \approx 10{,}07 \quad |\cdot e^{-x_2}$$

$$(e^{-x_2})^2 - 10{,}07 e^{-x_2} - 1 \approx 0$$

$$e^{-x_2} \approx \frac{10{,}07 \overset{+}{(-)} \sqrt{101{,}4049 + 4}}{2} \approx 10{,}169$$

$$x_2 \approx -\ln 10{,}169 \approx -2{,}319$$

Damit ist die Lösungsmenge zu $\mathbb{L} = \{\approx -0{,}108;\ \approx -2{,}319\}$ gefunden.

Die Lösungen können auch unmittelbar aus Tabellen entnommen werden.

143. Welche Lösungsmenge $\mathbb{L}$ hat die Gleichung $5 - \sinh^2 x = 2 \cdot \cosh^2 x$ in der Grundmenge $\mathbb{R}$?

$5 + 1 - \cosh^2 x = 2 \cdot \cosh^2 x$

$3 \cdot \cosh^2 x = 6$

$\cosh x = (\overset{+}{-})\sqrt{2}$

Da $\cosh x > 0$ ist, entfällt das negative Vorzeichen.

$e^x + e^{-x} = 2 \cdot \sqrt{2} \qquad \Big| \cdot e^x$

$(e^x)^2 - 2\sqrt{2}\, e^x + 1 = 0$

$e^x = \dfrac{2\sqrt{2} \pm \sqrt{8 - 4}}{2} = \sqrt{2} \pm 1;$

$e^{x_1} \approx 2{,}4142$

$x_1 \approx 0{,}8814;$

$e^{x_2} = \sqrt{2} - 1$

$e^{-x_2} = \dfrac{1}{\sqrt{2} - 1} = \dfrac{\sqrt{2} + 1}{1} = e^{x_1}, \qquad x_2 = -x_1;$

Die Lösungsmenge ist daher $\mathbb{L} = \{\approx \pm 0{,}8814\}$.

---

144. Über die in Pfeilrichtung umlaufende Scheibe soll ein Seil gelegt werden, an dessen Enden die Kräfte $\vec{F}_1$ und $\vec{F}_2$ gemäß der Figur angreifen. Wie groß muß der Umschlingungswinkel α gewählt werden, damit für $F_1 = 2F_2$ Gleichgewicht besteht?

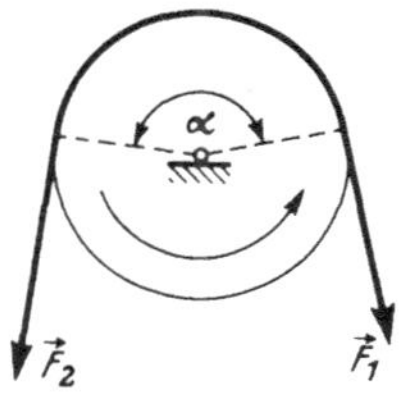

Mit $\mu = 0{,}25$ als Reibungszahl folgt aus

$F_1 = F_2\, e^{\mu\alpha}$

$2 = e^{0{,}25\alpha}$ und daraus

$\alpha = 4 \cdot \ln 2 \approx 4 \cdot 0{,}69315 = 2{,}7726.$

Die Umrechnung auf das Gradmaß liefert $\alpha \approx 158{,}858^\circ$.

---

145. Das Anlegen einer Gleichspannung U_0 zwischen den Klemmen A und B in neben-

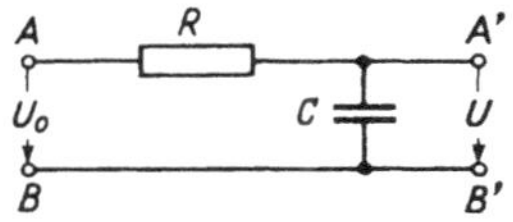

stehender Schaltung liefert eine Spannung U zwischen den Klemmen A' und B', die der Gleichung

$$U = U_o \left(1 - e^{-\frac{1}{RC} \cdot t}\right) \text{ genügt.}$$

Hierbei bedeuten R den Ohmschen Widerstand und C die Kapazität. Nach welcher Zeit t ist die Spannung U auf 80 % ihres Endwertes U_o angewachsen?

Es gilt

$$U = \frac{80}{100} U_o = U_o \left(1 - e^{-\frac{1}{RC} \cdot t}\right)$$

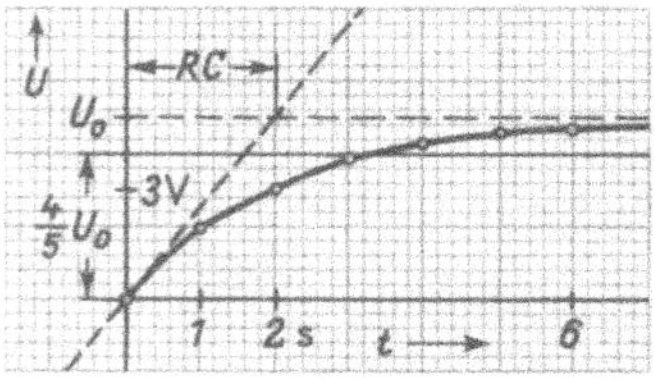

$$80 = 100 - 100 \cdot e^{-\frac{1}{RC} \cdot t}$$

$$e^{-\frac{1}{RC} \cdot t} = \frac{1}{5}$$

$$-\frac{1}{RC} \cdot t = -\ln 5$$

$$t = RC \cdot \ln 5 \approx 1{,}61 \cdot RC;$$

Für die speziellen Werte $U_o = 5\ V$, $RC = 2\ s$ wird

$$U = 5 \left(1 - e^{-0{,}5\frac{t}{s}}\right) V$$

$\frac{t}{s}$	0	1	2	3	4	5	6	...
$\frac{U}{V}$	0	1,97	3,16	3,88	4,32	4,59	4,75	...

146. Die Abhängigkeit des Luftdrucks $\vec{p}$ von der Höhe h kann unter gewissen Voraussetzungen durch die Barometerformel $p = p_o \cdot e^{-0{,}0001251 \cdot \frac{h}{m}}$ angegeben werden. Bei welcher Höhe h nimmt der Druck auf 30 % des Anfangsdrucks $\vec{p}_o$ am Erdboden ab?

Mit $p = \frac{3}{10} p_o$ für die skalaren Werte der Drücke wird

$$\frac{3}{10} = e^{-0{,}0001251 \cdot \frac{h}{m}},$$

woraus über

$$\ln 3 - \ln 10 = -0{,}0001251 \cdot \frac{h}{m}$$

$$\frac{h}{m} = \frac{\ln 10 - \ln 3}{0{,}0001251} \approx \frac{2{,}3026 - 1{,}0986}{0{,}0001251} \approx 9624{,}3, \text{ also } h \approx 9624 \text{ m folgt.}$$

---

147. Der Dampfdruck $\vec{p}$ von Äthanol (C_2H_5OH) kann als Funktion der thermodynamischen Temperatur T zwischen 50° C und 80° C genähert durch

$$p = e^{25{,}57 - \frac{4934\ K}{T}}\ \text{Pa}$$

angegeben werden. Bei welcher Temperatur siedet Äthanol, wenn der skalare Wert des äußeren Luftdrucks p = 70 000 Pa (in etwa 3 000 m Meereshöhe) beträgt?

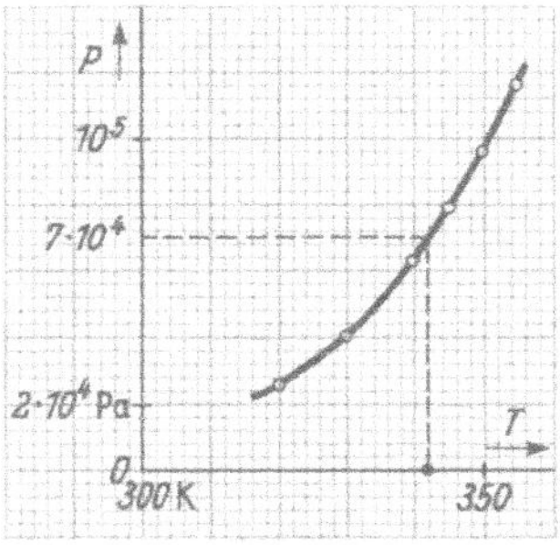

$\frac{T}{K}$	...	320	330	340	345	350	355 ...
$\frac{p}{Pa}$	...	25623	40884	63464	78319	96072	117173 ...

Die Gleichung $70\,000\ \text{Pa} = e^{25{,}57 - \frac{4934\ K}{T}}\ \text{Pa}$ führt nach beiderseitigem Logarithmieren auf $\ln 70\,000 = 25{,}57 - \frac{4934\ K}{T}$ oder $11{,}16 \approx 25{,}57 - \frac{4934\ K}{T}$, was schließlich $T \approx \frac{4934\ K}{14{,}41} \approx 342{,}4$ K ergibt und etwa 69,3° C entspricht.

---

148. An zwei, 2b = 80 cm voneinander entfernten Punkten A und B in horizontaler Lage sind die beiden Enden eines Fadens von s = 100 cm Länge befestigt. Welchen Abstand d hat der tiefste Punkt S der Durchhangskurve von der Strecke $\overline{AB}$?

Bei Einführung eines rechtwinkligen Koordinatensystems wie in der Abbildung lautet die Gleichung der Durchhangskurve (Kettenlinie)

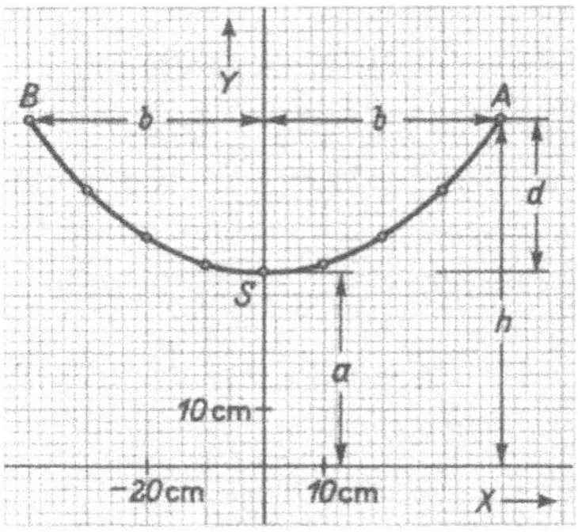

$$y = a \cdot \cosh\left(\frac{x}{a}\right).$$

Die unbekannte Konstante a in der Gleichung der Kettenlinie kann aus der Beziehung $s = 2a \cdot \sinh\left(\frac{b}{a}\right)$ für die Länge s des Fadens in Abhängigkeit von der Spannweite 2b ermittelt werden. Für die gegebenen speziellen Abmessungen wird $100\text{ cm} = 2a \cdot \sinh\left(\frac{40\text{ cm}}{a}\right)$, was sich durch die Substitution $\frac{10\text{ cm}}{a} = z$ auf $5z = \sinh(4z)$ vereinfachen läßt.

Diese transzendente Gleichung kann nur näherungsweise gelöst werden:

$y_I = 5z$

z	0	0,4 ...
y_I	0	2,0 ...

,

$y_{II} = \sinh(4z)$

z	0	0,10	0,20	0,25	0,30	0,35	0,40	0,50 ...
y_{II}	0	0,41	0,89	1,18	1,51	1,90	2,38	3,63 ...

;

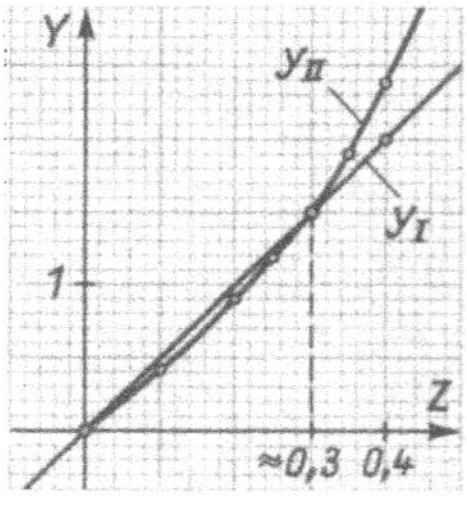

aus der Zeichnung entnimmt man einen ersten Näherungswert $z \approx 0{,}3$.

Mit $f(z) = 5z - \sinh(4z)$ und $z_1 = 0{,}29$, $z_2 = 0{,}3$ liefert die Regula falsi den verbesserten Näherungswert

$$z_3 = z_1 + \frac{(z_1 - z_2)\cdot f(z_1)}{f(z_2) - f(z_1)} \approx 0{,}29 + \frac{(0{,}29 - 0{,}30)\cdot(1{,}45 - 1{,}43822)}{1{,}50 - 1{,}50946 - 1{,}45 + 1{,}43822} \approx$$

$$\approx 0{,}29 + 0{,}00555 \approx 0{,}296;$$

Kontrolle: $f(z_3) \approx 5\cdot 0{,}296 - \sinh(1{,}184) \approx 1{,}4800 - 1{,}4807 = -0{,}0007$.

Für $\frac{a}{\text{cm}} = \frac{10}{z_3} = \frac{10}{0{,}296} \approx 33{,}8$ ergibt sich nun die spezielle Gleichung der

Durchhangskurve zu $y = 33{,}8 \cdot \cosh\left(\frac{0{,}0296}{cm}\,x\right)$ cm. Der gesuchte Abstand d berechnet sich als die Differenz

$d = h - a \approx 33{,}8 \cdot \cosh(0{,}0296 \cdot 40)$ cm $- 33{,}8$ cm $=$

$= 33{,}8 \cdot \cosh(1{,}184)$ cm $- 33{,}8$ cm $\approx 33{,}8 \cdot (1{,}787 - 1)$ cm $\approx$

$\approx 26{,}601$ cm.

$y = 33{,}8 \cdot \cosh\left(\frac{0{,}0296\,x}{cm}\right)$ cm;

$\frac{x}{cm}$	0	10	20	30	40
$\frac{y}{cm}$	33,8	35,3	39,9	48,0	60,4

---

149. Welche Lösungsmenge $\mathbb{L}$ erfüllt die logarithmische Gleichung $\lg(2x - 3) = 0{,}5$ in der Grundmenge $\mathbb{R}$? *)

Auflösen nach dem Argument $2x - 3$ der Logarithmenfunktion liefert

$2x - 3 = 10^{0,5}$

also $2x - 3 \approx 3{,}1623$

und damit $x \approx 3{,}0812$.

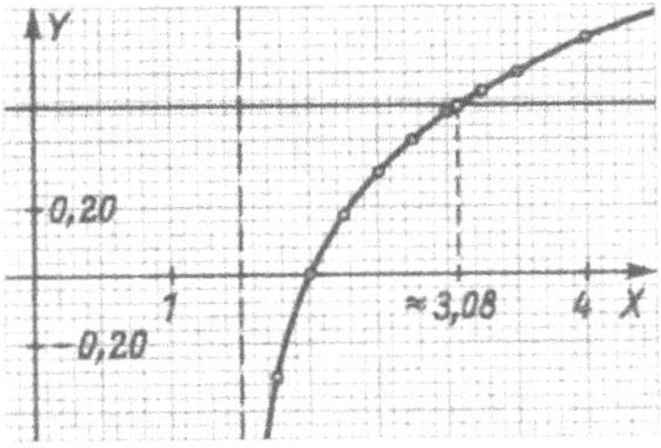

Dieser Wert gehört zur Definitionsmenge $\mathbb{D} = \{x \mid 2x - 3 > 0\} = \{x \mid x > 1{,}5\}$, die sich aus der Forderung nach positiven Argumenten der Logarithmenfunktion ergibt und erfüllt die Gleichung. Somit ist die Lösungsmenge $\mathbb{L} = \{\approx 3{,}0812\}$.

$y = \lg(2x - 3)$

x	1,5	1,75	2	2,25	2,5	2,75	3	3,25	3,5	4	...
y	$-\infty$	-0,30	0	0,18	0,30	0,40	0,48	0,54	0,60	0,70	...

Die Lösungsmenge kann zeichnerisch gefunden werden als die Abszisse des Schnittpunktes der Parallelen zur X-Achse im gerichteten Abstand 0,5 mit dem Graphen von $y = \lg(2x - 3)$.

---

150. Man ermittle in der Grundmenge $\mathbb{R}$ die Lösungsmenge $\mathbb{L}$ von $\lg x + \lg 2 = \lg(x + 1) - \lg 5$.

*) Als Argumente der Logarithmenfunktionen werden in diesem Abschnitt nur positive reelle Zahlen verwendet.

Es ergibt sich nacheinander

$$\lg(2x) = \lg\left(\frac{x+1}{5}\right)$$

$$2x = \frac{1}{5}(x+1) \text{ und daraus } x = \frac{1}{9}.$$

Mit $\mathbb{D} = \{x \mid x > 0 \wedge x + 1 > 0\} = \{x \mid x > 0\}$

ist $x = \frac{1}{9} \in \mathbb{D}$ und somit $\mathbb{L} = \left\{\frac{1}{9}\right\}$.

---

151. Es soll die Lösungsmenge $\mathbb{L}$ der Gleichung

$\lg(x-2) - 0{,}30103 - \lg\frac{1}{x-1} = 0$ in der Grundmenge $\mathbb{R}$ ermittelt werden.

Aus

$$\lg(x-2) \approx \lg 2 + \lg\frac{1}{x-1}$$

$$\lg(x-2) \approx \lg\frac{2}{x-1}$$

folgt durch Gleichsetzen der Argumente

$(x-2)(x-1) \approx 2$ und daraus

die quadratische Gleichung

$x^2 - 3x + 2 \approx 2$ mit $x_1 \approx 0$ und $x_2 \approx 3$.

Wegen $\mathbb{D} = \{x \mid x - 2 > 0 \wedge x - 1 > 0\} = \{x \mid x > 2\}$ scheidet x_1 als Lösungselement aus; es ist jedoch wegen der Äquivalenz aller Umformungen $\mathbb{L} = \{\approx 3\}$.

---

152. Man bestimme die Lösungsmenge $\mathbb{L}$ der Gleichung

$\ln\frac{x(x+1{,}2)}{x+2} - 0{,}47 = 0$ in der Grundmenge $\mathbb{R}$.

$$\frac{x(x+1{,}2)}{x+2} = e^{0{,}47} \approx 1{,}6$$

$$x(x+1{,}2) \approx (x+2)\cdot 1{,}6$$

$$x^2 + 1{,}2x \approx 1{,}6x + 3{,}2$$

$$x^2 - 0{,}4x - 3{,}2 \approx 0$$

$$x_{1;2} \approx \frac{0{,}4 \pm \sqrt{0{,}16 + 12{,}80}}{2} = \frac{0{,}4 \pm 3{,}6}{2}$$

$x_1 \approx 2$; $x_2 \approx -1{,}6$.

Mit $\mathbb{D} = \left\{ x \mid \frac{x(x + 1{,}2)}{x + 2} > 0 \right\}$ und $x_1, x_2 \in \mathbb{D}$ wird

$\mathbb{L} = \{ \approx 2; \approx -1{,}6 \}$.

---

153. Es ist die Lösungsmenge $\mathbb{L}$ der Gleichung

$\frac{1}{\lg x} + \frac{1}{2} = \frac{1}{2} \cdot \lg x$ für die Grundmenge $\mathbb{R}$ zu ermitteln.

Man erhält aus

$2 + \lg x = (\lg x)^2$ mit der Substitution $\lg x = z$ die in z quadratische Gleichung $z^2 - z - 2 = 0$.

Deren Lösungen $z_1 = 2$ und $z_2 = -1$ führen auf $x_1 = 10^{z_1} = 100$ und $x_2 = 10^{-1} = 0{,}1$.

x_1 und x_2 sind Elemente der Definitionsmenge $\mathbb{D} = \{ x \mid x \in \mathbb{R}^+ \wedge x \neq 1 \}$ und erfüllen die Gleichung, sodaß $\mathbb{L} = \{ 100; 0{,}1 \}$ ist.

---

154. Welche Lösungsmenge $\mathbb{L}$ genügt dem Gleichungssystem

$x - 3y + 48 = 0$ ... 1)

$\lg x - \lg(12y) + 2 = 0$ ... 2)

in der Grundmenge $\mathbb{G} = \mathbb{R}^2$?

Aus 2) $\lg \frac{x}{12y} = -\lg 100$

$\frac{x}{12y} = \frac{1}{100}, \quad y = \frac{25}{3}x$ ... 3)

3) in 1) $x - 25x + 48 = 0, \quad x = 2$; aus 3) $y = \frac{50}{3}$.

Mit $\mathbb{D} = \{ (x;y) \mid x > 0 \wedge y > 0 \}$ ist $\left(2; \frac{50}{3}\right) \in \mathbb{D}$ und es folgt

$\mathbb{L} = \{ (x;y) \} = \left\{ \left(2; \frac{50}{3} \right) \right\}$.

---

155. Nach dem WEBER-FECHNERschen Gesetz besteht zwischen der subjektiv im Gehör empfundenen Lautstärke L und der objektiv gemessenen Schallintensität J der ungefähre Zusammenhang

$L = 10 \cdot \lg \frac{J}{J_o}$ Phon, wobei unter J_o die Hörschwelle bei einer Schwingung von 1 000 Hz verstanden wird.

Um wieviel muß die Schallintensität zunehmen, damit die Lautstärke von 20 auf 50 Phon anwächst?

$$50 - 20 = 10 \cdot \lg \frac{J_{50}}{J_o} - 10 \cdot \lg \frac{J_{20}}{J_o}$$

$$3 = \lg \frac{J_{50}}{J_{20}}$$

$$10^3 = \frac{J_{50}}{J_{20}}, \quad J_{50} = 10^3 \cdot J_{20};$$

$$J_{50} - J_{20} = 999 \cdot J_{20}.$$

---

156. Beim freien Fall eines Körpers mit der Masse m gelten unter Berücksichtigung des Luftwiderstandes näherungsweise für den in der Zeit t zurückgelegten Weg $\vec{s}$ und die Geschwindigkeit $\vec{v}$ die skalaren Gleichungen

$$s = \frac{m}{k} \cdot \ln \left[\cosh \left(\sqrt{\frac{kg}{m}} \cdot t \right) \right] \quad \ldots 1)$$

$$v = \sqrt{\frac{mg}{k}} \cdot \tanh \left(\sqrt{\frac{kg}{m}} \cdot t \right) \quad \ldots 2)$$

wobei g den skalaren Wert der Erdbeschleunigung und k eine Konstante bedeuten.

Man stelle v in Abhängigkeit von s durch eine explizite Funktion dar.

Aus 1) $\cosh \left(\sqrt{\frac{kg}{m}} \cdot t \right) = e^{\frac{k}{m}s} \quad \ldots 3)$

aus 2) $\tanh \left(\sqrt{\frac{kg}{m}} \cdot t \right) = v \cdot \sqrt{\frac{k}{mg}}$

$$1 - \tanh^2 \left(\sqrt{\frac{kg}{m}} \cdot t \right) = 1 - v^2 \cdot \frac{k}{mg} \quad \ldots 4)$$

Wegen $1 - \tanh^2 x = \frac{1}{\cosh^2 x}$ folgt aus 3) und 4)

$$1 - v^2 \cdot \frac{k}{mg} = e^{-\frac{2k}{m}s}$$

$$v^2 = \frac{mg}{k}\left(1 - e^{-\frac{2k}{m}s}\right)$$

$$v = \sqrt{\frac{mg}{k}} \cdot \sqrt{1 - e^{-\frac{2k}{m}s}}$$

3.2 Goniometrische Gleichungen

157. Man ermittle die Lösungsmenge $\mathbb{L}$ der goniometrischen Gleichung $\sin(2x) + \cos x = 0$ in der Grundmenge $\mathbb{G} = [0^\circ; 360^\circ[$.

Mit der Definitionsmenge $\mathbb{D} = \mathbb{G}$ ergibt sich

$2 \cdot \sin x \cdot \cos x + \cos x = 0$

oder

$\cos x \cdot (2 \cdot \sin x + 1) = 0$,

woraus für $\cos x = 0$

$x_1 = 90^\circ$, $x_2 = 270^\circ$

und für $2 \cdot \sin x + 1 = 0$

$\sin x = -0{,}5$

$\sin \bar{x} = 0{,}5$, $\bar{x} = 30^\circ$

$x_3 = 180^\circ + 30^\circ = 210^\circ$

$x_4 = 360^\circ - 30^\circ = 330^\circ$

folgen.

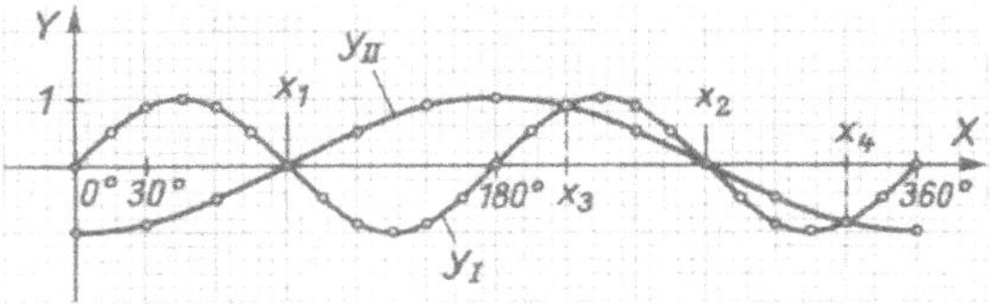

$y_I = \sin(2x)$

x	... 0°	15°	30°	45° ...
y_I	... 0	0,5	0,87	1 ...

;

$y_{II} = -\cos x$

x	0°	30°	60°	90° ...
y_{II}	... -1	-0,87	-0,5	0 ...

.

Die Lösungsmenge ist somit $\mathbb{L} = \{90^\circ; 210^\circ; 270^\circ; 330^\circ\}$.

Zur zeichnerischen Ermittlung der Lösungsmenge wird die gegebene Gleichung in der Form $\sin(2x) = -\cos x$ geschrieben. Dann ergeben sich die Lösungen als die Schnittpunktsabszissen der den beiden Funktionen $y_I = \sin(2x)$ und $y_{II} = -\cos x$ zugeordneten Graphen.

158. Welche Lösungsmenge $\mathbb{L}$ genügt der goniometrischen Gleichung $2 \cdot \cos x - 3 \cdot \tan x = 0$ in der Grundmenge $\mathbb{G} = [0^\circ; 360^\circ[$?

Die Definitionsmenge ist $\mathbb{D} = \mathbb{G} \setminus \{90^\circ; 270^\circ\}$.

$$2 \cdot \cos x = \frac{3 \cdot \sin x}{\cos x}$$

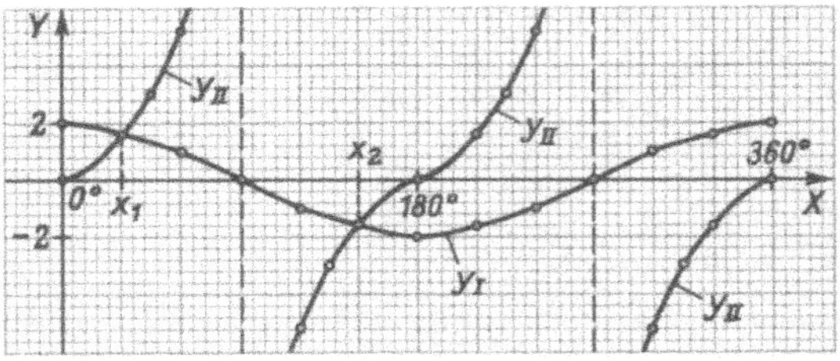

$$2 \cdot \cos^2 x - 3 \cdot \sin x = 0$$

$$2 - 2 \cdot \sin^2 x - 3 \cdot \sin x = 0$$

$$2 \cdot \sin^2 x + 3 \cdot \sin x - 2 = 0$$

Substitution: $\sin x = z$

$$2z^2 + 3z - 2 = 0 \qquad z_{1;2} = \frac{-3 \pm 5}{4}$$

$z_1 = \sin x = 0{,}5$ $\qquad$ $z_2 = \sin x = -2$

$x_1 = 30^\circ$, $x_2 = 150^\circ$; $\qquad$ ergibt keine reellen Werte für x.

$y_I = 2 \cdot \cos x$

x	... 0°	30°	60°	90° ...
y_I	... 2	1,73	1	0 ...

,

$y_{II} = 3 \cdot \tan x$

x	... 0°	30°	45°	60°	90° ...
y_{II}	... 0	1,73	3	5,20	∞ ...

.

Die Lösungsmenge ist demnach $\mathbb{L} = \{30^\circ; 150^\circ\}$.

Die Lösung kann graphisch als die Abszissen der Schnittpunkte von $y_I = 2 \cdot \cos x$ und $y_{II} = 3 \cdot \tan x$ gefunden werden.

---

159. Es ist die Lösungsmenge $\mathbb{L}$ von $\tan x - \cot x - 2 = 0$ in der Grundmenge $\mathbb{G} = \mathbb{R}$ zu bestimmen.

Die Definitionsmenge ist $\mathbb{D} = \mathbb{R} \setminus \{x \mid x = k \cdot 90^\circ \wedge k \in \mathbb{Z}\}$.

$$\tan x - \frac{1}{\tan x} - 2 = 0 \quad \Big| \cdot \tan x$$

$$\tan^2 x - 2 \cdot \tan x - 1 = 0$$

Substitution: $\tan x = z$

$$z^2 - 2z - 1 = 0$$

$$z_{1;2} = 1 \pm \sqrt{2}\,;$$

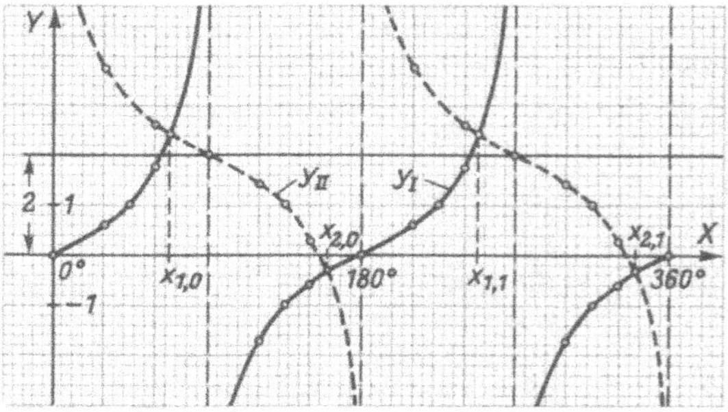

$z_1 = \tan x_1 = 1 + \sqrt{2} \approx 2{,}4142$

$x_{1,k} \approx 67{,}5^\circ + k \cdot 180^\circ;$

$z_2 = \tan x_2 = 1 - \sqrt{2} = \frac{-1}{1+\sqrt{2}} =$

$= \frac{-1}{z_1} = -\cot x_1 = \tan(90^\circ + x_1)$

$x_{2,k} = x_{1,k} + 90^\circ \approx$

$\approx 157{,}5^\circ + k \cdot 180^\circ.$

$y_I = \tan x$

x	... 0°	30°	45°	60° ...
y_I	... 0	0,58	1	1,73 ...

,

$y_{II} = \cot x + 2$

x	... 0°	30°	45°	60°	90° ...
y_{II}	... ∞	3,73	3	2,58	2 ...

.

Als Lösungsmenge ergibt sich demnach $\mathbb{L} = \{ x | x \approx 67{,}5^\circ + \nu \cdot 90^\circ \wedge \nu \in \mathbb{Z} \}$.

Diese Werte können zeichnerisch als die Abszissen der Schnittpunkte der Graphen von y_I und y_{II} erhalten werden.

---

160. Man bestimme die Lösungsmenge $\mathbb{L}$ von $4 \cdot \cos^2 x - \sqrt{2} \cdot \cot x = 0$ in der Grundmenge $\mathbb{G} = \mathbb{R}$.

Mit der Definitionsmenge $\mathbb{D} = \mathbb{R} \setminus \{ x | x = k \cdot 180^\circ \wedge k \in \mathbb{Z} \}$ folgt aus der Produktdarstellung

$$\cos x \cdot \left(4 \cdot \cos x - \frac{\sqrt{2}}{\sin x} \right) = 0$$

für $\cos x = 0$

$x_1 = 90^\circ + k \cdot 180^\circ$

und für $4 \cdot \cos x - \frac{\sqrt{2}}{\sin x} = 0$

über $2 \cdot \sin x \cdot \cos x = \frac{1}{2} \cdot \sqrt{2}$

$\sin(2x) = \frac{1}{2} \cdot \sqrt{2}$

$x_2 = 22{,}5^\circ + k \cdot 180^\circ, \ x_3 = 67{,}5^\circ + k \cdot 180^\circ.$

Dies ergibt mit $k \in \mathbb{Z}$ die Lösungsmenge $\mathbb{L} = \{ 22{,}5^\circ + k \cdot 180^\circ; 67{,}5^\circ + k \cdot 180^\circ, 90^\circ + k \cdot 180^\circ \}$.

161. Es soll die Lösungsmenge $\mathbb{L}$ der Gleichung

$$\frac{1}{\tan^2 x} - 4\cdot\cos^2 x + 1 = 0$$ in der Grundmenge $\mathbb{G} = \mathbb{R}$ ermittelt werden.

Die Definitionsmenge ist $\mathbb{D} = \mathbb{R}\setminus\{x \mid x = k\cdot 90^\circ \wedge k \in \mathbb{Z}\}$.

$$\frac{1}{\tan^2 x} - \frac{4}{1+\tan^2 x} + 1 = 0 \quad \Big|\cdot\tan^2 x\cdot(1+\tan^2 x)$$

$$1 + \tan^2 x - 4\cdot\tan^2 x + \tan^2 x + \tan^4 x = 0$$

$$\tan^4 x - 2\cdot\tan^2 x + 1 = 0$$

$$(\tan^2 x - 1)^2 = 0, \quad \tan^2 x = 1, \quad \tan x = \pm 1,$$

$$x_1 = 45^\circ, \quad x_2 = 135^\circ \text{ in } 0 \leqslant x < 180^\circ.$$

Dies ergibt $\mathbb{L} = \{x \mid x = 45^\circ + \nu\cdot 90^\circ \wedge \nu \in \mathbb{Z}\}$.

---

162. Der Wirkungsgrad η bei Schrauben für die Umsetzung von Drehmoment in Längskraft genügt der Beziehung

$$\eta = \frac{\tan\alpha}{\tan(\alpha+\rho)}.$$

Es ist $\tan\alpha$ in Abhängigkeit von ρ und η darzustellen. Wie groß sind die Steigungswinkel α, für die beim Reibungskoeffizienten $\mu = \tan\rho = 0{,}1$ der Wirkungsgrad $\eta = 0{,}8$ ist?

$$\eta\cdot\frac{\tan\alpha + \tan\rho}{1 - \tan\alpha\cdot\tan\rho} = \tan\alpha,$$

$$\eta\cdot\tan\alpha + \eta\cdot\tan\rho = \tan\alpha - \tan^2\alpha\cdot\tan\rho$$

$$\tan\rho\cdot\tan^2\alpha - (1-\eta)\cdot\tan\alpha + \eta\cdot\tan\rho = 0$$

$$\tan\alpha = \frac{1-\eta \pm\sqrt{(1-\eta)^2 - 4\eta\cdot\tan^2\rho}}{2\cdot\tan\rho};$$

$$\tan\alpha = \frac{0{,}2 \pm \sqrt{0{,}04 - 0{,}032}}{0{,}2} = 1 \pm \frac{1}{5}\cdot\sqrt{5} \approx 1 \pm 0{,}4472$$

$$\tan\alpha_1 \approx 1{,}4472, \quad \tan\alpha_2 \approx 0{,}5528.$$

Hieraus folgen die gesuchten Steigungswinkel zu

$$\alpha_1 \approx 55{,}356^\circ \quad \text{und} \quad \alpha_2 \approx 28{,}934^\circ.$$

163. Unter welchem Winkel φ muß die Stange $\overline{AB} = l$ geneigt sein, damit ihre Endpunkte A und B gemäß der Figur die Schenkel des rechten Winkels bei O berühren und sie außerdem im Punkt C aufliegt?

Abmessungen: $l = 60$ cm, $a = 11$ cm.

Die Länge der Stange kann man sich zusammengesetzt denken aus

$$l = \overline{AB} = \overline{AC} + \overline{CB} = \frac{a}{\sin\varphi} + \frac{a}{\cos\varphi};$$

hieraus kann φ in der Grundmenge $\mathbb{G} = \{\varphi \mid 0 < \varphi < 90^\circ\}$ wie folgt berechnet werden:

$$\sin\varphi \cdot \cos\varphi \cdot l = (\cos\varphi + \sin\varphi)\cdot a$$

$$\frac{l}{2}\cdot \sin(2\varphi) = (\cos\varphi + \sin\varphi)\cdot a$$

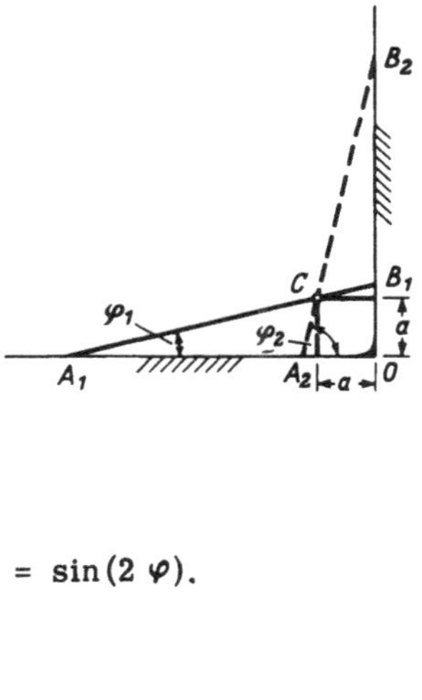

$$\left(\frac{l}{2}\right)^2 \cdot \sin^2(2\varphi) = (\cos^2\varphi + {}$$
$$+ 2\cdot\sin\varphi\cdot\cos\varphi + \sin^2\varphi)\cdot a^2$$

$$\left(\frac{l}{2}\right)^2 \cdot \sin^2(2\varphi) = a^2 + a^2\cdot\sin(2\varphi)$$

Substitution: $\sin(2\varphi) = z$

$$\left(\frac{l}{2}\right)^2 \cdot z^2 - a^2 z - a^2 = 0$$

$$z_{1;2} = 2\cdot\frac{a^2 + \sqrt{a^4 + a^2 l^2}}{l^2} = \frac{2a}{l^2}(a + \sqrt{a^2 + l^2}) = \sin(2\varphi).$$

Für die gegebenen speziellen Abmessungen folgt:

$$\sin(2\varphi) = \frac{22}{3600}(11 + \sqrt{121 + 3600}) = \frac{11}{1800}(11 + 61) =$$

$$= \frac{11\cdot 72}{1800} = \frac{11}{25} = 0{,}44$$

und daraus $\varphi_1 \approx 13{,}052^\circ$, $\varphi_2 \approx 76{,}948^\circ = 90^\circ - \varphi_1$;

ferner wird

$$\overline{A_1O} = l\cdot\cos\varphi_1 \approx 60\ \cos 13{,}052^\circ\ \text{cm} \approx 58{,}450\ \text{cm}$$

und

$$\overline{B_1O} = l\cdot\sin\varphi_1 \approx 60\ \sin 13{,}052^\circ\ \text{cm} \approx 13{,}550\ \text{cm}.$$

164. An einem in A befestigten, über die Rolle C laufenden Seil greift die Last $\vec{Q}$ an. Die Rolle C befindet sich an einer in B drehbar gelagerten Stange mit der Länge $\overline{BC} = b$. Wie groß sind die Winkel α und β im Gleichgewichtszustand, wenn die Wirkungslinie von $\vec{Q}$ senkrecht zu $\overline{AB} = a$ ist? Wie lang muß unter obigen Voraussetzungen $b = \bar{b}$ gewählt werden, damit $\overline{BD} = \frac{a}{n}$ wird?

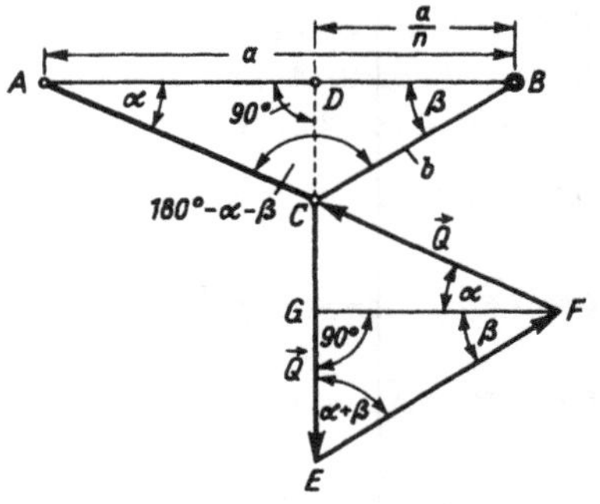

Wegen der Gleichschenkligkeit des Dreiecks CEF sind die Basiswinkel an der Seite $\overline{EF}$ gleich groß. Daher ist im Dreieck EFG die Summe der Innenwinkel $180^0 = \alpha + \beta + \beta + 90^0$. Somit folgt für die gesuchten Winkel α und β die erste Gleichung

$$\alpha + 2\beta - 90^0 = 0 \quad \ldots 1)$$

Die Anwendung des Sinus-Satzes auf das Dreieck ABC liefert die zweite Gleichung

$$a \cdot \sin\alpha = b \cdot \sin(\alpha + \beta) \quad \ldots 2).$$

Aus 1)

$$\beta = 45^0 - \frac{\alpha}{2} \quad \ldots 3a)$$

3a) in 2)

$$a \cdot \sin\alpha = b \cdot \sin\left(45^0 + \frac{\alpha}{2}\right)$$

$$a \cdot \sin\alpha = \frac{b}{\sqrt{2}}\left(\cos\frac{\alpha}{2} + \sin\frac{\alpha}{2}\right)$$

$$2a^2 \cdot \sin^2\alpha = b^2(1 + \sin\alpha)$$

$$2a^2 \cdot \sin^2\alpha - b^2 \cdot \sin\alpha - b^2 = 0$$

$$\sin\alpha = \frac{b}{4a^2}\left(b \overset{+}{(-)} \sqrt{b^2 + 8a^2}\right)$$

Aus 1)

$$\alpha = 90^0 - 2\beta \quad \ldots 3b)$$

3b) in 2)

$$a \cdot \sin(90^0 - 2\beta) = b \cdot \sin(90^0 - \beta)$$

$$a \cdot \cos(2\beta) = b \cdot \cos\beta$$

$$a \cdot \cos^2\beta - a \cdot \sin^2\beta = b \cdot \cos\beta$$

$$2a \cdot \cos^2\beta - b \cdot \cos\beta - a = 0$$

$$\cos\beta = \frac{1}{4a}\left(b \overset{+}{(-)} \sqrt{b^2 + 8a^2}\right)$$

Spezialfälle:

$b \to 0$: $\quad \sin\alpha = 0,\ \alpha = 0^\circ;\quad \cos\beta = \frac{1}{\sqrt{2}},\quad \beta = 45^\circ$ (!);

$b = a$: $\quad \sin\alpha = 1,\ \alpha = 90^\circ;\quad \cos\beta = 1,\quad \beta = 0^\circ$.

Zur Ermittlung der Länge $\bar b$, bei welcher $\overline{BD} = \frac{a}{n}$ wird, kann angesetzt

werden $\overline{BD} = \bar b \cdot \cos\beta = \frac{a}{n}$, woraus $\frac{\bar b}{4a} \cdot (\bar b + \sqrt{\bar b^2 + 8a^2}) = \frac{a}{n}$ folgt.

Hieraus wird

$$\bar b n \cdot \sqrt{\bar b^2 + 8a^2} = 4a^2 - \bar b^2 n$$

$$\bar b^4 n^2 + 8a^2 \bar b^2 n^2 = 16a^4 - 8a^2 \bar b^2 n + \bar b^4 n^2$$

$$\bar b^2 n^2 = 2a^2 - \bar b^2 n$$

$$\bar b = (\pm) \frac{a \cdot \sqrt{2}}{\sqrt{n^2 + n}} \ ;$$

Spezialfall:

$n = 2$: $\quad \bar b = \frac{a}{\sqrt{3}}$.

---

165. Der Schwerpunkt S eines homogen belegten Kreissektors vom Radius r und Mittelpunktswinkel 2α liegt auf der Winkelhalbierenden des Mittelpunktswinkels im Abstand $x_S = \overline{MS} = \frac{2r}{3\alpha} \cdot \sin\alpha$ vom Mittelpunkt M. Für welchen Winkel α liegt S auf der Sehne $\overline{AB}$ des Kreissektors gemäß der Abbildung?

Wegen $\overline{MN} = r\cos\alpha$ ergibt sich α aus der transzendenten Gleichung $\frac{2r}{3\alpha}\sin\alpha = r\cos\alpha$ oder $\frac{3}{2}\alpha - \tan\alpha = 0$, die nicht in geschlossener Form lösbar ist. Der gesuchte Winkel α kann jedoch genähert als Abszisse eines Schnittpunkts der Graphen von $y_I = \frac{3}{2}\alpha$ und $y_{II} = \tan\alpha$ abgelesen werden.

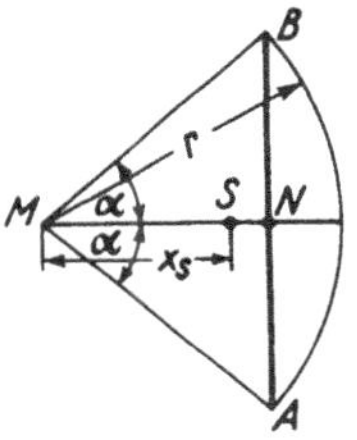

$y_I = \frac{3}{2}\alpha$

α	...	0	$\frac{\pi}{3}$	...
y_I	...	0	$\frac{\pi}{2}$	...

;

$y_{II} = \tan\alpha$

α	...	0°	10°	20°	30°	40°	50°	60°	65°	...
y_{II}	...	0	0,18	0,36	0,58	0,84	1,19	1,73	2,14	...

.

Man erkennt $\alpha_1 \approx 55^\circ \mathrel{\hat{\approx}} 0{,}95993$ als ersten Näherungswert für α. Setzt man $f(\alpha) = \frac{3}{2}\alpha - \tan\alpha$, so wird $f(\alpha_1) \approx 0{,}01175$ und mit $\alpha_2 \approx 55{,}5^\circ \mathrel{\hat{\approx}} 0{,}96866$ bekommt man $f(\alpha_2) \approx -0{,}00202$. Diese Werte erbringen über die Regula falsi die neue Näherung

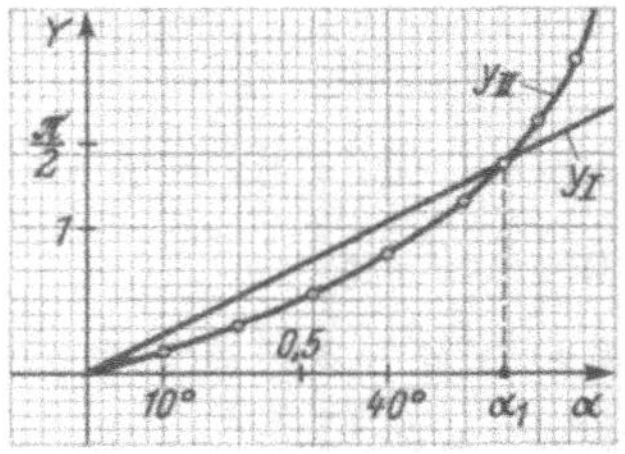

$$\alpha_3 = \alpha_1 - \frac{f(\alpha_1)\cdot(\alpha_2 - \alpha_1)}{f(\alpha_2) - f(\alpha_1)} \approx$$

$$\approx 0{,}95993 - \frac{0{,}01175\cdot(0{,}96866 - 0{,}95993)}{-0{,}00202 - 0{,}01175} \approx$$

$$\approx 0{,}96738 \mathrel{\hat{\approx}} 55{,}427^\circ,$$

wobei $f(\alpha_3) \approx 0{,}00004$.

Für $\alpha \approx 0{,}96738 \mathrel{\hat{\approx}} 55{,}427^\circ$ liegt somit der Schwerpunkt S auf der Sehne $\overline{AB}$.

---

166. In der Grundmenge $\mathbb{G} = [0^\circ; 360^\circ[$ ist die Lösungsmenge $\mathbb{L}$ von $2\cdot\sin x + 3\cdot\cos x - 2{,}5 = 0$ zu bestimmen.

Unter Verwendung von $A\cdot\sin x + B\cdot\cos x = \sqrt{A^2 + B^2}\cdot\sin(x + \varphi)$ mit $\varphi = \arctan\frac{B}{A}$ für $A > 0$ und $B > 0$ folgt

$\sqrt{13}\cdot\sin(x + \varphi) \approx 2{,}5$

mit $\varphi = \arctan 1{,}5 \approx 56{,}3099^\circ$ als Hilfswinkel.

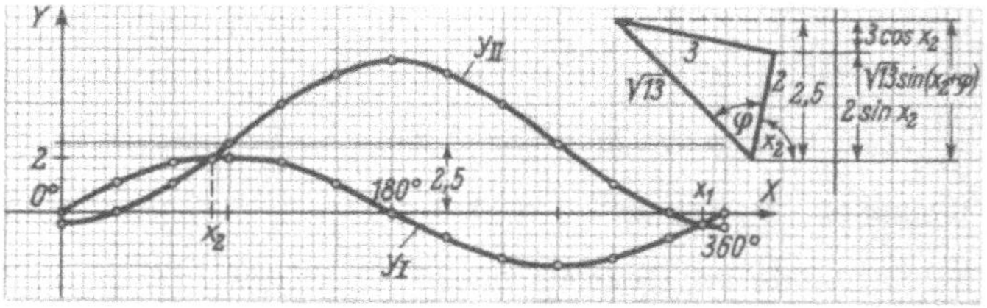

Damit ist die vorgelegte Gleichung auf $\sin(x + 56{,}3099^\circ) \approx 0{,}69338$ zurückgeführt, und es ergeben sich hieraus in $\mathbb{D} = \mathbb{G}$

über $x_1 + 56{,}3099^\circ \approx 43{,}8983^\circ + 360^\circ = 403{,}8983^\circ$

und $x_2 + 56{,}3099^\circ \approx 180^\circ - 43{,}8983^\circ = 136{,}1017^\circ$

$x_1 \approx 347{,}5884^\circ$ sowie $x_2 \approx 79{,}7918^\circ$.

Die gesuchte Lösungsmenge ist somit

$\mathbb{L} = \{ \approx 79,7918^\circ; \approx 347,5884^\circ \}$.

$y_I = 2 \cdot \sin x$

x	...	0°	30°	60°	90°	...
y_I	...	0	1	1,73	2	...

,

$y_{II} = 2,5 - 3 \cdot \cos x$

x	...	0°	30°	60°	90°	...
y_{II}	...	-0,5	-0,10	1	2,5	...

.

Die Lösungsmenge kann zeichnerisch gefunden werden als die Schnittpunktsabszissen der den Funktionen $y_I = 2 \cdot \sin x$ und $y_{II} = 2,5 - 3 \cdot \cos x$ zugehörigen Graphen.

---

167. Man ermittle die Lösungsmenge $\mathbb{L}$ der Gleichung

$\sin(x + 30^\circ) + 2 \cdot \cos x - \frac{1}{2} \cdot \sqrt{7} = 0$ in der Grundmenge $\mathbb{G} = [0^\circ; 360^\circ[$.

Die Anwendung der Formel

$$A_1 \cdot \sin(\omega x + \varphi_1) + A_2 \cdot \sin(\omega x + \varphi_2) = A \cdot \sin(\omega x + \varphi)$$

auf $\sin(x + 30^\circ) + 2 \cdot \sin(x + 90^\circ) = \frac{1}{2} \sqrt{7}$

für $\omega = 1$, $A_1 = 1$, $A_2 = 2$, $\varphi_1 = 30^\circ$, $\varphi_2 = 90^\circ$

mit $A = \sqrt{P^2 + Q^2}$ und $P = A_1 \sin \varphi_1 + A_2 \sin \varphi_2 = 2,5$,

$Q = A_1 \cos \varphi_1 + A_2 \cos \varphi_2 = \frac{1}{2} \sqrt{3}$, sowie $\varphi = \arctan \frac{P}{Q} = \arctan \frac{5}{\sqrt{3}} \approx$

$\approx 70,8934^\circ$ für $Q > 0$ liefert die äquivalente Aussageform

$\sin(x + 70,8934^\circ) \approx 0,5$.

Man erhält in $\mathbb{D} = \mathbb{G}$

aus $x_1 + 70,8934^\circ \approx 30^\circ + 360^\circ = 390^\circ$

und $x_2 + 70,8934^\circ \approx 150^\circ$

$x_1 \approx 319,1066^\circ$ sowie $x_2 \approx 79,1066^\circ$

und damit die Lösungsmenge $\mathbb{L} = \{ \approx 79,1066^\circ; \approx 319,1066^\circ \}$.

168. Welche Lösungsmenge $\mathbb{L}$ besitzt die goniometrischen Gleichung $\cos(45^\circ + x) + \cos(45^\circ - x) + \cos(x + 90^\circ) = 1 - \frac{1}{2} \cdot \sqrt{2}$ in der Grundmenge $\mathbb{G} = \mathbb{R}$?

Mit Hilfe des **Additionstheorems** für die Kosinusfunktion ergibt sich zunächst

$$\cos 45^\circ \cdot \cos x - \sin 45^\circ \cdot \sin x + \cos 45^\circ \cdot \cos x + \sin 45^\circ \cdot \sin x + \\ + \cos(x + 90^\circ) = 1 - \frac{1}{2} \cdot \sqrt{2}$$

oder nach Zusammenfassen

$$\sqrt{2} \cdot \sin(x + 90^\circ) - \sin x = 1 - \frac{1}{2} \cdot \sqrt{2}.$$

Dies kann wegen

$$A_1 \cdot \sin(\omega x + \varphi_1) + A_2 \cdot \sin(\omega x + \varphi_2) = \sqrt{P^2 + Q^2} \cdot \sin(\omega x + \varphi)$$

mit $P = A_1 \sin \varphi_1 + A_2 \sin \varphi_2$, $Q = A_1 \cos \varphi_1 + A_2 \cos \varphi_2$

und $\varphi = \pi + \arctan \frac{P}{Q}$ für $Q < 0$, $P > 0$ in die äquivalente Form

$\sqrt{3} \cdot \sin(x + \varphi) = 1 - \frac{1}{2} \sqrt{2}$ mit $\varphi = \pi + \arctan(-\sqrt{2}) \approx 125,2644^\circ$

übergeführt werden.

Die Lösungsmenge berechnet sich damit aus

$\sin(x + 125,2644^\circ) \approx 0,16910$

über $x_1 + 125,2644^\circ \approx 9,7355^\circ$ oder $x_1 \approx -115,5289^\circ$

und $x_2 + 125,2644^\circ \approx 170,2645^\circ$ oder $x_2 \approx 45,0001^\circ$

mit $k \in \mathbb{Z}$ zu $\mathbb{L} = \{\approx 45,0001^\circ + k \cdot 360^\circ; \approx 244,4711^\circ + k \cdot 360^\circ\}$.

Durch Einsetzen in die Ausgangsgleichung erweisen sich $x = 45^\circ + k \cdot 360^\circ$ mit $k \in \mathbb{Z}$ als exakte Lösungen.

169. Gegeben sind die beiden Funktionen $y_I = 2 \cdot \sin(x + 75^\circ)$ und $y_{II} = 4 \cdot \sin(x + 15^\circ)$ in $\mathbb{G} = [0^\circ; 360^\circ[$.
Man bestimme die Lösungsmenge $\mathbb{L}$ der Gleichung $y_I \cdot y_{II} = 0$.
Es ergibt sich über

$$8 \cdot \left[\frac{1}{2} \cdot \cos(75^\circ - 15^\circ) - \frac{1}{2} \cdot \cos(2x + 75^\circ + 15^\circ)\right] - 4 = 0$$

$$8 \cdot \left[\frac{1}{4} - \frac{1}{2} \cdot \cos(2x + 90^\circ)\right] - 4 = 0$$

$$2 + 4 \cdot \sin(2x) = 4$$

$$\sin(2x) = 0{,}5.$$

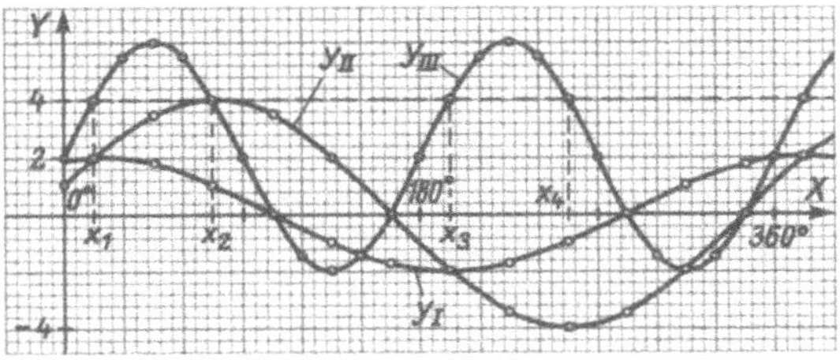

Wegen $0^\circ \leqslant 2x < 720^\circ$ kommen für $2x$ nur die Elemente

$2x_1 = 30^\circ$; $2x_2 = 150^\circ$; $2x_3 = 390^\circ$; $2x_4 = 510^\circ$ in Betracht, weshalb die Lösungsmenge $\mathbb{L} = \{15^\circ; 75^\circ; 195^\circ; 255^\circ\}$ ist.

$y_I = 2 \cdot \sin(x + 75^\circ)$

x	...	15°	45°	75°	105°	...
y_I	...	2	1,73	1	0	...

;

$y_{II} = 4 \cdot \sin(x + 15^\circ)$

x	...	15°	45°	75°	105°	...
y_{II}	...	2	3,46	4	3,46	...

;

$y_{III} = 2 + 4 \sin(2x)$

x	...	0°	15°	30°	45°	...
y_{III}	...	2	4	5,46	6	...

.

Zur zeichnerischen Ermittlung der Lösungsmenge wird der Graph der Produktfunktion $y_{III} = y_I \cdot y_{II}$ mit der Parallelen zur **X**-Achse im gerichteten Abstand 4 zum Schnitt gebracht.

---

170. Es ist die Lösungsmenge $\mathbb{L}$ von $2 \cdot \cos(x + 60^\circ) \cdot \cos(x + 15^\circ) - 1 = 0$ in $\mathbb{G} = \mathbb{R}$ zu ermitteln.

Es ergibt sich nacheinander

$$2 \cdot \left[\frac{1}{2} \cdot \cos(60^\circ - 15^\circ) + \frac{1}{2} \cdot \cos(2x + 60^\circ + 15^\circ)\right] - 1 = 0$$

$\cos 45^\circ + \cos(2x + 75^\circ) - 1 = 0$

$\cos(2x + 75^\circ) = 1 - \frac{1}{2} \cdot \sqrt{2}$

und daraus über

$2x + 75^\circ \approx 72{,}9688^\circ + k \cdot 360^\circ$ bzw. $2x + 75^\circ \approx -72{,}9688^\circ + k \cdot 360^\circ$ mit $k \in \mathbb{Z}$ schließlich $x_{1,k} \approx -1{,}0156^\circ + k \cdot 180^\circ$ und $x_{2,k} \approx -73{,}9844^\circ + k \cdot 180^\circ$.

Somit ist mit $k \in \mathbb{Z}$ die gesuchte Lösungsmenge

$\mathbb{L} = \{\approx -1{,}0156^\circ + k \cdot 180^\circ; \approx -73{,}9844^\circ + k \cdot 180^\circ\}$.

---

171. Welche Lösungsmenge $\mathbb{L}$ genügt dem Gleichungssystem

$\sin x + \sin y = 0{,}5$ ... 1)

$x + y = 60^\circ$ ... 2)

in $\mathbb{G} = \mathbb{R}^2$?

Aus 2) $y = 60^\circ - x$ ... 3)

3) in 1)

$\sin x + \sin(60^\circ - x) = 0{,}5$

$\sin x - \sin(x - 60^\circ) = 0{,}5$;

wegen $A_1 \cdot \sin(\omega x + \varphi_1) + A_2 \cdot \sin(\omega x + \varphi_2) = \sqrt{P^2 + Q^2} \cdot \sin(\omega x + \varphi)$

mit $P = A_1 \sin \varphi_1 + A_2 \sin \varphi_2$, $Q = A_1 \cos \varphi_1 + A_2 \cos \varphi_2$

und $\varphi = \arctan \frac{P}{Q}$ für $Q > 0$

folgt aus $\sqrt{\frac{3}{4} + \frac{1}{4}} \cdot \sin(x + \varphi) = \frac{1}{2}$

mit $\varphi = \arctan \sqrt{3} = 60^\circ$

die gleichwertige Aussage

$\sin(x + 60^\circ) = 0{,}5$ mit den Lösungen

$x_{1,k} = -30^\circ + k \cdot 360^\circ$ und $x_{2,k} = 90^\circ + k \cdot 360^\circ$ und $k \in \mathbb{Z}$.

Wegen $y = 60^\circ - x$ ist damit für $k \in \mathbb{Z}$ und $(x;y) \in \mathbb{L}$

$\mathbb{L} = \{(-30^\circ + k \cdot 360^\circ;\ 90^\circ - k \cdot 360^\circ);\ (90^\circ + k \cdot 360^\circ;\ -30^\circ - k \cdot 360^\circ)\}$.

3.3 Sinusschwingungen

172. Man bestimme für jede der folgenden allgemeinen Sinusschwingungen der Form $y = m + A \sin(\omega t + \varphi)$ mit Mittelwert m, Amplitude A, Kreisfrequenz ω und Phasenwinkel φ die zugehörige Schwingungsdauer $T = \frac{2\pi}{\omega}$, einen Periodenbeginn $t_0 = -\frac{\varphi}{\omega}$ und die Schnittpunkte des Graphen der Schwingungsfunktion mit der t-Achse.

a) $m = -1\ \text{cm},\ A = 1{,}5\ \text{cm},\ \omega = 1\ \text{s}^{-1},\ \varphi = -\frac{\pi}{3}$;

b) $m = 1{,}2\ \text{V},\ A = 2\ \text{V},\ \omega = 4\ \text{s}^{-1},\ \varphi = 120^\circ$;

c) $m = 4 \cdot 10^{-2}\ \text{Nm},\ A = 4 \cdot 10^{-2}\ \text{Nm},\ \omega = 10^4\ \text{s}^{-1},\ \varphi = -1{,}2$.

a) Die Funktion $y = -1\ \text{cm} + 1{,}5 \cdot \sin\left(\frac{t}{s} - \frac{\pi}{3}\right)$ cm tritt z. B. bei ungedämpften Schwingungen auf, die dem H O O K E s c h e n G e s e t z genügen.

Es ist hier $T = 2\pi\ \text{s} \approx 6{,}28\ \text{s},\ t_0 = \frac{\pi}{3}\ \text{s} \approx 1{,}05\ \text{s}$.

Die Schnittpunkte mit der t-Achse berechnen sich aus $1 = 1{,}5 \sin\left(\frac{t}{s} - \frac{\pi}{3}\right)$

über $\frac{t}{s} - \frac{\pi}{3} \approx 0{,}73 + 2k\pi$ sowie $\frac{t}{s} - \frac{\pi}{3} \approx 2{,}41 + 2k\pi$

zu $\bar{t}_k \approx 1{,}78\ \text{s} + k \cdot T$ sowie $\bar{\bar{t}}_k \approx 3{,}46\ \text{s} + k \cdot T$ mit $k \in \mathbb{Z}$.

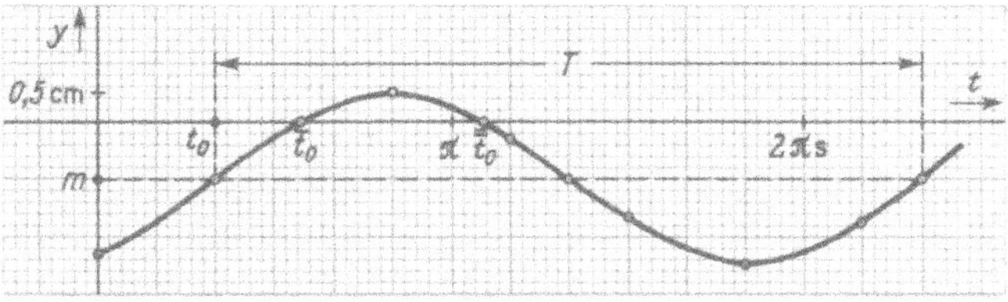

$\frac{t}{s}$	...	0	$\frac{\pi}{3}$	$\frac{\pi}{2}$	$\frac{5}{6}\pi$	$\frac{7}{6}\pi$	$\frac{4}{3}\pi$	$\frac{3}{2}\pi$	$\frac{11}{6}\pi$	$\frac{13}{6}\pi$	$\frac{7}{3}\pi$ ...
$\frac{y}{cm}$	...	-2,30	-1	-0,25	0,5	-0,25	-1	-1,75	-2,5	-1,25	-1 ...

b) Durch $y = 1{,}2\ \mathrm{V} + 2 \sin\left(\frac{4}{s}t + 120^\circ\right)\mathrm{V}$ wird die Überlagerung einer Gleichspannung und einer Wechselspannung beschrieben.

Man findet $T = \frac{\pi}{2}s \approx 1{,}57\ s$ und $t_0 = -\frac{\pi}{6}s \approx -0{,}52\ s$.

Schnittpunkte mit der t-Achse ergeben sich aus $-1{,}2 = 2 \cdot \sin\left(\frac{4}{s}t + 120^\circ\right)$ zu $\overline{t}_k \approx -0{,}68\ s + k \cdot T$ und $\overline{\overline{t}}_k \approx 0{,}42\ s + kT$ mit $k \in \mathbb{Z}$.

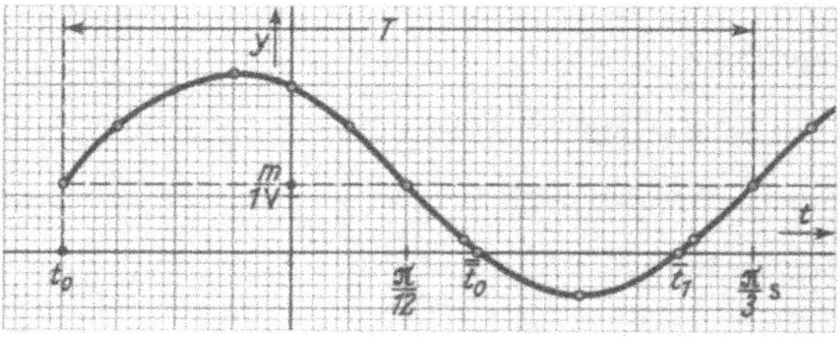

$\frac{t}{s}$	...	$-\frac{\pi}{6}$	$-\frac{\pi}{8}$	$-\frac{\pi}{24}$	0	$\frac{\pi}{24}$	$\frac{\pi}{12}$	$\frac{\pi}{8}$	$\frac{5}{24}\pi$	$\frac{7}{24}\pi$	$\frac{\pi}{3}$	$\frac{3}{8}\pi$	...
$\frac{y}{V}$	...	1,2	2,2	3,2	2,93	2,2	1,2	0,2	-0,8	0,2	1,2	2,2	...

c) Die Funktion $y = 4 \cdot 10^{-2}\ \mathrm{Nm} + 4 \cdot 10^{-2} \sin\left(\frac{10^4}{s}t - 1{,}2\right)\mathrm{Nm}$ liefert die zeitliche Abhängigkeit der im Kondensator eines ungedämpften elektrischen Schwingungskreises gespeicherten Energie. Hier ist $T = 2\pi \cdot 10^{-4}s \approx$ $\approx 6{,}28 \cdot 10^{-4}\ s$ und $t_0 = 1{,}2 \cdot 10^{-4}\ s$. Die Schnittpunkte mit der t-Achse erhält man durch $\overline{t}_k \approx 5{,}91 \cdot 10^{-4}\ s + k \cdot T$ mit $k \in \mathbb{Z}$.

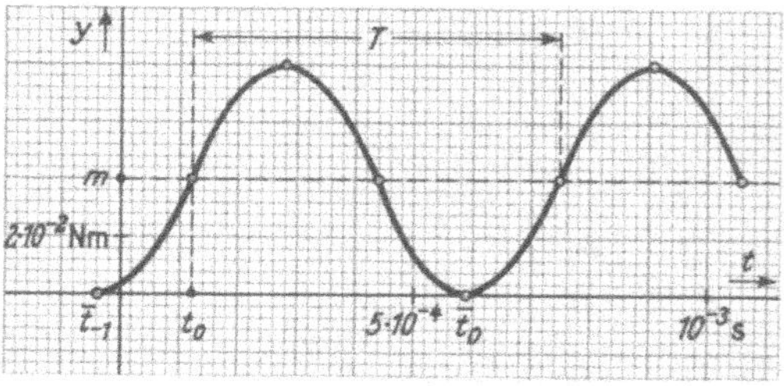

$\frac{t}{10^{-4}s}$	...	-0,37	0	1,2	2,77	4,34	5,91	7,48	9,05	...
$\frac{y}{10^{-2}\mathrm{Nm}}$	...	0	0,27	4	8	4	0	4	8	...

173. Wird in der abgebildeten Schaltung die Wechselspannung $u = \hat{u} \cdot \sin \omega t$ angelegt, so fließt ein stationärer Strom der Stärke $i = \hat{\imath} \cdot \sin(\omega t + \varphi)$ mit

$$\hat{\imath} = \frac{\hat{u}}{\sqrt{R^2 + \frac{1}{\omega^2 C^2}}}, \quad \varphi = \arc\tan \frac{1}{\omega RC} \quad \text{und } t \geqslant 0.$$

Wie groß ist die Momentanleistung $P(t) = u \cdot i$ dieses Stromes, wenn $\hat{u} = 311\ \mathrm{V}$, $\omega = 100\pi\ \mathrm{s}^{-1}$, $R = 89\ \Omega$ und $C = 30\ \mu\mathrm{F}$ ist? Welchen Mittelwert P_m besitzt die Leistung?

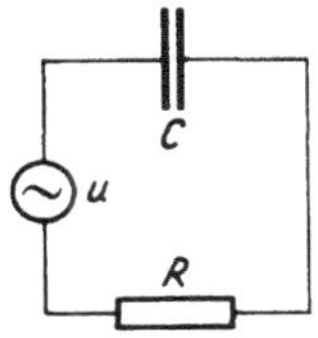

$$P(t) = \hat{u} \cdot \hat{\imath} \cdot \sin \omega t \cdot \sin(\omega t + \varphi)$$

$$= \frac{\hat{u} \cdot \hat{\imath}}{2} \cdot [\cos(-\varphi) - \cos(2\omega t + \varphi)]$$

$$= \frac{\hat{u} \cdot \hat{\imath}}{2} \cos \varphi - \frac{\hat{u} \cdot \hat{\imath}}{2} \sin\left(2\omega t + \varphi + \frac{\pi}{2}\right)$$

$$= \frac{\hat{u} \cdot \hat{\imath}}{2} \cos \varphi + \frac{\hat{u} \cdot \hat{\imath}}{2} \sin\left(2\omega t + \varphi - \frac{\pi}{2}\right).$$

Mit den angegebenen Werten erhält man

$$\hat{\imath} = \frac{311\ \mathrm{V}}{\sqrt{(89\ \Omega)^2 + \frac{1}{\left(\frac{100\pi}{\mathrm{s}}\right)^2 \cdot (30 \cdot 10^{-6}\mathrm{F})^2}}} \approx 2{,}25\ \mathrm{A};$$

$$\varphi = \arc\tan \frac{1}{\frac{100\pi}{\mathrm{s}} \cdot 89\ \Omega \cdot 30 \cdot 10^{-6}\ \mathrm{F}} \approx 50{,}01^{\circ} \mathrel{\hat{\approx}} 0{,}8728;$$

$$\frac{\hat{u} \cdot \hat{\imath}}{2} \approx 350\ \mathrm{VA}; \quad \frac{\hat{u} \cdot \hat{\imath}}{2} \cos \varphi \approx 225\ \mathrm{VA}.$$ Daraus ergibt sich

$$P(t) \approx 225\ \mathrm{VA} + 350 \cdot \sin\left(\frac{200\pi}{\mathrm{s}} t - 0{,}6980\right) \mathrm{VA}.$$

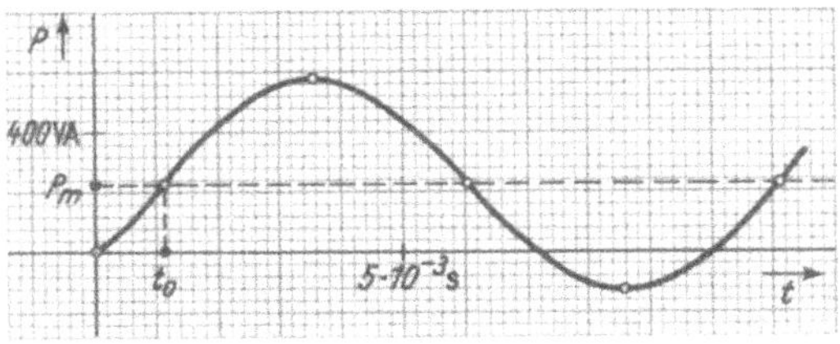

Der Mittelwert der Leistung ist also $P_m \approx 225$ VA; die Periode von P(t) ist $T = 10^{-2}$ s und ihr Beginn liegt bei $t_o \approx \frac{0{,}6980}{200\pi}$ s $\approx 1{,}111 \cdot 10^{-3}$ s.

$\frac{t}{10^{-3}\,s}$	0	1,111	3,611	6,111	8,611	11,111	...
$\frac{P}{VA}$	0	225	575	225	- 125	225	...

.

174. Bei einem Wechselstrom mit dem Höchstwert 5 Ampere und der Frequenz 50 Hertz beginnt im Augenblick t = 0 die positive Halbperiode. Wieviel Sekunden nach Periodenbeginn erreicht der Strom zum ersten Mal 80% seines Höchstwertes?

Es muß gelten:

$$5 \cdot \frac{80}{100} = 5 \cdot \sin\left(2\pi \cdot 50 \frac{t}{s}\right)$$

oder $0{,}8 = \sin\left(100 \cdot \pi \cdot \frac{t}{s}\right)$;

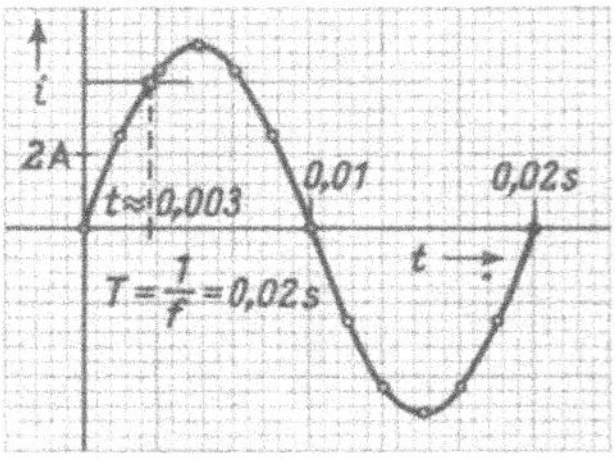

mit $100\pi \cdot \frac{t}{s} = z$ wird $\sin z = 0{,}8$

und damit $z \approx 53{,}1301^o$.

Die Umrechnung ins Bogenmaß liefert

$$\text{arc}\, z \approx 0{,}92730 \approx 314{,}159 \cdot \frac{t}{s};$$

daraus folgt $\frac{t}{s} \approx \frac{0{,}92730}{314{,}159}$,

oder $t \approx 0{,}002952$ s.

175. Durch $y_1 = 5 \cdot \cos(\omega t)$ cm und $y_2 = 4 \cdot \sin(\omega t)$ cm mit $\omega = 10\pi\, s^{-1} \approx 31{,}416\, s^{-1}$ sind zwei gleichfrequente Schwingungen in Abhängigkeit von der Zeit t gegeben. Zu welchen Zeiten tritt in der Überlagerungsschwingung $y = y_1 + y_2 = 5 \cdot \cos(\omega t)$cm $+ 4 \sin(\omega t)$ cm die Auslenkung 3 cm auf?

Durch die Umformungen

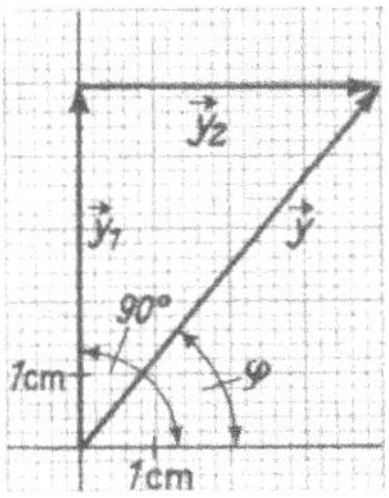

$$\frac{y}{cm} = 5\cdot\cos(\omega t) + 4\cdot\sin(\omega t) =$$

$$= 5\cdot\sin(\omega t + 90^o) + 4\cdot\sin(\omega t)$$

kommt man auf die Darstellung

$y = A\ \sin(\omega t + \varphi)$.

Hierbei können die Werte von A und φ einem Zeigerdiagramm entnommen oder aber aus diesem errechnet werden.

$A = \sqrt{(5\ cm)^2 + (4\ cm)^2} \approx 6{,}403$ cm. φ liegt im I. Quadranten und ergibt sich aus $\tan\varphi = \frac{5}{4}$ zu $\varphi \approx 51{,}340^o$ oder $\varphi \approx 0{,}89606$. Damit wird

$y \approx 6{,}403\cdot\sin(\omega t + 51{,}340^o)$ cm oder $y \approx 6{,}403\cdot\sin(\omega t + 0{,}89606)$ cm.

Die Schwingung hat die Periode $T = \frac{2\pi}{\omega} = \frac{2\pi}{10\pi\ s^{-1}} = 200\cdot 10^{-3}$ s

und einen Periodenbeginn bei $t_0 = -\frac{\varphi}{\omega} \approx \frac{-0{,}89606}{10\pi\ s^{-1}} \approx -28{,}52\cdot 10^{-3}$ s.

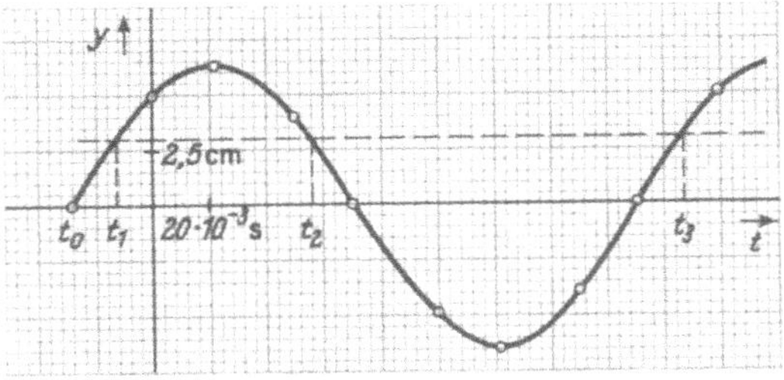

$\frac{t}{10^{-3}\,s}$	...	-28,52	0	21,48	50	71,48	100	121,48	150
$\frac{y}{cm}$	...	0	5,000	6,403	4,000	0	-5,000	-6,403	-4,000

171,48	200	...
0	5,000	...

Zeiten mit der Auslenkung 3 cm ergeben sich aus den Gleichungen $5\cdot\cos(\omega t)$ cm $+ 4\cdot\sin(\omega t)$ cm $= 3$ cm oder $6{,}403\cdot\sin(\omega t + 51{,}340^o)$ cm $\approx$ ≈ 3 cm. In der Zeichnung sind die Lösungen $t_1 \approx -13\cdot 10^{-3}$ s; $t_2 \approx 56\cdot 10^{-3}$ s und $t_3 \approx 187 \cdot 10^{-3}$ s erkennbar. Die Rechnung liefert über $\sin(\omega t + 51{,}340^{\circ}) \approx 0{,}4685$ nacheinander jeweils für $k \in \mathbb{Z}$

$$\omega t + 51{,}340^{\circ} \approx 27{,}937^{\circ} + k \cdot 360^{\circ} \quad \text{und}$$

$$\omega t + 51{,}340^{\circ} \approx 152{,}063^{\circ} + k \cdot 360^{\circ}, \quad \text{also}$$

$$\omega t \approx -23{,}403^{\circ} + k \cdot 360^{\circ}, \quad \omega t \approx 100{,}723^{\circ} + k \cdot 360^{\circ}$$

$$\text{oder} \quad t_{1k} \approx \frac{-0{,}40486 + 2k\pi}{10\pi \text{ s}^{-1}} \quad , \quad t_{2k} \approx \frac{1{,}75795 + 2k\pi}{10\pi \text{ s}^{-1}} \; .$$

Die gesuchten Zeiten sind daher

$$t_{1k} \approx (-13{,}00 + 200 \cdot k) \cdot 10^{-3} \text{ s}, \qquad t_{2k} \approx (55{,}96 + 200 \cdot k) \cdot 10^{-3} \text{ s}.$$

---

176. Durch drei parallele Strombahnen fließen gleichfrequente Wechselströme, die den Gleichungen

$i_I = 2 \cdot \sin(\omega t)\,\text{A}$, $i_{II} = 3 \cdot \sin(\omega t + 90^{\circ})\,\text{A}$ und $i_{III} = \sin(\omega t - 60^{\circ})\,\text{A}$

genügen. Sie vereinigen sich zu einem Strom i.

Man stelle den resultierenden Strom in der Form $i = i_m \cdot \sin(\omega t + \psi)$ dar. Wie groß sind die Augenblickswerte dieses Stromes zu den Zeiten $t_1 = 0$, $t_2 = \frac{T}{3}$ und $t_3 = \frac{3}{4}T$, mit T als Schwingungsdauer?

Die Verwendung der Formel

$$\sum_{\nu=1}^{n} A_{\nu} \cdot \sin(\omega t + \varphi_{\nu}) = A \cdot \sin(\omega t + \varphi)$$

mit $A = \sqrt{P^2 + Q^2}$ und

$$P = \sum_{\nu=1}^{n} A_{\nu} \cdot \sin\varphi_{\nu} \quad , \quad Q = \sum_{\nu=1}^{n} A_{\nu} \cdot \cos\varphi_{\nu}$$

sowie $\varphi = \arctan \frac{P}{Q}$ für $Q > 0$

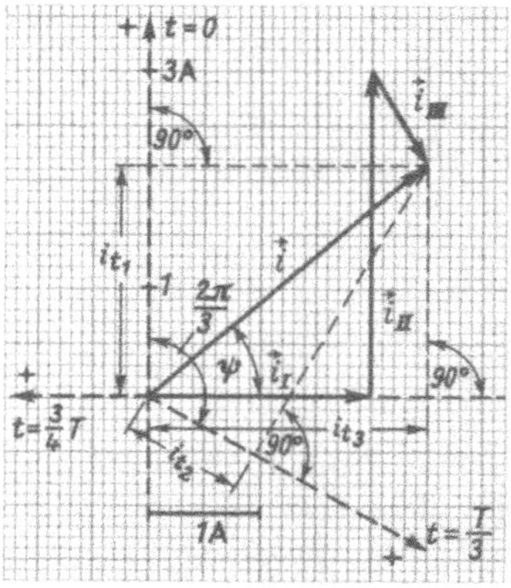

liefert für $n = 3$ und

$A_1 = 2$ A, $A_2 = 3$ A, $A_3 = 1$ A,

$\varphi_1 = 0^\circ$, $\varphi_2 = 90^\circ$, $\varphi_3 = -60^\circ$

$$i = \sqrt{\left(3 \cdot 1 - 1 \cdot \frac{1}{2}\sqrt{3}\right)^2 + \left(2 \cdot 1 + 1 \cdot \frac{1}{2}\right)^2} \cdot \sin(\omega t + \varphi)\ \mathrm{A}$$

oder

$$i = \sqrt{16 - 3 \cdot \sqrt{3}} \cdot \sin(\omega t + \varphi)\ \mathrm{A},$$

wobei $\varphi = \arctan \frac{6 - \sqrt{3}}{5}$.

Somit ist $i \approx 3{,}2869 \cdot \sin(\omega t + 40{,}4837^\circ)$ A.

Der Augenblickswert für $t_1 = 0$ ergibt sich zu

$i_{t_1} \approx 3{,}2869 \cdot \sin 40{,}4837^\circ \text{ A} \approx 2{,}134$ A;

für $t_2 = \frac{T}{3}$ folgt wegen $\omega T = 2\pi$

$i_{t_2} \approx 3{,}2869 \cdot \sin(120^\circ + 40{,}4837^\circ) \text{ A} \approx 1{,}098$ A

und für $t_3 = \frac{3}{4} T$

$i_{t_3} \approx 3{,}2869 \cdot \sin(270^\circ + 40{,}4837^\circ) \text{ A} \approx -2{,}500$ A.

---

177. Zu welchen Zeiten nimmt die Schwingungsfunktion $y = 6 \sin(\omega t)\text{ cm} + 4 \cos(\omega t + 0{,}7)\text{ cm} - 5 \cos(\omega t)\text{ cm}$ mit $\omega = 50\ \mathrm{s}^{-1}$ ihre größten positiven Werte an?

Die Umformung $\frac{y}{\mathrm{cm}} = 6 \sin(\omega t) + 4 \cos(\omega t + 0{,}7) - 5 \cos(\omega t) =$
$= 6 \sin(\omega t) + 4 \sin(\omega t + \frac{\pi}{2} + 0{,}7) + 5 \sin(\omega t - \frac{\pi}{2})$ gestattet in Ver-

bindung mit einem Zeigerdiagramm, welches die Werte von A und φ liefert, die Darstellung $y = \sum_{k=1}^{3} A_k \sin(\omega t + \varphi_k) = A \sin(\omega t + \varphi)$.

A und φ können aus dem Schema

k	$\frac{A_k}{cm}$	φ_k	$\frac{A_k}{cm}\cos\varphi_k$	$\frac{A_k}{cm}\sin\varphi_k$
1	6	0	6	0
2	4	$\frac{\pi}{2} + 0{,}7$	- 2,57687	3,05937
3	5	$-\frac{\pi}{2}$	0	- 5
		Summe:	3,42313	- 1,94063

errechnet werden. Man erhält $\frac{A}{cm} \approx \sqrt{3{,}42313^2 + (-1{,}94063)^2} \approx 3{,}93495$,

$\tan\varphi \approx \frac{-1{,}94063}{3{,}42313}$ und damit den im IV. Quadranten liegenden Winkel

$\varphi \approx -29{,}5496^{\circ} \mathrel{\hat{\approx}} -0{,}51574$. Dies ergibt $y \approx 3{,}93495 \cdot \sin(\omega t - 0{,}51574)\,\text{cm}$.

Die Schwingungsfunktion hat die

Periode $T = \frac{2\pi}{\omega} = \frac{2\pi}{50\,s^{-1}} \approx$

$\approx 12{,}5664 \cdot 10^{-2}$ s; eine Periode der

Schwingungen beginnt bei $t_0 = \frac{-\varphi}{\omega} \approx$

$\approx \frac{0{,}51574}{50\,s^{-1}} \approx 1{,}0315 \cdot 10^{-2}$ s.

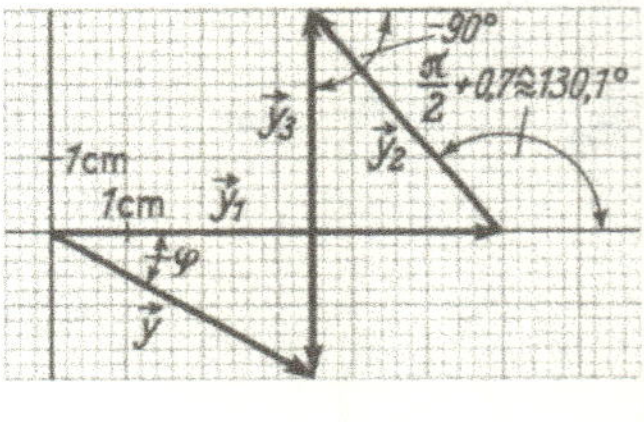

$\frac{t}{10^{-2}\,s}$	...	0	1,0315	2	4,173	6	7,315	9	10,456
$\frac{y}{cm}$	...	- 1,941	0	1,832	3,935	2,404	0	- 2,937	- 3,935

12	13,598	...
- 2,820	0	...

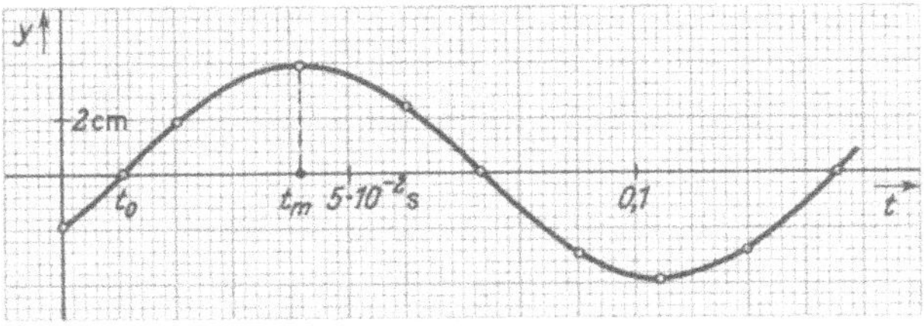

Im Zeitpunkt $t_m = t_o + \frac{T}{4} \approx 4{,}173 \cdot 10^{-2}$ s nimmt y einen seiner positiven Höchstwerte an. Deshalb ergeben sich sämtliche Zeitpunkte aus

$\{ t \mid t = t_m + kT \wedge k \in \mathbb{Z} \}$, also $\{ t \mid t \approx (4{,}173 + k \cdot 12{,}566) \cdot 10^{-2}\text{ s} \wedge k \in \mathbb{Z} \}$.

---

178. Der Abbildung gemäß befinden sich auf einer Geraden g in untereinander gleichen Abständen b die n Wellenzentren W_1, W_2, ... W_n, welche synchron gleiche Schwingungen mit der Kreisfrequenz ω vollführen. Die sich in einem homogenen Medium ausbreitenden Wellen erregen in einem Punkt Q im Abstand $d \gg nb$ von g durch Interferenz eine Schwingung, die sich in guter Näherung durch die Funktion $y = \sum_{\nu=0}^{n} a \cdot \sin(\omega t + \nu \cdot \Delta\varphi)$ beschreiben läßt. a und $\Delta\varphi > 0$ hängen von den Einzelheiten der Anordnung ab. Man bringe die Schwingungsfunktion mit Hilfe eines Zeigerdiagramms auf die Form $y = A \sin(\omega t + \varphi)$.

Wegen $\dfrac{\overline{P_0M_0}}{\overline{P_0M}} = \sin\dfrac{\Delta\varphi}{2}$,

$\overline{P_0M_0} = \dfrac{a}{2}$ und mit $\overline{P_0M} = r$

wird $r = \dfrac{a}{2\sin\frac{\Delta\varphi}{2}}$.

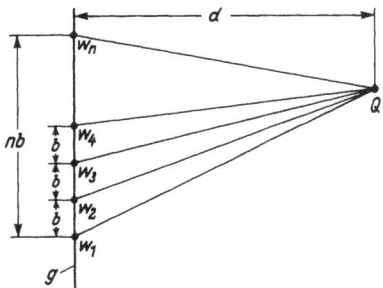

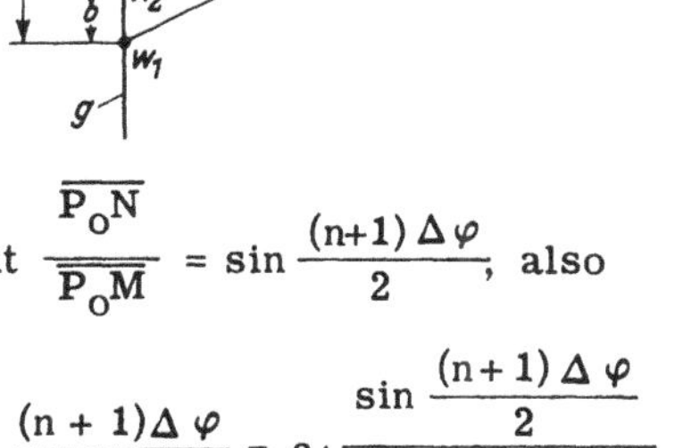

Im gleichschenkligen Dreieck $P_0P_{n+1}M$ gilt $\dfrac{\overline{P_0N}}{\overline{P_0M}} = \sin\dfrac{(n+1)\Delta\varphi}{2}$, also

$$\frac{\frac{A}{2}}{r} = \sin\frac{(n+1)\Delta\varphi}{2} \quad \text{und somit } A = 2r\sin\frac{(n+1)\Delta\varphi}{2} = a\cdot\frac{\sin\frac{(n+1)\Delta\varphi}{2}}{\sin\frac{\Delta\varphi}{2}}.$$

Weiterhin ist $\varphi = ∢ P_1P_0P_{n+1} = ∢ M_0MN = ∢ P_0MN - ∢ P_0MM_0 =$

$= \frac{(n+1)\Delta\varphi}{2} - \frac{\Delta\varphi}{2} = n\frac{\Delta\varphi}{2}$. Damit wird

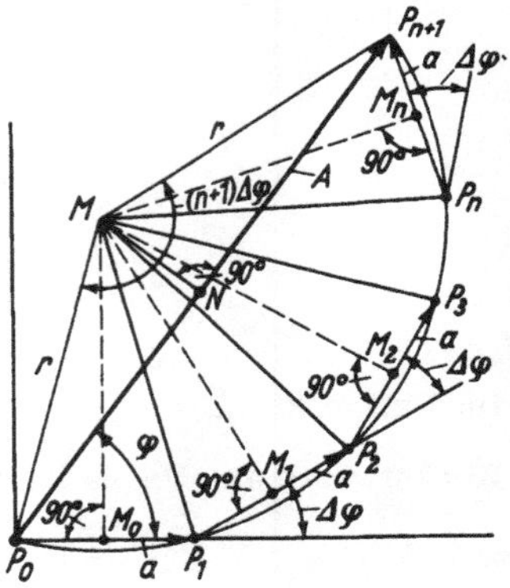

$$y = \sum_{\nu=0}^{n} a \cdot \sin(\omega t + \nu \cdot \Delta\varphi) =$$

$$= a \cdot \frac{\sin\frac{(n+1)\Delta\varphi}{2}}{\sin\frac{\Delta\varphi}{2}} \cdot \sin\left(\omega t + \frac{n\Delta\varphi}{2}\right).$$

---

179. Der Auslenkungswinkel α eines gedämpft schwingenden mathematischen Pendels genüge der Gleichung $\alpha = 15^\circ \cdot e^{-0,2\frac{t}{s}} \cdot \sin\left(\frac{t}{s}\right)$ mit $t \geqslant 0$.

Man ermittle diejenige Zeit t, nach der die den Schwingungsverlauf begrenzenden Exponentialfunktionen auf 5 % ihres Anfangswertes zur Zeit t = 0 zurückgegangen sind.

Im gesuchten Zeitpunkt gilt für die begrenzende Exponentialfunktion

$$15^\circ \cdot \frac{5}{100} = 15^\circ \cdot e^{-0,2\frac{t}{s}}.$$

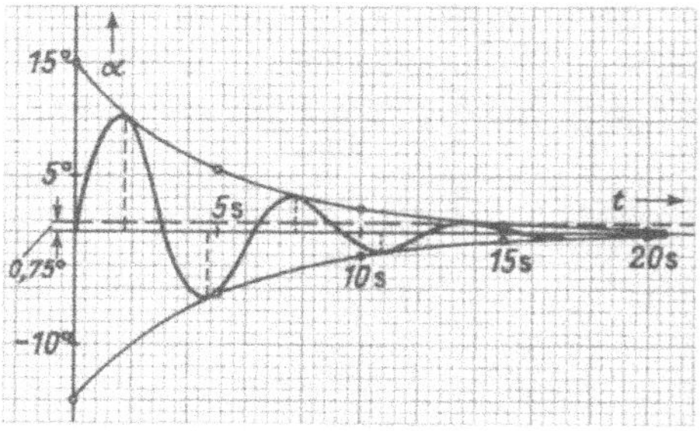

Hieraus folgt $\frac{1}{20} = e^{-0,2\cdot\frac{t}{s}}$

$$-\ln 20 = -0,2 \cdot \frac{t}{s}$$

$$t = \frac{\ln 20}{0,2}\,s \approx \frac{2,9957}{0,2}\,s \approx 14,98\ s;$$

$$\alpha = 15^\circ \cdot e^{-0,2\frac{t}{s}}$$

$\frac{t}{s}$	0	5	10	15	20	...
α	15°	5,52°	2,03°	0,75°	0,27°	...

180. Im dargestellten elektrischen Schwingungskreis, bestehend aus einem Kondensator der Kapazität $C = 10^{-4}$ F, einer Induktivität $L = 1$ H und einem Ohmschen Widerstand $R = 56\,\Omega$, beträgt vor dem Schließen des Schalters zur Zeit $t = 0$ am Kondensator die Spannung $U_0 = 600$ V. Wegen $R < 2\sqrt{\frac{L}{C}}$ entstehen für $t > 0$ gedämpfte elektrische Schwingungen, deren Stromstärke i durch $i(t) = i_m\, e^{-\delta t} \sin(\omega t)$ mit

$$i_m = \frac{2U_0 C}{\sqrt{4LC - R^2C^2}} = 6{,}25\ \text{A}, \quad \delta = \frac{R}{2L} = 28\ \text{s}^{-1} \text{ und}$$

$$\omega = \frac{\sqrt{4\,LC - R^2C^2}}{2LC} = 96\ \text{s}^{-1} \text{ angegeben werden kann.}$$

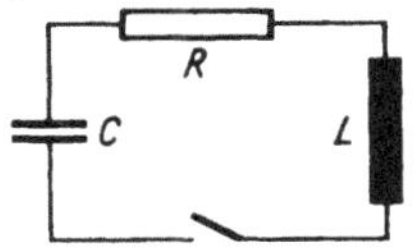

Man ermittle die Zeitpunkte, in welchen

a) kein Strom fließt,
b) die Stromstärke der gedämpften Schwingung relative Extremwerte annimmt,
c) die Stromstärke einer zugeordneten, gleichfrequenten ungedämpften Schwingung, etwa $i_u(t) = 3\sin(\omega t)$ A, relative Extremwerte annimmt.*)

Die Nullstellen von i(t) ergeben sich als Lösungen von $\sin(\omega t) = 0$. Die Menge M_1 dieser t-Werte ist damit

$$M_1 = \{ t \mid \omega t = k\pi \wedge k \in \mathbb{Z}_0^+ \} = \{ t \mid t = k\frac{\pi}{\omega} \wedge k \in \mathbb{Z}_0^+ \} =$$
$$= \{ t \mid t \approx k \cdot 3{,}27 \cdot 10^{-2}\ \text{s} \wedge k \in \mathbb{Z}_0^+ \}.$$

Extremwerte erfordern $\frac{di}{dt} = 0$, also $i_m e^{-\delta t}[-\delta \sin(\omega t) + \omega \cos(\omega t)] = 0$.

Über $\tan(\omega t) = \frac{\omega}{\delta}$ ergibt sich die Menge M_2 dieser t-Werte zu

$$M_2 = \left\{ t \mid t = \frac{\arctan\frac{\omega}{\delta} + k\pi}{\omega} \wedge k \in \mathbb{Z}_0^+ \right\} =$$
$$= \{ t \mid t \approx (1{,}34 + k \cdot 3{,}27) \cdot 10^{-2}\ \text{s} \wedge k \in \mathbb{Z}_0^+ \}.$$

Die Extrema von $i_u(t) = 3 \cdot \sin(\omega t)$ A ergeben sich aus der Gleichung $|\sin(\omega t)| = 1$. Die Menge M_3 der betreffenden t-Werte ist deshalb

$$M_3 = \left\{ t \mid t = \frac{\frac{\pi}{2} + k\pi}{\omega} \wedge k \in \mathbb{Z}_0^+ \right\} =$$
$$= \{ t \mid t \approx (1{,}64 + k \cdot 3{,}27) \cdot 10^{-2}\ \text{s} \wedge k \in \mathbb{Z}_0^+ \}.$$

*) Vgl. Band II, Nr. 233

In diesen Zeitpunkten berührt der Graph von $i(t) = i_m e^{-\delta t}\sin(\omega t)$ abwechselnd die Graphen von $i_{1;2}(t) = \pm i_m e^{-\delta t}$.

Gleichen k-Werten zugeordnete Elemente aus M_2 und M_3 unterscheiden sich um $\Delta t \approx 0{,}30 \cdot 10^{-2}$ s. Die relativen Extremwerte von $i(t)$ eilen demnach den zugeordneten relativen Extremwerten von $i_u(t)$ um $\Delta t \approx$ $\approx 0{,}30 \cdot 10^{-2}$ s voraus.

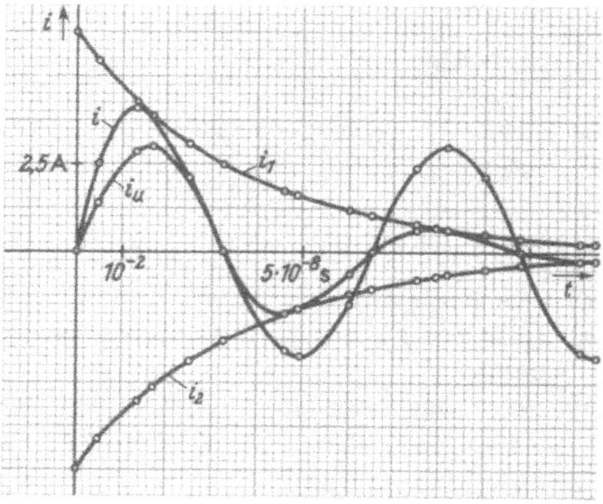

$\dfrac{t}{10^{-2}\,s}$	0	0,5	1,34	1,64	2,5	3,27	4,61	4,91	6
$\dfrac{i_1}{A}$	6,25	5,43	4,29	3,95	3,10	2,50	1,72	1,58	1,16
$\dfrac{i}{A}$	0	2,51	4,12	3,95	2,10	0,01	-1,65	-1,58	-0,58
$\dfrac{i_u}{A}$	0	1,39	2,88	3,00	2,03	0,01	-2,88	-3,00	-1,50

6,54	7,5	7,88	8,18	9	9,81	11,15	11,45	...
1,00	0,77	0,69	0,63	0,50	0,40	0,28	0,25	...
0,00	0,61	0,66	0,63	0,36	0,00	-0,26	-0,25	...
0,01	2,38	2,88	3,00	2,12	0,02	-2,87	-3,00	...

181. Bei einer gedämpften Pendelschwingung ist jede nachfolgende positive Amplitude um 33 % kleiner als die vorhergehende. Wie groß ist die 6. positive Amplitude A_6, wenn die Anfangsamplitude $A_1 = 28^o$ beträgt? Bei der wievielten positiven Amplitude ist der Ausschlag zum ersten Mal geringer als 0,5 % der Anfangsamplitude?

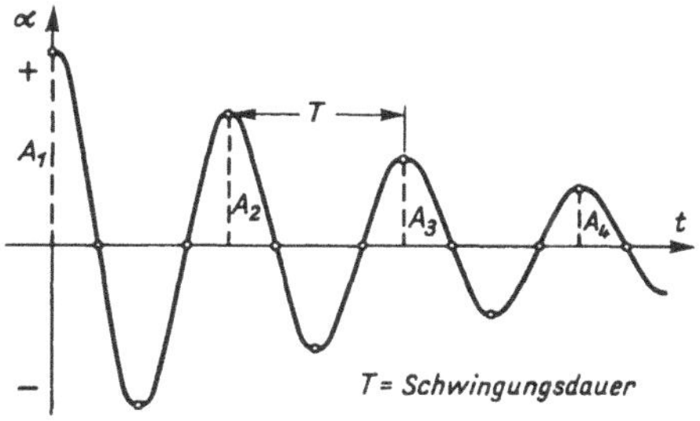

Es gilt

$A_2 = A_1 \cdot 0{,}67$

$A_3 = A_2 \cdot 0{,}67 = A_1 \cdot 0{,}67^2$

. . . .

$A_6 = A_5 \cdot 0{,}67 = A_1 \cdot 0{,}67^5.$

Für $A_1 = 28^o$ wird

$A_6 = 28^o \cdot 0{,}67^5 \approx 3{,}78^o.$

Zur Ermittlung derjenigen positiven Amplitude A_n, die als erste geringer als 0,5 % von A_1 ist, kann der Ansatz $A_n = \frac{0{,}5}{100} A_1 = A_1 \cdot 0{,}67^{n-1}$ verwendet werden. Dies führt auf $0{,}005 = 0{,}67^{n-1}$

woraus über

$\lg 0{,}005 = (n - 1) \cdot \lg 0{,}67$

$n \approx 14{,}23$ erhalten wird.

Die 15. positive Amplitude ist somit die erste, deren Wert unter 0,5 % demjenigen der Anfangsamplitude liegt.

182. Bei einem schwingenden Spiegelgalvanometer wurde 12,3 Sekunden nach dem ersten rechtsseitigen Ausschlag die 4. rechtsseitige Amplitude zu $A_4 = 12{,}8^o$ abgelesen; die 6. rechtsseitige Amplitude wurde mit $A_6 =$ $= 9{,}8^o$ festgestellt. Wie groß war die Anfangsamplitude A_1, und nach welcher Zeit ist die rechtsseitige Amplitude zum ersten Mal geringer als 1 % von A_1?

Da bei einem gedämpften Schwingungsvorgang die aufeinanderfolgenden Amplituden gleicher Ausschlagsrichtung nach einer g e o m e t r i s c h e n F o l g e abnehmen, folgt mit $A_4 = 12{,}8^o$ und $A_6 = 9{,}8^o$ für das konstante Verhältnis q zweier solcher konsekutiver Amplituden

$$\frac{A_{n+1}}{A_n} = q = \sqrt{\frac{A_6}{A_4}} = \sqrt{\frac{9{,}8}{12{,}8}} = 0{,}875.$$

Damit berechnet sich die Anfangsamplitude A_1 aus $A_4 = A_1 \cdot q^3$ zu

$$A_1 = \frac{A_4}{q^3} = \frac{12{,}8^\circ}{0{,}875^3} \approx 19{,}1^\circ.$$

Wird mit A_n die n-te Amplitude bezeichnet, die als erste unter 1 % von A_1 bleibt, so gilt

$$A_n = \frac{A_1}{100} = A_1 \cdot q^{n-1}$$

$$\frac{1}{100} = 0{,}875^{n-1}$$

$$-2 = (n - 1) \cdot \lg 0{,}875,$$

woraus sich $n \approx 35{,}5$ ergibt.

Die 36. rechtsseitige Amplitude ist demnach als erste kleiner als 1 % des Wertes der Anfangsamplitude A_1. Bei einer Schwingungsdauer von $T = \frac{12{,}3}{3}\,\text{s} = 4{,}1\,\text{s}$ tritt diese nach $4{,}1 \cdot 35\,\text{s} = 143{,}5\,\text{s}$ ein.

4. KOMPLEXE ZAHLEN

4.1 Grundaufgaben

183. $z_1 = x_1 + i y_1 = 3 - 2i,$

$z_2 = x_2 + i y_2 = 1 + 4i;$

$z = z_1 + z_2 = x + iy = 4 + 2i;$

(Komponentenform)

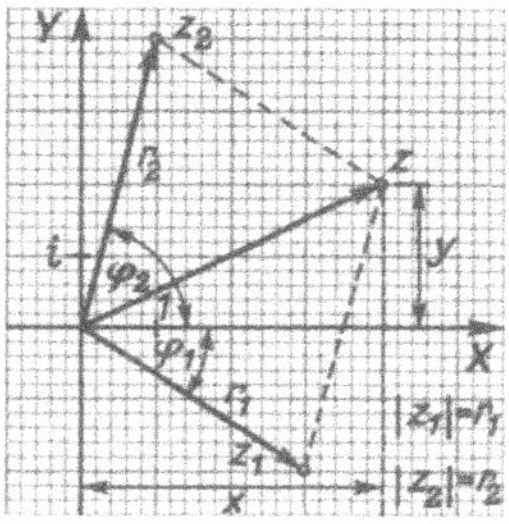

$z_1 = r_1(\cos\varphi_1 + i\sin\varphi_1)$;

$r_1 = \sqrt{x_1^2 + y_1^2} = \sqrt{9 + 4} \approx 3{,}6056,$

$\tan\varphi_1 = \frac{y_1}{x_1} = -\frac{2}{3}$, ergibt wegen $x_1 > 0,\ y_1 < 0$

$\varphi_1 \approx -33{,}6901^\circ,$

$z_1 \approx 3{,}6056[\cos(-33{,}6901^\circ) + i\sin(-33{,}6901^\circ)];$

(trigonometrische Form)

$z_2 = r_2(\cos\varphi_2 + i\sin\varphi_2);$

$r_2 = \sqrt{x_2^2 + y_2^2} = \sqrt{17} \approx 4{,}1231,$

$\tan\varphi_2 = \frac{y_2}{x_2} = \frac{4}{1} = 4, \quad \varphi_2 \approx 75{,}9638^\circ,$

$z_2 \approx 4{,}1231(\cos 75{,}9638^\circ + i\sin 75{,}9638^\circ).$

---

184. $z_1 = x_1 + i y_1 = 4 + 2i,$

$z_2 = x_2 + i y_2 = 5 - 3i;$

$z = z_1 - z_2 = x + iy = -1 + 5i;$

$z_1 = r_1 \cdot e^{i\varphi 1}$;

$r_1 = \sqrt{x_1^2 + y_1^2} = \sqrt{20} \approx 4{,}4721,$

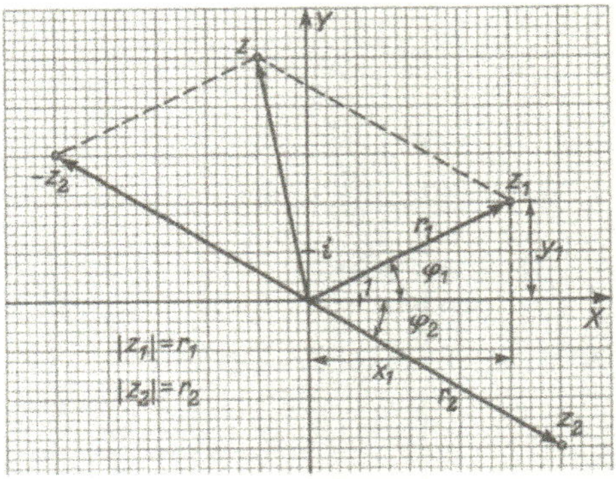

$\tan\varphi_1 = \frac{y_1}{x_1} = \frac{2}{4} = 0{,}5$

ergibt wegen $x_1 > 0,\ y_1 > 0$

$\varphi_1 \approx 26{,}5651^\circ \mathrel{\hat{\approx}} 0{,}4636,$

$z_1 \approx 4{,}4721 \cdot e^{0{,}4636\,i};$

(Exponentialform)

$z_2 = r_2 \cdot e^{i\varphi_2};$

$r_2 = \sqrt{34} \approx 5{,}8310, \quad \tan\varphi_2 = -0{,}6, \quad \varphi_2 \approx -30{,}9638 \mathrel{\hat{\approx}}$
$\mathrel{\hat{\approx}} -0{,}5404,$

$z_2 \approx 5{,}8310 \cdot e^{-0{,}5404\,i}.$

---

185. $z_1 = 25 + 8i,$

$z_2 = -42 + 14i;$

$z = z_1 \cdot z_2 = (25 + 8i)\cdot(-42 + 14i) = -1050 + 350i - 336i - 112 =$

$= -1162 + 14i.$

---

186. $z_1 = 4 + 5i,$

$z_2 = \bar{z}_1 = 4 - 5i;$

$z = z_1 \cdot \bar{z}_1 = (4 + 5i)\cdot(4 - 5i) = 16 + 25 = 41.$

Das Produkt zweier konjugiert-komplexer Zahlen ist reell.

---

187. $z_1 = r_1(\cos\varphi_1 + i\sin\varphi_1) =$

$= 3(\cos 30^\circ + i\sin 30^\circ),$

$z_2 = r_2(\cos\varphi_2 + i\sin\varphi_2) =$

$= 2(\cos 135^\circ + i\sin 135^\circ);$

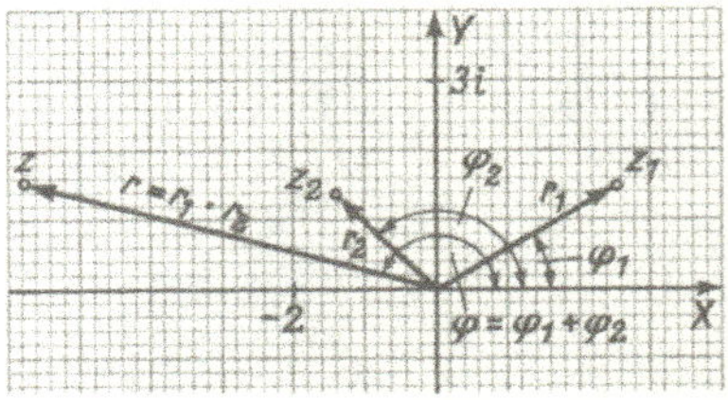

$$z = z_1 \cdot z_2 = r_1 r_2 \cos(\varphi_1 + \varphi_2) + i\sin(\varphi_1 + \varphi_2) =$$
$$= 6[\cos(30^o + 135^o) + i\sin(30^o + 135^o)] =$$
$$= 6[\cos 165^o + i\sin 165^o] = 6 \cdot e^{i \cdot 165^o} \approx$$
$$\approx 6(-0{,}9659 + 0{,}2588\,i) \approx -5{,}7954 + 1{,}5528\,i.$$

---

188. $z_1 = 2(\cos 90^o + i\sin 90^o) = 2 \cdot e^{i \cdot 90^o},$

$z_2 = 1{,}5(\cos 135^o + i\sin 135^o) = 1{,}5 \cdot e^{i \cdot 135^o};$

$$z = z_1 \cdot z_2 = 3[\cos 225^o + i\sin 225^o] =$$
$$= 3[\cos(225^o - 360^o) +$$
$$+ i\sin(225^o - 360^o)] = 3[\cos(-135^o) +$$
$$+ i\sin(-135^o)] = 3 \cdot e^{-i \cdot 135^o} \approx$$
$$\approx -2{,}1213 - 2{,}1213\,i.$$

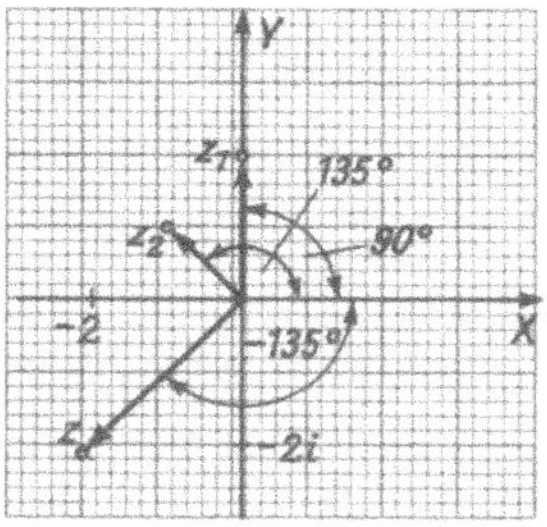

---

189. $z_1 = 8 + 5i,$

$z_2 = -4 - 3i;$

$$z = \frac{z_1}{z_2} = -\frac{8 + 5i}{4 + 3i} = -\frac{(8 + 5i)(4 - 3i)}{(4 + 3i)(4 - 3i)} = -\frac{32 - 24i + 20i + 15}{16 + 9} =$$
$$= -\frac{47 - 4i}{25} = \frac{-47 + 4i}{25} = -1{,}88 + 0{,}16\,i.$$

---

190. $z_1 = r_1(\cos\varphi_1 + i\sin\varphi_1) =$

$= 6(\cos 150^o + i\sin 150^o),$

$z_2 = r_2(\cos\varphi_2 + i\sin\varphi_2) =$

$= 4(\cos 120^o + i\sin 120^o);$

$$z = \frac{z_1}{z_2} = \frac{r_1}{r_2}[\cos(\varphi_1 - \varphi_2) + i\sin(\varphi_1 - \varphi_2)] =$$
$$= 1{,}5(\cos 30^o + i\sin 30^o) = 1{,}5 \cdot e^{i \cdot 30^o} \approx$$
$$\approx 1{,}2990 + 0{,}7500\,i.$$

191. $z_1 = 1{,}8[\cos 135^\circ + i\sin 135^\circ] = 1{,}8\cdot e^{i\cdot 135^\circ}$,

$z_2 = 0{,}9[\cos(-120^\circ) + i\sin(-120^\circ)] = 0{,}9\cdot e^{-i\cdot 120^\circ}$;

$z = \dfrac{z_1}{z_2} = \dfrac{1{,}8}{0{,}9}[\cos(135^\circ + 120^\circ) +$

$+ i\sin(135^\circ + 120^\circ)] =$

$= 2[\cos 255^\circ + i\sin 255^\circ] =$

$= 2[\cos(255^\circ - 360^\circ) +$

$+ i\sin(255^\circ - 360^\circ)] =$

$= 2[\cos(-105^\circ) + i\sin(-105^\circ)] =$

$= 2\cdot e^{-i\cdot 105^\circ} \approx -0{,}5176 - 1{,}9319\, i.$

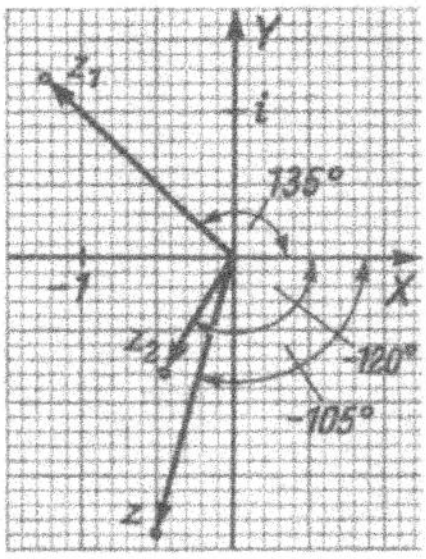

---

192. $z_1 = 3[\cos 60^\circ + i\sin 60^\circ] = 3\cdot e^{i\cdot 60^\circ}$,

$z_2 = 0{,}5[\cos 120^\circ + i\sin 120^\circ] = 0{,}5\cdot e^{i\cdot 120^\circ}$,

$z_3 = 1{,}8[\cos(-160^\circ) + i\sin(-160^\circ)] = 1{,}8\cdot e^{-i\cdot 160^\circ}$,

$z = z_1\cdot z_2\cdot z_3 = 3\cdot 0{,}5\cdot 1{,}8\cdot[\cos(60^\circ + 120^\circ - 160^\circ) +$

$+ i\sin(60^\circ + 120^\circ - 160^\circ)] =$

$= 2{,}7[\cos 20^\circ + i\sin 20^\circ] = 2{,}7\cdot e^{i\cdot 20^\circ} \approx$

$\approx 2{,}5372 + 0{,}9235\, i.$

---

193. $z = \sqrt[3]{3 + 4i} = \sqrt[3]{x + iy} = \sqrt[3]{r(\cos\varphi + i\sin\varphi)} \approx$

$\approx \sqrt[3]{5(\cos 53{,}1301^\circ + i\sin 53{,}1301^\circ)} \approx$

$\approx \sqrt[3]{r}\cdot\left(\cos\dfrac{\varphi + 2k\pi}{3} + i\sin\dfrac{\varphi + 2k\pi}{3}\right) \approx$

$\approx 1{,}7100\left(\cos\dfrac{53{,}1301^\circ + 360^\circ\cdot k}{3} + i\sin\dfrac{53{,}1301^\circ + 360^\circ\cdot k}{3}\right)$

mit $k \in \mathbb{Z}$, wobei unter $\sqrt[3]{r}$ der reelle Wurzelwert in der verwendeten MOIVREschen Formel verstanden wird.

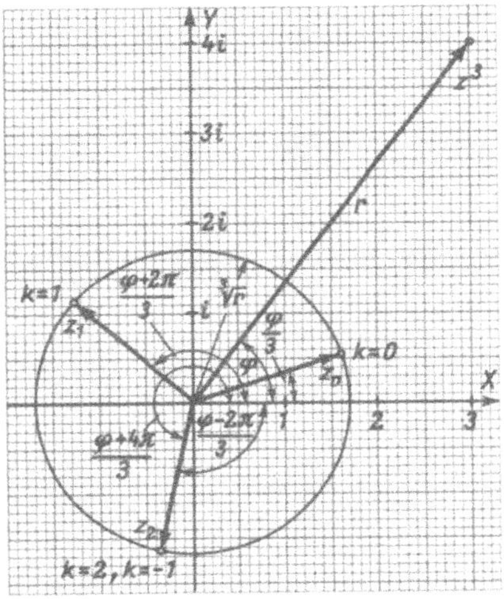

Es ergibt sich für

$k = 0:\quad z_o \approx 1{,}7100(\cos 17{,}7100^o + i\sin 17{,}7100^o) \approx$

$\approx 1{,}6290 + 0{,}5202\, i,$

$k = 1:\quad z_1 \approx 1{,}7100(\cos 137{,}7100^o + i\sin 137{,}7100^o) \approx$

$\approx -1{,}2650 + 1{,}1506\, i,$

$k = 2:\quad z_2 \approx 1{,}7100(\cos 257{,}7100^o + i\sin 257{,}7100^o) \approx$

$\approx -0{,}3640 - 1{,}6708\, i.$

194. $z = \sqrt[3]{-8} = \sqrt[3]{8(\cos 180^o + i\sin 180^o)} =$

$$= \sqrt[3]{8}\cdot\left(\cos\frac{180^o + 360^o\cdot k}{3} + i\sin\frac{180^o + 360^o\cdot k}{3}\right) =$$

$$= 2\cdot[\cos(60^o + 120^o\cdot k) + i\sin(60^o + 120^o\cdot k)] \wedge k \in \mathbb{Z};$$

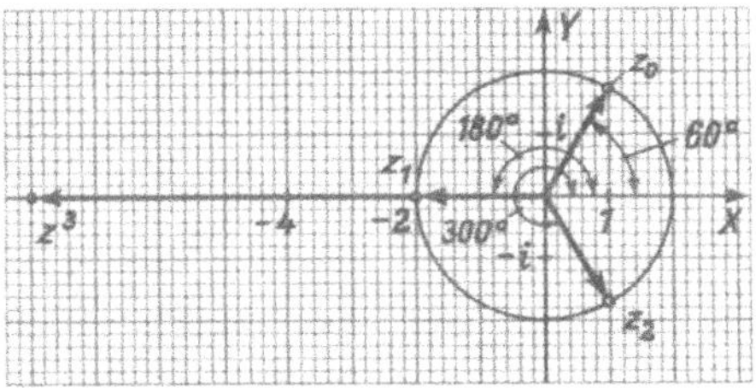

$k = 0:$

$z_0 = 2(\cos 60^\circ + i \sin 60^\circ) = 1 + i \cdot \sqrt{3},$

$k = 1:$

$z_1 = 2(\cos 180^\circ + i \sin 180^\circ) = -2,$

$k = 2:$

$z_2 = 2(\cos 300^\circ + i \sin 300^\circ) = 2 \cdot [\cos(-60^\circ) + i \sin(-60^\circ)] =$

$= 1 - i \cdot \sqrt{3}.$

---

195. $z = \sqrt[4]{\frac{81}{16}} = \sqrt[4]{\frac{81}{16}(\cos 0 + i \sin 0)} = \sqrt[4]{\frac{81}{16}} \cdot \left(\cos \frac{0 + 2k\pi}{4} + \right.$

$\left. + i \sin \frac{0 + 2k\pi}{4}\right) = \frac{3}{2}\left(\cos \frac{k\pi}{2} + i \sin \frac{k\pi}{2}\right) \wedge k \in \mathbb{Z};$

$k = 0:$

$z_0 = \frac{3}{2},$

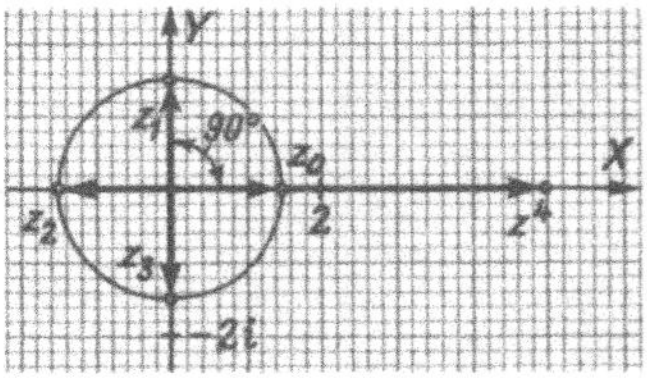

$k = 1:$

$z_1 = \frac{3}{2}(\cos 90^\circ + i \sin 90^\circ) =$

$= \frac{3}{2} i,$

$k = 2:$

$z_2 = \frac{3}{2}(\cos 180^\circ + i \sin 180^\circ) = -\frac{3}{2},$

$k = 3:$

$z_3 = \frac{3}{2}(\cos 270^\circ + i \sin 270^\circ) = \frac{3}{2}[\cos(-90^\circ) + i \sin(-90^\circ)] = -\frac{3}{2} i.$

---

196. $z = \sqrt{i} = \sqrt{\cos 90^\circ + i \sin 90^\circ} =$

$= \cos \frac{90^\circ + 360^\circ \cdot k}{2} + i \sin \frac{90^\circ + 360^\circ \cdot k}{2} =$

$= \cos(45^\circ + 180^\circ \cdot k) + i \sin(45^\circ + 180^\circ \cdot k) \wedge k \in \mathbb{Z};$

$k = 0:$

$z_0 = \cos 45^{\circ} + i \sin 45^{\circ} =$

$= \frac{1}{2}\sqrt{2} + \frac{i}{2}\sqrt{2},$

$k = 1:$

$z_1 = \cos 225^{\circ} + i \sin 225^{\circ} =$

$= \cos(-135^{\circ}) + i \sin(-135^{\circ}) =$

$= -\frac{1}{2}\cdot\sqrt{2} - \frac{i}{2}\cdot\sqrt{2}.$

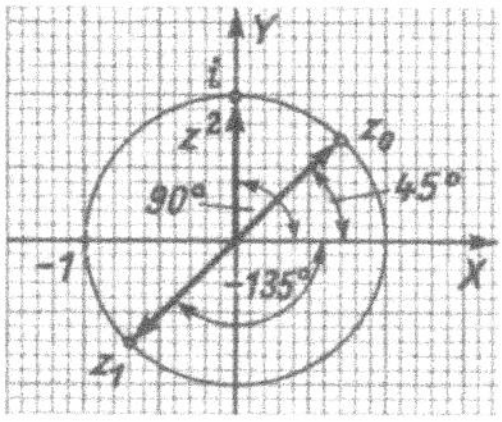

---

197. $\cos(1{,}2 + 0{,}8\,i) = \cos 1{,}2 \cdot \cos(0{,}8\,i) - \sin 1{,}2\, \sin(0{,}8\,i) \approx$

$\approx \cos 68{,}7549^{\circ} \cdot \cosh 0{,}8 - \sin 68{,}7549^{\circ} \cdot \sinh 0{,}8 \cdot i \approx$

$\approx 0{,}36236 \cdot 1{,}33743 - 0{,}93204 \cdot 0{,}88811\, i \approx$

$\approx 0{,}4846 - 0{,}8278\, i.$

---

198. $\tan(1 + i) = \frac{\sin 2 + i \cdot \sinh 2}{\cos 2 + \cosh 2} \approx \frac{\sin 114{,}5916^{\circ} + 3{,}62686\, i}{\cos 114{,}5916^{\circ} + 3{,}76220} \approx$

$\approx \frac{0{,}90930 + 3{,}62686\, i}{-0{,}41615 + 3{,}76220} \approx 0{,}2718 + 1{,}0839\, i.$

---

199. $\sinh(0{,}5 + i\pi) = \sinh 0{,}5 \cdot \cosh(i\pi) + \cosh 0{,}5 \cdot \sinh(i\pi) \approx$

$\approx 0{,}52110 \cdot \cos \pi + 1{,}12763 \cdot \sin \pi \cdot i =$

$= -0{,}5211.$

---

200. $\mathrm{Ln}(2 + i) = \ln(2 + i) + 2k\pi i = \ln(x + iy) + 2k\pi i =$

$= \ln r(\cos\varphi + i\sin\varphi) + 2k\pi i = \ln r + i\varphi + 2k\pi i \approx$

$\approx \ln\sqrt{5} + 0{,}46365\, i + 2k\pi i \approx$

$\approx 0{,}8047 + 0{,}4636\, i + 2k\pi i \wedge k \in \mathbb{Z}.$

---

201. $\lg(-3) = \frac{\ln(-3)}{\ln 10} \approx 0{,}43429 \cdot \ln(-3) = 0{,}43429(\ln 3 + i\pi) \approx$

$\approx \lg 3 + 0{,}43429 \cdot i\pi \approx 0{,}4771 + 1{,}3644\, i.$

202. $i^i = e^{\text{Ln}\, i^i} = e^{i \cdot \text{Ln}\, i} = e^{i \cdot (\frac{\pi}{2} i + 2k\pi i)} = e^{-\frac{\pi}{2} - 2k\pi} = e^{-\frac{\pi}{2}} \cdot (e^{-2\pi})^k \approx$

$\approx 0{,}207880 \cdot 0{,}001867^k \wedge k \in \mathbb{Z}$;

für $k = 0$ ergibt sich der Hauptwert $i^i \approx 0{,}207880$.

---

203. $\text{Arc}\sin 2 = -i \cdot \text{Ln}(2i + \sqrt{1 - 2^2}) = -i \cdot \text{Ln}(2 \pm \sqrt{3})\, i =$

$= -i[\ln(2 \pm \sqrt{3}) + (\frac{\pi}{2} + 2k\pi)i] \wedge k \in \mathbb{Z}$,

woraus wegen $2 - \sqrt{3} = \frac{1}{2 + \sqrt{3}}$

und damit $\ln(2 - \sqrt{3}) = -\ln(2 + \sqrt{3})$

$\text{Arc}\sin 2 = -i \cdot [\pm \ln(2 + \sqrt{3}) + (\frac{\pi}{2} + 2k\pi)i] =$

$= \frac{\pi}{2} + 2k\pi \mp i \cdot \ln(2 + \sqrt{3}) \approx$

$\approx \frac{\pi}{2} + 2k\pi \mp 1{,}3170\, i$ für $k \in \mathbb{Z}$ gefunden wird.

Die Ermittlung des Wertes von Arc sin 2 ist gleichbedeutend mit der Frage nach den Werten $x, y \in \mathbb{R}$, welche die Gleichung $\sin(x + iy) = 2$ erfüllen. (Siehe nächste Aufgabe)

---

204. Mit $x, y \in \mathbb{R}$ ermittle man die Lösungsmenge $\mathbb{L}$ von $\sin(x + iy) = 2$.

$\sin x \cdot \cos(iy) + \cos x \cdot \sin(iy) = 2$,

$\sin x \cdot \cosh y + i \cos x \cdot \sinh y = 2$.

Da diese Gleichung nur erfüllt ist, wenn sowohl die Realteile wie auch die Imaginärteile für sich gleich sind, müssen x und y dem Gleichungssystem

$\sin x \cdot \cosh y = 2 \qquad \ldots 1)$

$\cos x \cdot \sinh y = 0 \qquad \ldots 2)$ genügen.

Die Erfüllungsmenge $\mathbb{M}$ von 2) in $\mathbb{R}^2$ kann sogleich durch

$\mathbb{M} = \{ (x;y) | \cos x \cdot \sinh y = 0 \} = \mathbb{M}_1 \cup \mathbb{M}_2$ mit

$\mathbb{M}_1 = \{ (x;y) | \cos x = 0 \wedge y \in \mathbb{R} \} = \{ (x;y) | x = (2k + 1) \cdot \frac{\pi}{2} \wedge k \in \mathbb{Z} \wedge y \in \mathbb{R} \}$

und

$\mathbb{M}_2 = \{ (x;y) | x \in \mathbb{R} \wedge y = 0 \}$ angegeben werden.

Gleichung 1) wird durch kein Element von $\mathbb{M}_2$ erfüllt, da sin x = 2 mit $x \in \mathbb{R}$ nicht bestehen kann. Demnach ist $\mathbb{L} \subset \mathbb{M}_1$.

Einsetzen der Elemente von $\mathbb{M}_1$ in 1) liefert $\sin\left[(2k+1)\cdot\frac{\pi}{2}\right]\cdot\cosh y = 2$, also $\cosh y = (-1)^k \cdot 2$, was wegen $\cosh y > 0$ die Einschränkung $k = 2\nu$ mit $\nu \in \mathbb{Z}$ erfordert.

Dies führt auf $\cosh y = 2$, was über

$$e^y + e^{-y} = 4$$

$$(e^y)^2 - 4e^y + 1 = 0$$

$$e^y = 2 \pm \sqrt{3}$$

schließlich $y_1 = \ln(2+\sqrt{3}) \approx 1{,}3170$ und $y_2 = \ln(2-\sqrt{3}) = \ln\frac{1}{2+\sqrt{3}} \approx$ $\approx -1{,}3170$ liefert.

Somit ist $\mathbb{L} = \left\{ (x;y) \mid x = \frac{\pi}{2} + 2\nu\pi \ \wedge\ \nu \in \mathbb{Z} \wedge y = \pm\ln(2+\sqrt{3}) \right\}$.

---

205. Man ermittle die Lösungsmenge $\mathbb{L}$ der Gleichung $\sin(x + iy) - e^{ix} = 0$; hierbei seien $x, y \in \mathbb{R}$.

$$\sin x \cdot \cos(iy) + \cos x \cdot \sin(iy) = \cos x + i\cdot\sin x$$

$$\sin x \cdot \cosh y + i\cdot\cos x\cdot\sinh y = \cos x + i\cdot\sin x$$

Realteile	Imaginärteile
$\sin x \cdot \cosh y = \cos x$	$\cos x \cdot \sinh y = \sin x$
$\tan x = \frac{1}{\cosh y}$ ... 1a)	$\tan x = \sinh y$ ... 1b)

1a) = 1b) $1 = \sinh y \cdot \cosh y$

$2 = \sinh(2y)$

$$2 = \frac{e^{2y} - e^{-2y}}{2} \quad \Big|\cdot e^{2y}$$

$$(e^{2y})^2 - 4\cdot e^{2y} - 1 = 0$$

$$e^{2y} = \frac{4 \overset{+}{(-)} \sqrt{16+4}}{2} = 2 + \sqrt{5} \approx 4{,}23607$$

$2y \approx \ln 4{,}23607 \approx 1{,}44364, \quad y \approx 0{,}72182;$

in 1b)

$\tan x \approx \sinh 0{,}72182 \approx 0{,}78615, \quad x \approx 38{,}1727^\circ + k\cdot 180^\circ \mathrel{\hat{\approx}}$

$\mathrel{\hat{\approx}} 0{,}6662 + k\pi$ mit $k \in \mathbb{Z}$.

Die gesuchte Lösungsmenge ist demnach

$\mathbb{L} = \{ (x;y) \mid x \approx 0{,}662 + k\pi \wedge k \in \mathbb{Z} \wedge y \approx 0{,}7218 \}$.

---

206. Das Produkt einer komplexen Zahl z mit der zugeordneten konjugiert komplexen Zahl $\bar{z}$ hat den Wert 5; der Quotient dieser Zahlen ist

$\frac{z}{\bar{z}} = \frac{3 + 4i}{5}$.

Man bestimme die Menge $\mathbb{L}$ der komplexen Zahlen z, die diese Bedingungen erfüllen.

Mit $z = a + ib$ und $a, b \in \mathbb{R}$ gilt

$(a + ib)(a - ib) = 5 \qquad \ldots 1)$

$\frac{a + ib}{a - ib} = \frac{3 + 4i}{5} \qquad \ldots 2)$

aus 1) $a^2 + b^2 = 5 \qquad \ldots 3)$

aus 2) $\frac{(a + ib)^2}{a^2 + b^2} = \frac{3 + 4i}{5}$

$a^2 - b^2 + 2abi = 3 + 4i \qquad \ldots 4)$;

die Gleichung 4) ist nur erfüllt, wenn sowohl die Realteile für sich als auch die Imaginärteile für sich gleich sind.

Demnach ist $\mathbb{L} = \{ a + bi \mid a^2 + b^2 = 5 \wedge a^2 - b^2 = 3 \wedge 2ab = 4 \}$.

Aus $a^2 + b^2 = 5$ und $a^2 - b^2 = 3$ errechnet sich durch Addition und Subtraktion $a^2 = 4$ und $b^2 = 1$, was auf $\{ (a;b) \mid (2;1);(-2;-1);(-2;1);(2;-1) \}$ als Lösungsmenge dieses Systems führt. Die beiden letzten Elemente werden hierbei durch die Bedingung $2ab = 4$ in der Beschreibung von $\mathbb{L}$ ausgeschlossen, was schließlich $\mathbb{L} = \{ 2 + i; -2 - i \}$ ergibt.

---

207. Der Wellenwiderstand eines Zweidraht-Kabels $\underline{Z} = \sqrt{\frac{R}{j\omega C}}$ (THOMSON-Kabel), wobei in der Elektrotechnik $j = i$ als imaginärer Einheit gesetzt wird, soll in der Komponentenform angegeben werden.

$$\underline{Z} = \sqrt{\frac{R}{j\,\omega C}} = \sqrt{\frac{R}{\omega C}} \cdot \sqrt{-j} = \sqrt{\frac{R}{\omega C}}\ \sqrt{\cos(-90^\circ) + j\sin(-90^\circ)} =$$

$$= \sqrt{\frac{R}{\omega C}}\left(\cos\frac{-90^\circ + 360^\circ\cdot k}{2} + j\sin\frac{-90^\circ + 360^\circ\cdot k}{2}\right)$$

mit $k \in \mathbb{Z}$.

$$\underline{Z} = \begin{cases} \sqrt{\frac{R}{\omega C}}\,[\cos(-45^\circ) + j\sin(-45^\circ)] = \sqrt{\frac{R}{2\,\omega C}}\,(1 - j) \\ \sqrt{\frac{R}{\omega C}}\,[\cos 135^\circ + j\sin 135^\circ] = \sqrt{\frac{R}{2\,\omega C}}\,(-1 + j). \end{cases}$$

---

208. Der abgebildete Spannungsteiler besteht aus den Ohmschen Widerständen R_a und R_b, sowie der Kapazität C. Wird an den Eingang eine Sinuswechselspannung mit dem komplexen Effektivwert $\underline{U}_a$ und der Kreisfrequenz ω gelegt, so entsteht hierdurch am Ausgang stationär die entsprechende Größe $\underline{U}_b$. Man ermittle den bei der Berechnung des Übertragungsfaktors auftretenden Quotienten $\frac{\underline{U}_b}{\underline{U}_a}$.

Der komplexe Scheinwiderstand $\underline{Z}_{C,R_b}$ für die Parallelschaltung von C und R_b ergibt sich mit $\underline{Z}_C = \frac{1}{j\,\omega C}$ und j = i als imaginärer Einheit aus

$$\frac{1}{\underline{Z}_{C,R_b}} = \frac{1}{\underline{Z}_C} + \frac{1}{R_b}, \text{ also } \frac{1}{\underline{Z}_{C,R_b}} = j\,\omega C + \frac{1}{R_b} \text{ zu}$$

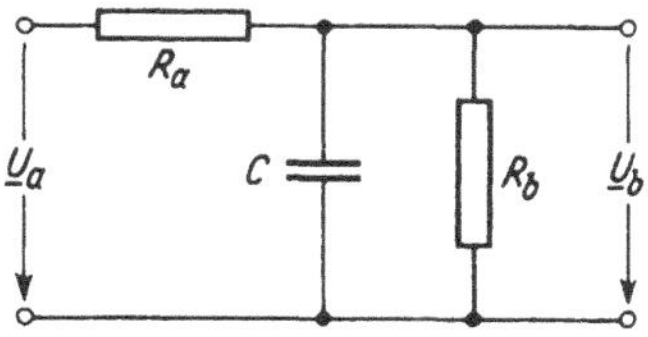

$$\underline{Z}_{C,R_b} = \frac{1}{j\,\omega C + \frac{1}{R_b}}.$$ Demnach ist

$$\frac{\underline{U}_b}{\underline{U}_a} = \frac{\underline{Z}_{C,R_b}}{R_a + \underline{Z}_{C,R_b}} = \frac{\frac{R_b}{1 + j\,\omega R_b C}}{R_a + \frac{R_b}{1 + j\,\omega R_b C}}, \text{ also}$$

$$\frac{\underline{U}_b}{\underline{U}_a} = \frac{R_b}{R_a + R_b + j\,\omega C R_a R_b}.$$

4.2 Erweiterungen

209. Welche Lösungsmenge $\mathbb{L}$ besitzt die lineare Gleichung

$$\frac{17 + 19\,i}{z - 2\,i} + \frac{65 - 5\,i}{z + 2\,i} = \frac{64\,z + 28\,i}{z^2 + 4}$$ in der Grundmenge $\mathbb{C}$?

Die Definitionsmenge ist $\mathbb{D} = \mathbb{C} \setminus \{ \pm 2\,i \}$.

$$(17 + 19\,i)(z + 2\,i) + (65 - 5\,i)(z - 2\,i) = 64\,z + 28\,i$$

$$(17 + 19\,i)z + 34\,i - 38 + (65 - 5\,i)z - 130\,i - 10 = 64\,z + 28\,i$$

$$(18 + 14\,i)z = 48 + 124\,i$$

$$z = \frac{48 + 124\,i}{18 + 14\,i} = \frac{(24 + 62\,i)(9 - 7\,i)}{(9 + 7\,i)(9 - 7\,i)} = \frac{650 + 390\,i}{130} = 5 + 3\,i.$$

$\mathbb{L} = \{ 5 + 3\,i \}$.

---

210. Man ermittle die Lösungsmenge $\mathbb{L}$ des Gleichungssystems

$$(3 + 5\,i)z_1 + (4 - 7\,i)z_2 = 22 + 9\,i$$

$$(2 - 6\,i)z_1 + (5 - 3\,i)z_2 = 33 + 7\,i$$

in der Grundmenge $\mathbb{C}^2$.

Mit Hilfe der CRAMERschen Regel und D als Determinante der Koeffizientenmatrix ergibt sich

$$D = \begin{vmatrix} 3 + 5\,i & 4 - 7\,i \\ 2 - 6\,i & 5 - 3\,i \end{vmatrix} = 64 + 54\,i$$

und weiterhin

$$z_1 = \frac{\begin{vmatrix} 22 + 9\,i & 4 - 7\,i \\ 33 + 7\,i & 5 - 3\,i \end{vmatrix}}{D} = \frac{-44 + 182\,i}{64 + 54\,i} = \frac{(-22 + 91\,i)(32 - 27\,i)}{(32 + 27\,i)(32 - 27\,i)} =$$

$$= \frac{1753 + 3506\,i}{1753} = 1 + 2\,i;$$

$$z_2 = \frac{\begin{vmatrix} 3 + 5\,i & 22 + 9\,i \\ 2 - 6\,i & 33 + 7\,i \end{vmatrix}}{D} = \frac{-34 + 300\,i}{64 + 54\,i} = \frac{(-17 + 150\,i)(32 - 27\,i)}{(32 + 27\,i)(32 - 27\,i)} =$$

$$= \frac{3506 + 5259\,i}{1753} = 2 + 3\,i.$$

Damit ist $\mathbb{L} = \{ 1 + 2\,i;\ 2 + 3\,i \}$.

211. Man ermittle die Lösungsmenge $\mathbb{L}$ der quadratischen Gleichung $z^2 + (3 - 4i)z + 11 + 29i = 0$ in der Grundmenge $\mathbb{C}$.

$$z_{1;2} = \frac{-3 + 4i + \sqrt{(3 - 4i)^2 - 4 \cdot (11 + 29i)}}{2} =$$

$$= \frac{-3 + 4i + \sqrt{9 - 24i - 16 - 44 - 116i}}{2} =$$

$$= \frac{-3 + 4i + \sqrt{-51 - 140i}}{2} = \frac{-3 + 4i + \sqrt{w}}{2}$$

mit $w = -51 - 140i$, wobei unter $\sqrt{w}$ die beiden möglichen Wurzelwerte v_1, v_2 verstanden werden.

Es ist $|w| = \sqrt{22201} = 149$ und aus $\left\{ \varphi \,|\tan\varphi = \frac{-140}{-51} \wedge -180^\circ < \varphi \leqslant 0^\circ \right\}$ ergibt sich $\approx -110{,}01596^\circ$. Dies liefert $v = \sqrt{w} \approx$

$$\approx \sqrt{149 \cdot [\cos(-110{,}01596^\circ) + i \cdot \sin(-110{,}01596^\circ)]} \approx$$

$$\approx 12{,}20656 \cdot \left(\cos \frac{-110{,}01596 + 360^\circ \cdot k}{2} + i \cdot \sin \frac{-110{,}01596 + 360^\circ \cdot k}{2} \right)$$

und $k \in \mathbb{Z}$.

Damit wird für $k = 0$:

$$v_1 \approx 12{,}20656 \; [\cos(-55{,}00798^\circ) + i \sin(-55{,}00798^\circ)] \approx 7 - 10i$$

und für $k = 1$:

$$v_2 \approx 12{,}20656 \; (\cos 124{,}99202^\circ + i \sin 124{,}99202^\circ) \approx -7 + 10i,$$ wobei $v_2 = -v_1$ ist.

Etwas rascher erhält man $v = \sqrt{w}$ durch die für $x \in \mathbb{R}$ und $y \in \mathbb{R}^+$ gültige Formel

$$x - iy = \pm \left(\sqrt{\frac{\sqrt{x^2 + y^2} + x}{2}} - i \cdot \sqrt{\frac{\sqrt{x^2 + y^2} - x}{2}} \right),$$

wobei die Wurzeln der rechten Seite wie im Reellen festgelegt sind.

Danach ist

$$v_{1;2} = \pm \left(\sqrt{\frac{\sqrt{(-51)^2 + (-140)^2} + (-51)}{2}} - \right.$$

$$\left. - i \cdot \sqrt{\frac{\sqrt{(-51)^2 + (-140)^2} - (-51)}{2}} \right)$$

$$= \pm \left(\sqrt{\frac{149 - 51}{2}} - i \cdot \sqrt{\frac{149 + 51}{2}} \right) = \pm (7 - 10i).$$

Hieraus ergibt sich

$$z_{1;2} = \frac{-3 + 4i + \sqrt{w}}{2} = \frac{-3 + 4i \pm (7 - 10i)}{2} \quad \text{oder}$$

$\mathbb{L} = \{ 2 - 3i; -5 + 7i \}$.

---

212. Welche Lösungsmenge $\mathbb{L}$ genügt der goniometrischen Gleichung $\sin z + 2 \cdot \cos z = 3$ in der Grundmenge $\mathbb{C}$?

$$\frac{e^{iz} - e^{-iz}}{2i} + e^{iz} + e^{-iz} = 3 \qquad \Big| \cdot 2i \cdot e^{iz}$$

$$(e^{iz})^2 \cdot (1 + 2i) - 6i \cdot e^{iz} - 1 + 2i = 0$$

$$e^{iz} = \frac{6i + \sqrt{-36 + 4(1 + 2i)(1 - 2i)}}{2(1 + 2i)} = \frac{3i \pm 2i}{1 + 2i}$$

oder

$$e^{iz_1} = 2 + i \quad \text{und} \quad e^{iz_2} = \frac{1}{5}(2 + i);$$

$$iz_1 = \operatorname{Ln}(2 + i) \approx \ln\sqrt{5} + 0{,}4636\,i + 2k\pi i,$$

$$z_1 \approx 0{,}4636 + 2k\pi - 0{,}8047\,i;$$

$$iz_2 = \operatorname{Ln}\frac{1}{5}\cdot(2 + i) \approx -\ln\sqrt{5} + 0{,}4636\,i + 2k\pi i,$$

$$z_2 \approx 0{,}4636 + 2k\pi + 0{,}8047\,i \wedge k \in \mathbb{Z}.$$

Somit ist $\mathbb{L} = \{ z \mid z \approx 0{,}4636 + 2k\pi \pm 0{,}8047\,i \wedge k \in \mathbb{Z} \}$.

---

213. Man bestimme den Wert der Determinante

$$D = \begin{vmatrix} 5 + 2i & 2 - i & 7 - 3i \\ 2 - 3i & 4 + 3i & 8 - i \\ 3 - 4i & 8 + 9i & 5 - 2i \end{vmatrix}.$$

$$D = \begin{vmatrix} 9 & 2 - i & 1 \\ 10 + 3i & 4 + 3i & -4 - 10i \\ 19 + 14i & 8 + 9i & -19 - 29i \end{vmatrix} =$$

1. Sp + 2. Sp · 2   1. Sp + 3. Sp · (-9)
3. Sp + 2. Sp · (-3)   2. Sp + 3. Sp · (-2)

$$= \begin{vmatrix} 0 & -i & 1 \\ 46+93i & 12+23i & -4-10i \\ 190+275i & 46+67i & -19-29i \end{vmatrix} = \begin{vmatrix} 0 & 0 & 1 \\ 46+93i & 22+19i & -4-10i \\ 190+275i & 75+48i & -19-29i \end{vmatrix} =$$

2. Sp + 3. Sp · i

$= (46 + 93i)\cdot(75 + 48i) - (22 + 19i)\cdot(190 + 275i) =$

$= (3450 + 6975i + 2208i - 4464) - (4180 + 3610i + 6050i - 5225) =$

$= 31 - 477i.$

---

214. Der abgebildete Spannungsteiler setzt sich aus den Ohmschen Widerständen R_a und R_b sowie der Kapazität C zusammen. Nach Nr. 208 besteht dann im stationären Zustand zwischen den komplexen Effektivwerten $\underline{U}_a$ und $\underline{U}_b$ der Sinuswechselspannungen mit der Kreisfrequenz ω am Eingang und Ausgang der Zusammenhang $\dfrac{\underline{U}_b}{\underline{U}_a} = \dfrac{R_b}{R_a + R_b + j\,\omega C R_a R_b}$.

Wie groß muß R_a und R_b gewählt werden, damit bei $\underline{U}_a = 220$ V, der Frequenz $f = 50\,s^{-1}$ und $C = 5\ \mu F$ am Ausgang $\underline{U}_b = 65\ e^{-j\,25^o}$ V auftritt?

Setzt man $\dfrac{\underline{U}_b}{\underline{U}_a} = u + jv$, so kommt man über

$$\frac{\underline{U}_b}{\underline{U}_a} = \frac{R_b(R_a + R_b - j\,\omega C R_a R_b)}{(R_a + R_b + j\,\omega C R_a R_b)(R_a + R_b - j\,\omega C R_a R_b)} =$$

$$= \frac{(R_a + R_b)R_b - j\,\omega C R_a R_b^2}{(R_a + R_b)^2 + \omega^2 C^2 R_a^2 R_b^2}$$

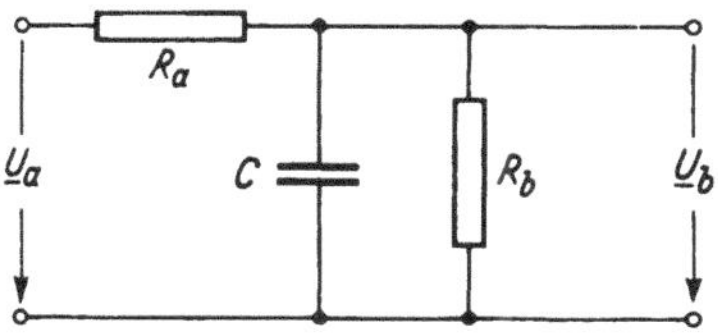

auf $u = \dfrac{(R_a + R_b)R_b}{(R_a + R_b)^2 + \omega^2 C^2 R_a^2 R_b^2}$

und $v = \dfrac{-\omega C R_a R_b^2}{(R_a + R_b)^2 + \omega^2 C^2 R_a^2 R_b^2}$, woraus mit den Substitutionen

$$x = \frac{1}{R_a} + \frac{1}{R_b} \quad \text{und} \quad y = \frac{1}{R_a} \qquad u = \frac{\left(\frac{1}{R_a} + \frac{1}{R_b}\right) \cdot \frac{1}{R_a}}{\left(\frac{1}{R_a} + \frac{1}{R_b}\right)^2 + \omega^2 C^2} = \frac{x\,y}{x^2 + \omega^2 C^2},$$

$$v = \frac{-\omega C \cdot \frac{1}{R_a}}{\left(\frac{1}{R_a} + \frac{1}{R_b}\right)^2 + \omega^2 C^2} = \frac{-\omega C y}{x^2 + \omega^2 C^2} \quad \text{folgen.}$$

Über $\frac{v}{u} = \frac{-\omega C}{x}$ erhält man $x = \frac{-\omega C u}{v}$ und damit $y = \frac{-v(x^2 + \omega^2 C^2)}{\omega C}$.

Da andererseits $\frac{\underline{U}_b}{\underline{U}_a} = \frac{65\ \text{V}}{220\ \text{V}}\, e^{-j \cdot 25^\circ} \approx 0{,}29545 \cdot [\cos(-25^\circ) + j \cdot \sin(25^\circ)] \approx$

$\approx 0{,}26777 - 0{,}12486\,j = u + j v$ ist, findet man

$$x \approx \frac{-2\pi \cdot 50\ \text{s}^{-1} \cdot 5 \cdot 10^{-6}\ \text{F} \cdot 0{,}26777}{-0{,}12486} \approx 3{,}3687 \cdot 10^{-3}\ \frac{\text{A}}{\text{V}} \quad \text{und}$$

$$y \approx \frac{0{,}12486 \cdot [(3{,}3687 \cdot 10^{-3}\ \frac{\text{A}}{\text{V}})^2 + (2\pi \cdot 50\ \text{s}^{-1} \cdot 5 \cdot 10^{-6}\ \text{F})^2]}{2\pi \cdot 50\ \text{s}^{-1} \cdot 5 \cdot 10^{-6}\ \text{F}} \approx 1{,}0982 \cdot 10^{-3}\ \frac{\text{A}}{\text{V}}.$$

Damit ergibt sich schließlich $R_a = \frac{1}{y} \approx \frac{1}{1{,}0982 \cdot 10^{-3}\ \frac{\text{A}}{\text{V}}} \approx 910{,}58\ \Omega$

und $R_b = \frac{1}{x - y} \approx \frac{1}{3{,}3687 \cdot 10^{-3}\ \frac{\text{A}}{\text{V}} - 1{,}0982 \cdot 10^{-3}\ \frac{\text{A}}{\text{V}}} \approx 440{,}43\ \Omega$.

Die dargestellte elektrische Schaltung besteht aus der Kapazität $C = 10\ \mu\text{F}$, der Induktivität $L = 0{,}5$ H und dem Ohmschen Widerstand $R = 200\ \Omega$. Die angelegte Wechselspannung $u = \hat{u} \sin(\omega t)$ mit der Kreisfrequenz $\omega = 300\ \text{s}^{-1}$ besitzt den Effektivwert $U = \frac{\hat{u}}{\sqrt{2}} = 250$ V.

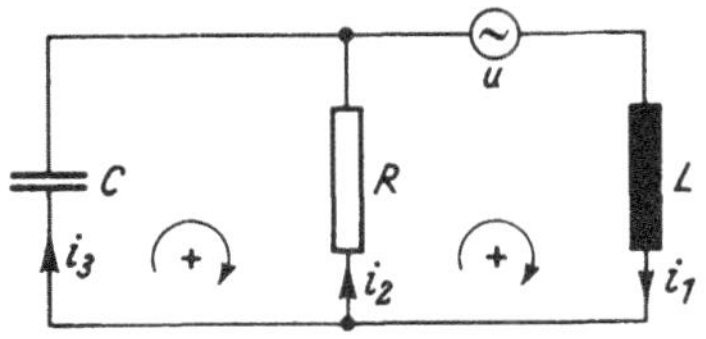

Man berechne die komplexen Effektivwerte $\underline{I}_1$, $\underline{I}_2$ und $\underline{I}_3$ der in den einzelnen Zweigen stationär fließenden Ströme i_1, i_2 und i_3 sowie ihre zugeordneten (reellen) Effektivwerte I_1, I_2, I_3 und Phasenwinkel φ_1, φ_2, φ_3.

Für $\underline{I}_1$, $\underline{I}_2$, $\underline{I}_3$ ergeben sich folgende Bedingungen:

Knotenbedingung $\quad -\underline{I}_1 + \underline{I}_2 + \underline{I}_3 = 0$

Maschenbedingung linke Masche $\quad -R\underline{I}_2 + \dfrac{\underline{I}_3}{j\omega C} = 0$

Maschenbedingung rechte Masche $\quad j\omega L\underline{I}_1 + R\underline{I}_2 = U$

Mit den angegebenen speziellen Größen führt dies auf

$$\begin{array}{llll|l} -\underline{I}_1 & + \underline{I}_2 & + \underline{I}_3 & = 0 & \\ & -200\,\underline{I}_2 & -\frac{1}{3}\cdot 10^3\, j\,\underline{I}_3 & = 0 & 2.Z\cdot\frac{-3}{200} \\ 150j\underline{I}_1 & +200\,\underline{I}_2 & & = 250\text{ A} & 3.Z : 50, \end{array}$$

was sich folgendermaßen vereinfachen läßt

$$\begin{array}{llll|l} -\underline{I}_1 & + \underline{I}_2 & + \underline{I}_3 & = 0 & \\ & 3\,\underline{I}_2 & + 5j\,\underline{I}_3 & = 0 & 2.Z + 1.Z\cdot(-3) \\ 3j\,\underline{I}_1 & + 4\,\underline{I}_2 & & = 5\text{ A} & 3.Z\cdot(-3) + 2.Z\cdot 4\,. \end{array}$$

Nach Elimination von $\underline{I}_2$ erhält man

$$\begin{array}{lll} 3\,\underline{I}_1 & + (-3+5j)\,\underline{I}_3 & = 0 \\ -9j\,\underline{I}_1 & + 20j\,\underline{I}_3 & = -15\text{ A}. \end{array}$$

Die erste Gleichung liefert $\underline{I}_1 = \dfrac{-3+5j}{-3}\,\underline{I}_3$, was mit Hilfe der zweiten Gleichung $(-15+11j)\,\underline{I}_3 = -15\text{ A}$ erbringt. Daraus folgt

$$\underline{I}_3 = \frac{15}{15-11j}\text{ A} = \frac{225+165j}{346}\text{ A} \approx (0{,}650 + 0{,}477j)\text{ A},$$

$$\underline{I}_1 = \frac{-3+5j}{-3}\underline{I}_3 = \frac{500-210j}{346}A \approx (1{,}445 - 0{,}607j)\,A,$$

$$\underline{I}_2 = \underline{I}_1 - \underline{I}_3 = \frac{275-375j}{346}A \approx (0{,}795 - 1{,}084j)\,A.$$

Wegen $I_1 = |\underline{I}_1|$, $I_2 = |\underline{I}_2|$ und $I_3 = |\underline{I}_3|$

bekommt man so

$$I_1 \approx \sqrt{1{,}445^2 + (-0{,}607)^2}\,A \approx 1{,}567\,A,$$

$$I_2 \approx \sqrt{0{,}795^2 + (-1{,}084)^2}\,A \approx 1{,}344\,A,$$

$$I_3 \approx \sqrt{0{,}650^2 + 0{,}477^2}\,A \approx 0{,}806\,A.$$

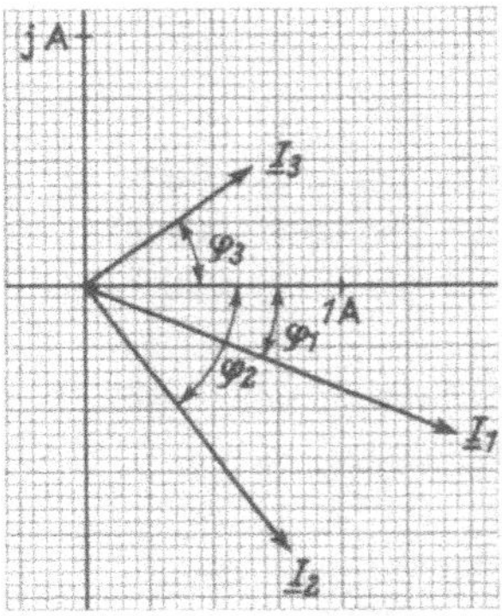

Die Phasenwinkel φ_1, φ_2, φ_3 der Ströme i_1, i_2, i_3 ergeben sich unter Berücksichtigung der Quadranten aus $\tan\varphi_1 = \frac{-210}{500}$, $\tan\varphi_2 = \frac{-375}{275}$, $\tan\varphi_3 = \frac{165}{225}$ zu $\varphi_1 \approx -22{,}78^o$, $\varphi_2 \approx -53{,}75^o$ und $\varphi_3 \approx 36{,}25^o$.

---

216. Überlagern sich die durch $y_\nu = a\sin(\omega t + \nu\,\Delta\varphi)$ für $\nu = 0, 1, 2, \ldots, n$ beschriebenen Schwingungen mit den Amplituden a, den Kreisfrequenzen ω und den Phasenwinkeln $\nu\cdot\Delta\varphi$, so entsteht eine Schwingung, welcher die Schwingungsfunktion $\sum_{\nu=0}^{n} y_\nu = A\sin(\omega t + \varphi)$ zugeordnet werden kann.

Man ermittle A und φ, indem man $S = \sum_{\nu=0}^{n}(x_\nu + i\,y_\nu)$ mit $x_\nu = a\cos(\omega t + \nu\cdot\Delta\varphi)$ und $y_\nu = a\sin(\omega t + \nu\cdot\Delta\varphi)$ bildet, diese Summe umformt und schließlich den Realteil von S herausgreift. (vgl. Nr.178)

$$S = \sum_{\nu=0}^{n}(x_\nu + i\,y_\nu) = a\cdot\sum_{\nu=0}^{n}[\cos(\omega t + \nu\cdot\Delta\varphi) + i\cdot\sin(\omega t + \nu\cdot\Delta\varphi)] =$$

$$= a\cdot\sum_{\nu=0}^{n} e^{i(\omega t + \nu\cdot\Delta\varphi)} = a\cdot e^{i\omega t}\sum_{\nu=0}^{n} e^{i\nu\cdot\Delta\varphi}\,.$$

Die letzte Summenbildung stellt aber eine g e o m e t r i s c h e R e i h e von n+1 Gliedern mit dem Anfangsglied 1 und dem Quotienten $e^{i\Delta\varphi}$ dar, so daß sich unter Verwendung der Summenformel für geometrische Reihen schreiben läßt:

$$S = a \cdot e^{i\omega t} \frac{e^{i(n+1)\Delta\varphi} - 1}{e^{i\Delta\varphi} - 1} .$$

Die Trennung von S in Real- und Imaginärteil kann wie folgt geschehen:

$$S = a \cdot e^{i\omega t} \frac{e^{\frac{i(n+1)\Delta\varphi}{2}}}{e^{\frac{i\Delta\varphi}{2}}} \cdot \frac{\dfrac{e^{\frac{i(n+1)\Delta\varphi}{2}} - e^{\frac{-i(n+1)\Delta\varphi}{2}}}{2i}}{\dfrac{e^{\frac{i\Delta\varphi}{2}} - e^{\frac{-i\Delta\varphi}{2}}}{2i}}$$

$$= a \cdot e^{i\left(\omega t + \frac{n\Delta\varphi}{2}\right)} \cdot \frac{\sin\frac{(n+1)\Delta\varphi}{2}}{\sin\frac{\Delta\varphi}{2}}$$

$$= a \cdot \frac{\sin\frac{(n+1)\Delta\varphi}{2}}{\sin\frac{\Delta\varphi}{2}} \cdot \cos\left(\omega t + \frac{n\Delta\varphi}{2}\right) + i \cdot a \frac{\sin\frac{(n+1)\Delta\varphi}{2}}{\sin\frac{\Delta\varphi}{2}} \cdot \sin\left(\omega t + \frac{n\Delta\varphi}{2}\right)$$

Damit ist

$$\sum_{\nu=0}^{n} y_\nu = a \cdot \frac{\sin\frac{(n+1)\Delta\varphi}{2}}{\sin\frac{\Delta\varphi}{2}} \cdot \sin\left(\omega t + \frac{n\Delta\varphi}{2}\right), \text{ also}$$

$$A = a \cdot \frac{\sin\frac{(n+1)\Delta\varphi}{2}}{\sin\frac{\Delta\varphi}{2}} \qquad \text{und } \varphi = \frac{n\Delta\varphi}{2} .$$

---

217. In dem dargestellten elektrischen Zweipol, bestehend aus einer konstanten und einer veränderlichen Induktivität sowie einem konstanten und einem veränderlichen Ohmschen Widerstand in Reihe, fließt ein sinusförmi-

ger Wechselstrom der Kreisfrequenz ω . Man bestimme den komplexen Scheinwiderstand $\underline{Z}$ dieser Anordnung in Abhängigkeit vom Parameter $p \in \mathbb{R}$.

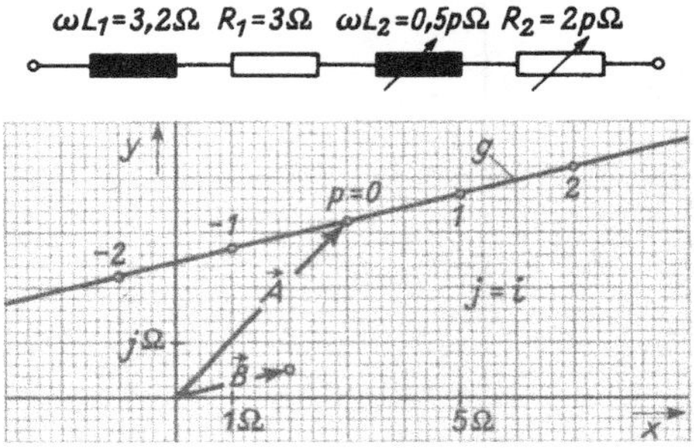

Es ist für die angegebenen Größen

$\underline{Z} = [(3{,}2 \cdot j + 3 + 0{,}5\, p \cdot j + 2p)]\,\Omega =$

$= (3 + 2p)\Omega + (3{,}2 + 0{,}5p) \cdot j\,\Omega = x + jy.$

$\underline{Z}$ ist somit eine ganzrationale Funktion des reellen Parameters p.

Zur geometrischen Veranschaulichung in der GAUSSschen Zahlenebene schreibt man das Ergebnis noch in der Form

$\underline{Z} = (3 + 3{,}2 \cdot j)\,\Omega + (2 + 0{,}5 \cdot j)\, p\,\Omega = A + B \cdot p,$

woraus man die zugehörige Ortskurve als eine Gerade erkennt, die durch den festen Zeiger $\vec{A}$ und den Richtungszeiger $\vec{B}$ festgelegt ist.

---

218. An einem elektrischen Schwingungskreis mit konstantem Ohmschen Widerstand und konstanter Induktivität sowie veränderlicher Kapazität und veränderlichem Ohmschen Widerstand in Reihe liegt eine sinusförmige Wechselspannung mit dem Effektivwert U = 50 V. Es ist der komplexe Effektivwert $\underline{I}$ der Stromstärke in Abhängigkeit vom Parameter $p \in \mathbb{R}$ der veränderlichen elektrischen Größen aufzustellen und die zugehörige Ortskurve rechnerisch und zeichnerisch zu ermitteln.

Aus $\underline{I} = \dfrac{50\text{ A}}{5 + \frac{5}{3} \cdot j + \left(2 - \frac{8}{3}\, j\right) \cdot p} = x + jy$

ergibt sich für $x^2 + y^2 \neq 0$

$$\frac{50\text{ A}}{x + jy} = \frac{50x}{x^2 + y^2}\text{ A} - \frac{50y}{x^2 + y^2} \cdot j\text{ A} = 5 + 2p + \left(\frac{5}{3} - \frac{8}{3}p\right) \cdot j.$$

Gleichsetzen der beiderseitigen Realteile bzw. Imaginärteile liefert

$$\frac{50\,x}{x^2 + y^2}\,A = 5 + 2\,p \quad \ldots\; 1)$$

und

$$-\frac{50\,y}{x^2 + y^2}\,A = \frac{5}{3} - \frac{8}{3}\,p \quad \ldots\; 2)\;.$$

$1)\cdot 4 + 2)\cdot 3$

$$50\,\frac{4\,x - 3\,y}{x^2 + y^2}\,A = 25$$

$$x^2 + y^2 - 8\,x\,A + 6\,y\,A = 0.$$

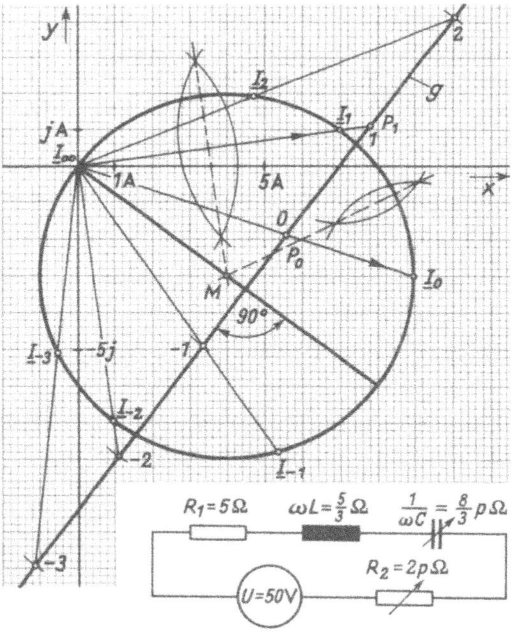

Die Ortskurve ist somit ein Kreis mit der Gleichung

$$(x - 4\,A)^2 + (y + 3\,A)^2 = 25\,A^2.$$

Auf Grund der Tatsache, daß jede gebrochenrationale Funktion der Form

$z = \dfrac{a + b \cdot p}{c + d \cdot p} = x + j\,y$ mit $a, b, c, d \in \mathbb{C}$ und $p \in \mathbb{R}$ als Parameter, von trivialen Sonderfällen abgesehen, in der GAUSSschen Zahlenebene stets einen Kreis darstellt, kann dessen Gleichung auch nach Ermittlung von 3 seiner Punkte angegeben werden. Hierzu verwendet man zweckmäßig die Parameterwerte $p = 0$, $p = 1$ und $p = \infty$.

Für die gegebenen Größen findet man

$$\underline{I}_0 = \frac{50\text{ A}}{5 + \frac{5}{3}\cdot j} = (9 - 3j)\text{ A},$$

$$\underline{I}_1 = \frac{50\text{ A}}{5 + \frac{5}{3}j + 2 - \frac{8}{3}\cdot j} = (7 + j)\text{ A}$$

und

$$\underline{I}_\infty = 0.$$

Zur praktischen Auswertung der gefundenen Ortskurve legt man senkrecht zum Radius $\underline{I}_\infty$ M mit M als Kreismittelpunkt eine Gerade g, auf die man die Kreispunkte $\underline{I}_0$ und $\underline{I}_1$ projiziert. Mit diesen Punkten P_0 und P_1 kann die lineare Parameterskala angegeben werden, die umgekehrt wiederum gestattet, für beliebige Parameterwerte p die zugehörigen Kreispunkte und damit die komplexen Effektivwerte der Stromstärke durch Zentralprojektion zeichnerisch zu finden.

Für $p = -2$ erkennt man z.B. aus der Abbildung $\underline{I}_2 = (1 - 7j)$ A.

---

219. Der abgebildete Zweipol besteht aus den Ohmschen Widerständen $R_1 = 50\,\Omega$, $R_2 = 500\,\Omega$, der Kapazität $C = 10\ \mu\text{F}$ und der veränderlichen Induktivität L. Man ermittle den komplexen Scheinleitwert $\underline{Y}(L)$ des Zweipols und die zugehörige Ortskurve für die Kreisfrequenz $\omega = 300\ \text{s}^{-1}$ der angelegten Sinuswechselspannung.

Mit $i = j$ als imaginärer Einheit ergibt sich

$$\underline{Y}(L) = \frac{1}{R_2 + \dfrac{1}{\dfrac{1}{R_1 + j\omega L} + j\omega C}} = \frac{1}{R_2 + \dfrac{R_1 + j\omega L}{1 - \omega^2 LC + j\omega R_1 C}} =$$

$$= \frac{(1 + j\omega CR_1) - \omega^2 CL}{(R_1 + R_2 + j\omega CR_1R_2) + (-\omega^2 CR_2 + j\omega)L}.$$

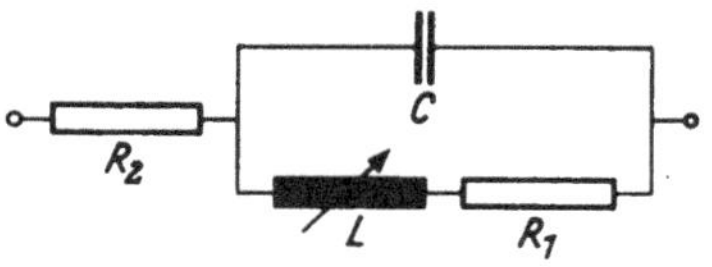

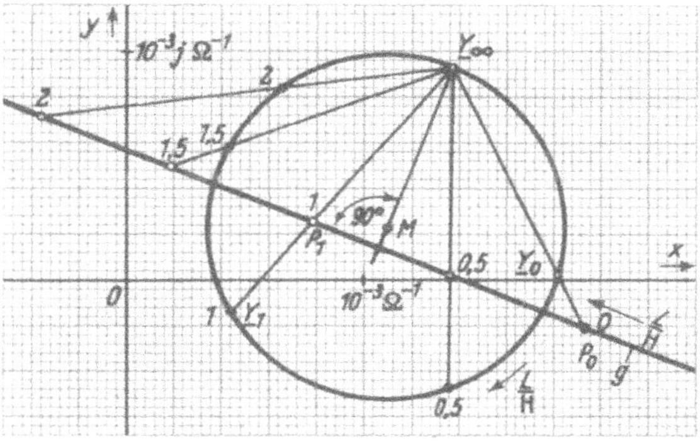

Nach Einsetzen der angegebenen Größen erhält man

$$\underline{Y}(L) = \frac{(1 + 0{,}15\,j) - 0{,}9 \frac{A}{Vs} L}{(550 + 75\,j) + (-450 + 300\,j) \frac{A}{Vs} L}\ \Omega^{-1} =$$

$$= \frac{(40 + 6\,j) - 36 \frac{A}{Vs} L}{(22 + 3\,j) + (-18 + 12\,j) \frac{A}{Vs} L} \cdot 10^{-3}\ \Omega^{-1} = x + j\,y.$$

Die Ortskurve ist ein Kreis, der sich etwa mit Hilfe der 3 Punkte $\underline{Y}_0$, $\underline{Y}_1$ und $\underline{Y}_\infty$, die sich der Reihe nach für $L = 0$, $L = 1$ H und $L \to \infty$ aus

$$\underline{Y}_0 = \frac{40 + 6j}{22 + 3j} \cdot 10^{-3}\ \Omega^{-1} = \frac{898 + 12j}{493} \cdot 10^{-3}\ \Omega^{-1} \approx$$

$$\approx (1{,}8215 + 0{,}0243\,j) \cdot 10^{-3}\ \Omega^{-1},$$

$$\underline{Y}(1\ \mathrm{H}) = \frac{4 + 6j}{4 + 15j} \cdot 10^{-3}\ \Omega^{-1} = \frac{106 - 36j}{241} \cdot 10^{-3}\ \Omega^{-1} \approx$$

$$\approx (0{,}4398 - 0{,}1494\,j) \cdot 10^{-3}\ \Omega^{-1},$$

$$\underline{Y}(\infty) = \frac{-36}{-18 + 12j} \cdot 10^{-3}\ \Omega^{-1} = \frac{18 + 12j}{13} \cdot 10^{-3}\ \Omega^{-1} \approx$$

$$\approx (1{,}3846 + 0{,}9231\,j) \cdot 10^{-3}\ \Omega^{-1}$$

ergeben, konstruieren läßt. Sein Mittelpunkt sei M.

Die Parametrierung des Kreises kann mit Hilfe irgendeiner zu $\overline{\underline{Y}_\infty M}$ senkrechten geraden Parameterskala g erfolgen, welche durch die Punkte P_0 und P_1 linear geeicht wird. Die Punkte von g werden von $\underline{Y}_\infty$ aus auf den Kreis projiziert.

---

220. Für eine mechanische Bremse-Feder-Anordnung gemäß der Abbildung sind innerhalb des Proportionalitätsbereiches bei Vernachlässigung der Massenkräfte der skalare Wert der Federkraft $F_F = k(x_e - x_a)$ und der Bremskraft $F_B = c \cdot v_a$; hierbei bedeuten x_e die Auslenkung des Punktes E, x_a die Auslenkung des Punktes A mit der Geschwindigkeit $\vec{v}_a$, c die Bremskonstante und k die Federkonstante. Wegen $F_F = F_B$ folgt die Beziehung $k \cdot (x_e - x_a) = c \cdot v_a$ und daraus

$$\frac{c}{k} v_a + x_a = x_e \quad \ldots 1).$$

Wird in E eine Sinusschwingung $x_e = x_{eo} \cdot e^{j\omega t}$ mit x_{eo} als Amplitude und ω als Kreisfrequenz eingeleitet, dann ist der gleichfrequente Bewegungsverlauf von A durch $x_a = x_{ao} \cdot e^{j(\omega t + \alpha)}$ und $v_a = j x_{ao}\, \omega \cdot e^{j(\omega t + \alpha)}$ mit x_{ao} als Amplitude und α als Phasenwinkel gegenüber der Eingangsschwingung erfaßbar.

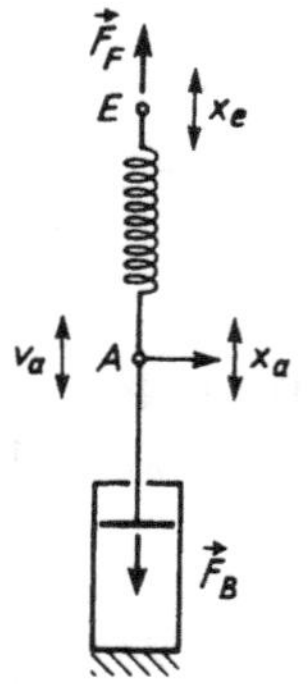

Einsetzen in 1) führt über

$$j \frac{c\, x_{ao}}{k} \omega \cdot e^{j\omega t} \cdot e^{j\alpha} + x_{ao} \cdot e^{j\omega t} \cdot e^{j\alpha} = x_{eo} \cdot e^{j\omega t}$$

nach Kürzen mit $e^{j\omega t}$ auf

$$\frac{x_{ao}}{x_{eo}} \cdot e^{j} = \frac{1}{1 + \frac{\omega c}{k} j}.$$

Dieser Zusammenhang zwischen Ausgangs- und Eingangsschwingung (Frequenzgangdarstellung) kann in der komplexen Zahlenebene wie folgt gedeutet werden:

$$\frac{1}{1 + \frac{\omega c}{k} j} = x + jy$$

$$\frac{1 - \frac{\omega c}{k} j}{1 + \left(\frac{\omega c}{k}\right)^2} = x + jy$$

$$x = \frac{1}{1 + \frac{c^2}{k^2}\,\omega^2}\,, \qquad y = \frac{-\frac{c}{k}\,\omega}{1 + \frac{c^2}{k^2}\,\omega^2}\;;$$

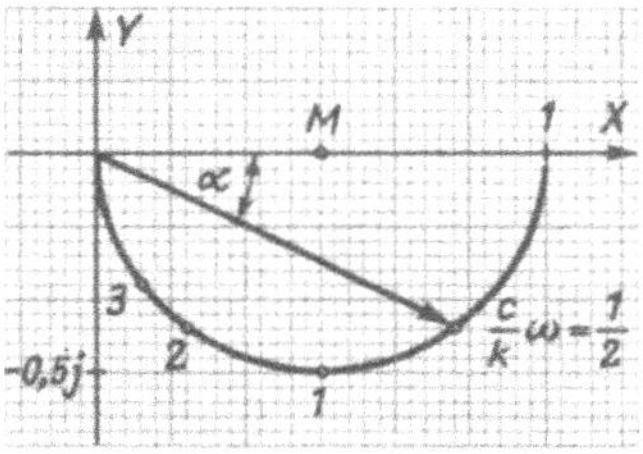

$\frac{c}{k}\,\omega$	0	$\frac{1}{2}$	1	2	3	∞
x	1	$\frac{4}{5}$	$\frac{1}{2}$	$\frac{1}{5}$	$\frac{1}{10}$	0
y	0	$-\frac{2}{5}$	$-\frac{1}{2}$	$-\frac{2}{5}$	$-\frac{3}{10}$	0

Um ω zu elimieren bildet man $x^2 + y^2 = \dfrac{1}{1 + \frac{c^2}{k^2}\,\omega^2} = x$, was auf $\left(x - \frac{1}{2}\right)^2 + y^2 = \frac{1}{4}$ führt; dies ist wegen $y \leqslant 0$ die Gleichung eines Halbkreises im 4. Quadranten vom Radius $r = \frac{1}{2}$ und den Mittelpunktskoordinaten $x_M = \frac{1}{2}$, $y_M = 0$.

5. ANHANG

5.1 Mathematische Zeichen

Die folgende Zusammenstellung enthält lediglich die wichtigsten verwendeten mathematischen Symbole in Anlehnung an DIN 1302, 1303 und 5486. Die Bedeutung von spezielleren Zeichen und Abkürzungen ist jeweils an der betreffenden Stelle erläutert.

Zeichen	Bedeutung
$+$	plus
$-$	minus
$\cdot$	multipliziert mit
$:$ oder $-$	dividiert durch
$=$	gleich
$\neq$	ungleich
$\equiv$	identisch
$\widehat{=}$	entspricht
$\sim$	proportional
$\approx$	angenähert gleich
$\hat{\approx}$	entspricht angenähert
$<$	kleiner als
$>$	größer als
$\leqslant$	kleiner oder gleich
$\geqslant$	größer oder gleich
$\overline{AB}$	Strecke mit den Endpunkten A und B
$\overset{\frown}{AB}$	Bogenstück mit den Endpunkten A und B
α^{o}	Winkel α in Altgrad gemessen
$\overset{\frown}{\alpha} = \text{arc}\,\alpha$	Winkel α im Bogenmaß gemessen
$\sqrt{\ }$	Quadratwurzel

Zeichen	Bedeutung
$\sqrt[n]{\ }$	n-te Wurzel
$\lvert a \rvert$	Betrag von a
$\lg x = \log_{10} x$	gewöhnlicher oder BRIGGscher Logarithmus von $x \in \mathbb{R}^+$ zur Basis 10
$\ln x = \log_e x$	natürlicher Logarithmus von $x \in \mathbb{R}^+$ zur Basis e
$\sum_{\nu=1}^{n}$	Summe von $\nu = 1$ bis $\nu = n$
$\lvert a_{ik} \rvert$	Determinante der Elemente a_{ik}
$\mathbf{A} = (a_{ik})$	Matrix der Elemente a_{ik}
$\det \mathbf{A}$	Determinante der Matrix $\mathbf{A}$
$\mathbf{a}$	einspaltige Matrix
$\mathbf{A}^T$, $\mathbf{a}^T$	transponierte Matrix von $\mathbf{A}$, $\mathbf{a}$
$\mathbf{A}^{-1}$	inverse Matrix von $\mathbf{A}$
$\vec{A}$, $\overrightarrow{BC}$	Vektor $\vec{A}$, $\overrightarrow{BC}$
$\overrightarrow{A^0}$	Einheitsvektor von $\vec{A}$
$\lvert \vec{A} \rvert$	Betrag von $\vec{A}$
A	skalarer Wert von $\vec{A}$
$\vec{A}_x$, $\vec{A}_y$, $\vec{A}_z$	vektorielle Komponenten von $\vec{A}$ in Richtung von X, Y, Z-Achsen eines kartesischen Koordinatensystems
A_x, A_y, A_z	skalare Komponenten von $\vec{A}$
$\vec{A} \cdot \vec{B} = \vec{A}\vec{B}$	Skalarprodukt, inneres Produkt von $\vec{A}$ und $\vec{B}$
$\vec{A} \times \vec{B}$	Vektorprodukt, äußeres Produkt von $\vec{A}$ und $\vec{B}$
$\vec{A}(\vec{B} \times \vec{C})$	Spatprodukt von $\vec{A}$, $\vec{B}$, $\vec{C}$
$\vec{i}$, $\vec{j}$, $\vec{k}$	Einheitsvektoren im positiven Richtungssinne von X, Y, Z-Achsen eines kartesischen Koordinatensystems
R_n	n-dimensionaler Raum

Zeichen	Bedeutung
sin, cos tan, cot	trigonometrische Funktionen
arc sin, arc cos arc tan, arc cot	Arcus-Funktionen
sinh, cosh tanh, coth	hyperbolische Funktionen
ar sinh, ar cosh ar tanh, ar coth	Area-Funktionen
sgn x	$\begin{cases} 1, & \text{wenn } x > 0 \\ 0, & \text{wenn } x = 0 \\ -1, & \text{wenn } x < 0 \end{cases}$
lim	Limes, Grenzwert
$\rightarrow$	gegen
d	Zeichen für gewöhnliche Ableitung
∂	Zeichen für partielle Ableitung
∞	unendlich
$(x_1;x_2)$, $(x_1;x_2; \ldots ;x_n)$	geordnetes Paar, n-Tupel
$[a;b]$ $]a;b[$ $]a;b]$	abgeschlossenes Intervall a, b offenes Intervall a, b halboffenes Intervall a, b
$\mathbb{A}$, $\mathbb{B}$	Mengen $\mathbb{A}$, $\mathbb{B}$
$a \in \mathbb{R}$	a ist Element von $\mathbb{R}$
$\mathbb{N}$	Menge aller natürlichen Zahlen
$\mathbb{Z}$	Menge aller ganzen Zahlen
$\mathbb{Q}$	Menge aller rationalen Zahlen
$\mathbb{R}$	Menge aller reellen Zahlen
$\mathbb{C}$	Menge aller komplexen Zahlen
$\mathbb{Z}^+$, $\mathbb{Z}^-$	Menge aller positiven, negativen ganzen Zahlen
$\mathbb{Z}_0^+ = \mathbb{N}_0$	Menge aller nicht negativen ganzen Zahlen

Zeichen	Bedeutung
$\mathbb{Z}_0^-$	Menge aller nicht positiven ganzen Zahlen
$\mathbb{R}^+$, $\mathbb{R}^-$	Menge aller positiven, negativen reellen Zahlen
$\mathbb{R}_0^+$, $\mathbb{R}_0^-$	Menge aller nicht negativen, nicht positiven reellen Zahlen
$\mathbb{G}$	Grundmenge
$\mathbb{D}$	Definitionsmenge
$\mathbb{W}$	Wertemenge
$\mathbb{L}$	Lösungsmenge
$\{ x \mid \ldots \}$	Menge aller x, für die ... gilt
$\{ \} = \emptyset$	leere Menge
$\mathbb{A} \cap \mathbb{B}$	Durchschnitt von $\mathbb{A}$ und $\mathbb{B}$
$\mathbb{A} \cup \mathbb{B}$	Vereinigungsmenge von $\mathbb{A}$ und B
$\mathbb{A} \setminus \mathbb{B}$	Differenzmenge von $\mathbb{A}$ und $\mathbb{B}$
$\mathbb{A} \subseteq \mathbb{B}$	$\mathbb{A}$ ist Teilmenge von $\mathbb{B}$
$\mathbb{A} \subset \mathbb{B}$	$\mathbb{A}$ ist echte Teilmenge von $\mathbb{B}$
$\mathbb{A} \times \mathbb{B}$	Produktmenge von $\mathbb{A}$ und $\mathbb{B}$
$\mathbb{A} \times \mathbb{A}$	Produktmenge von $\mathbb{A}$ und $\mathbb{A}$
$\mathbb{A}^n$	Produktmenge von n Mengen $\mathbb{A}$
$A \wedge B$	Die Aussagen A und B gelten zugleich
$A \vee B$	Von den Aussagen A und B gilt mindestens eine
$A \Rightarrow B$	Aus Aussage A folgt Aussage B

5.2 Sachverzeichnis

Die rechts der registrierten Wörter angegebenen Zahlen verweisen auf die Seiten. Das Zeichen ~ bezieht sich auf sprachliche Endungen.

www.ingramcontent.com/pod-product-compliance
Lightning Source LLC
Chambersburg PA
CBHW031440180326
41458CB00002B/607